AF453824

ANATOMIE

DES

ANIMAUX DOMESTIQUES.

ANATOMIE

DES

ANIMAUX DOMESTIQUES;

Par J. GIRARD,

Professeur d'Anatomie à l'École Impériale Vétérinaire
d'Alfort.

TOME I.

A PARIS,

DE L'IMPRIMERIE ET DANS LA LIBRAIRIE DE
MADAME HUZARD, RUE DE L'ÉPERON, N°. 7.

1807.

A

MONSIEUR LE PROFESSEUR
CHAUSSIER,

Ex-Secrétaire perpétuel de la ci-devant Académie de Dijon, Professeur d'anatomie et de physiologie à l'École de Médecine de Paris, Membre du Jury d'Instruction de l'École Impériale-Vétérinaire d'Alfort, etc.

Monsieur,

Lorsque vous publiâtes en 1789 votre méthode de nomenclature anatomique, l'on put prévoir l'influence heureuse que devoit avoir sur l'étude de la structure de l'homme, un langage clair, précis, philosophique. En faisant disparoître de l'anatomie des dénominations vicieuses, toujours propres à faire naître des idées fausses, établies souvent par le caprice, conservées par la routine, le préjugé, et quelquefois défendues par l'amour-

propre, vous avez rendu l'étude de la science plus simple et plus facile.

Chargé de l'enseignement de l'anatomie des animaux domestiques, j'ai senti l'importance de suivre dans la dénomination et l'exposition de leurs différentes parties, les principes dont vous avez si utilement fait l'application à l'anatomie de l'homme.

J'avois déjà fait connoître, en l'an *VII*, un Essai de nomenclature pour les os et les muscles ; aujourd'hui, donnant plus d'extension à ce premier travail, et considérant l'ensemble de la structure des animaux domestiques les plus utiles, je publie, en faveur des élèves vétérinaires, un ouvrage élémentaire propre à diriger leurs études, à assurer leurs connoissances. J'ai tâché, en composant cet Ouvrage, de mettre à profit vos savantes leçons. Daignez en agréer l'hommage, comme un témoignage public de ma reconnoissance et de mon respect,

GIRARD.

INTRODUCTION.

La Vétérinaire n'avoit obtenu, avant l'établissement des Écoles, qu'un coup d'œil superficiel; elle étoit regardée comme une science de peu d'importance : mais considérée sous ses véritables rapports, elle est devenue un objet d'intérêt pour tous ceux qui sentent le prix des arts utiles, et elle fixe aujourd'hui l'attention presque générale. La France est le premier Gouvernement qui ait élevé des Écoles de Vétérinaire; et la protection spéciale qu'il a accordée depuis à ces Établissemens, le soin que les Chefs de l'État apportent à faire tourner l'exercice de l'art vers la prospérité de l'agriculture et du commerce, font que l'Empire français se trouve aujourd'hui, pour cette branche de l'économie rurale, bien au-dessus des autres Gouvernemens, qui, à son exemple, ont aussi établi des Écoles de Vétérinaire.

Cette partie de l'économie domestique, qui peut procurer les résultats les plus avantageux, offre des recherches très - étendues; les animaux qui sont le sujet de ses considérations, sont pour l'homme la source la plus féconde de ses richesses et de ses plaisirs. Tous sont employés à le nourrir, à l'habiller, à partager ses travaux, ou à l'accompagner dans ses exercices ; et la préparation de leurs dépouilles occupe continuellement une grande partie de la société.

Connoître, élever et conserver les animaux les plus utiles à l'économie domestique, tel est l'objet de la Vétérinaire. Mais pour faire de ces animaux l'emploi le plus judicieux, tirer de leurs forces et de leurs produits le parti le plus avantageux, suivre et signaler les diverses maladies auxquelles ils sont exposés, les prévenir ou les guérir lorsqu'ils en sont atteints ; il est avant tout, nécessaire et indispensable de connoître leur organisation, la structure, la disposition des diverses parties qui constituent leur corps, les fonctions qu'elles exercent, les lois qu'elles suivent dans leur développement, dans leurs rapports, dans leurs actions successives ou simultanées ; et ces diverses connoissances s'acquièrent par l'étude de l'Anatomie. Cette science est à la Vétérinaire ce que la géographie est à la navigation : tout est écueil pour celui qui n'a pas d'avance étudié sa route ; de même celui qui ignore la structure organique des partie et qui ont toujours servi d'élémens, ne traitent que du cheval (1). Si le professeur entretenoit quelquefois les élèves de la structure de quelques autres animaux, c'étoit d'une manière presque vague, ou le plus souvent ces animaux n'étoient point du domaine de la Vétérinaire.

Trop généraliser, comme trop particulariser, c'est, dans l'un comme dans l'autre cas, s'éloigner également du but essentiel. Si le vétérinaire a besoin d'étendre ses connoissances sur plusieurs animaux à la fois, il a aussi besoin de s'arrêter à un certain nombre, afin de mieux assurer ces mêmes connoissances. L'Anatomie vétérinaire a ses limites, il ne s'agit que de savoir l'y fixer. Assurément, par les services importans qu'il rend, le cheval a droit à une attention particulière; mais le vétérinaire ne doit pas borner exclusivement ses considérations à ce quadrupède; tous les autres animaux qui, comme lui, deviennent

____

(1) Le petit nombre de notes que l'on trouve dans les dernières éditions du *Précis anatomique du corps du Cheval*, par *Bourgelat*, sur les différences dans le bœuf et le mouton, et qui n'ont paru qu'après la mort de l'auteur, sont peu étendues et incomplettes.

A 3

les instrumens de nos besoins , ont aussi des droits à sa sollicitude.

D'après cet exposé , il résulte que l'Anatomie vétérinaire doit s'étendre également sur tous les animaux que l'homme conserve, élève pour ses besoins , et qui sont l'objet particulier de l'économie rurale et domestique. Ces animaux sont, parmi les quadrupèdes, le cheval, l'âne, le mulet, le bœuf, le mouton, le cochon, le chien et le chat ; parmi les volatiles , on comprend tous les oiseaux de basse-cour.

De ces animaux, les uns très-utiles pendant leur vie , offrent encore après leur mort des avantages plus ou moins grands ; tandis que d'autres sont élevés avec soin , jusqu'à ce qu'ils soient parvenus à un certain degré où l'homme trouve dans leurs dépouilles de quoi se dédommager amplement des sacrifices qu'il a faits pour leur nourriture. En général, les débris cadavériques dont on ne peut retirer aucun autre profit , sont d'excellens engrais pour les terres ; ils fournissent aussi une huile noire, fétide, appelée *empyreumatique*, qui, dans quelques cas , est un excellent vermifuge. Les os des grands animaux servent à faire des moules de boutons , des jetons à jouer, des manches d'instrumens, etc.

Les quadrupèdes·sont ceux qui rendent le plus de services, et leur valeur est infiniment supérieure à celle des oiseaux de basse-cour. C'est pour cela que les premiers sont l'objet essentiel de nos recherches anatomiques. Nous ne portons l'attention des élèves sur la structure des volatiles, qu'en parlant du vol, de la respiration, de la digestion, de la disposition des organes urinaires et génitaux. Dans l'examen successif des parties, nous nous arrêtons aussi plus particulièrement à en indiquer la disposition dans les grands quadrupèdes qui sont pour nous les plus utiles et les plus précieux.

Tous les quadrupèdes domestiques sont dans la classe des mammifères. Le plus grand nombre est herbivore, tels que le cheval, l'âne, le mulet, le bœuf et le mouton ; le cochon est omnivore, tandis que le chien et le chat sont essentiellement des carnivores.

LE CHEVAL (*equus caballus*).

La beauté, la force, la légèreté, la douceur et la fierté, sont les caractères de ce bel animal. Il fut le premier ami de l'homme en devenant sa première conquête, et cette alliance est un don précieux. La naissance du cheval est divinisée par la mythologie ; l'astronomie le place dans le ciel.

Le cheval est un des animaux domestiques les plus précieux ; il est aussi celui auquel l'homme prodigue plus particulièrement ses soins. Cet animal est employé toute sa vie à la culture des terres, à traîner et à porter des fardeaux, ou à servir de monture à l'homme. Après sa mort il offre plusieurs avantages au commerce. Sa peau tannée sert à faire des empeignes de souliers, des tiges de bottes, des harnois, des soupentes ou couvertures de voiture. Sa chair est une excellente nourriture pour les carnivores, on en nourrit aussi les cochons, et ses os réduits en poudre sont bons à engraisser la volaille qui en est avide ; ses tendons et autres parties blanches fournissent de la colle forte ; ses crins mêlés avec du chanvre servent à faire des cordes, etc.

L'ANE (*equus asinus*).

Fidèle compagnon de l'indigent, utile et dédaigné comme lui, l'âne rend ses services avec moins d'éclat, moins de force que le cheval ; mais il est plus facile à nourrir, et son entretien est beaucoup moins dispendieux. Essentiellement employé à porter des fardeaux, l'âne est exclu des brillans exercices où le cheval paroît avec fierté (1).

Le produit qu'on retire de ses dépouilles est à peu près le même que celui que fournissent celles du cheval ; il est seulement moins avantageux ; sa peau ne sert guère qu'à faire du parchemin ou de la colle forte.

LE MULET (*equus mulus*).

La force et la solidité sont les principaux attributs du mulet, qu'on emploie essentiellement au roulage et à porter le bât : il est peu propre à d'autres services à cause de son peu de docilité. Dans les pays montagneux, il sert au transport de tous les produits commerciaux de ces contrées. Chargé d'un énorme fardeau, cet animal gravit et descend des montagnes très-escarpées. On le voit à travers les pierres et les rochers marcher avec la plus grande assurance et avec une adresse admirable ; et pour aller avec une telle sûreté, il lui suffit de trouver la place de son pied qu'il a soin de poser doucement, afin de s'assurer de la solidité du plan sur lequel il repose. Dans

---

(1) Dans les mauvais pays, l'âne est employé au labour et autres ouvrages d'agriculture.

les descentes très rapides et très-difficiles, il plie ses membres en les portant en avant, jette la masse de son corps en arrière, s'accule sur ses jarrets, et marche ainsi tant que la descente est rapide (1).

Après la mort, le mulet fournit les mêmes produits que le cheval.

~ LE BŒUF (*bovina bestia*).

On comprend sous ce titre générique le taureau, le bœuf et la vache. Les services que rendent ces animaux sont presqu'universels; ils sont les principaux soutiens de l'agriculture, et forment la plus grande richesse des campagnes. Dans plusieurs contrées de la France, le bœuf et la vache servent à la culture des terres, et l'on fait même travailler les taureaux (2). Dans les pays très montagneux,

---

(1) Dans les montagnes du département du Puy-de-Dôme, il existe de petits chevaux fins à encolure de cerf, d'une assez mauvaise tournure, mais très-forts, et qui ont, ainsi que les mulets du pays, une adresse étonnante pour traverser les montagnes. J'en ai vu chargés de deux personnes, galopant au milieu des pierres et des rochers, sans faire un seul faux pas.

(2) Dans les montagnes de la ci-devant Auvergne, l'on emploie au labour et au charriage beaucoup plus de vaches

les exploitations agricoles ne se font qu'avec le secours du bœuf qui montre ce que peuvent la force et la patience réunies.

Ces animaux, si utiles pendant leur vie, procurent à leur mort une saine nourriture pour l'homme, et leurs dépouilles viennent offrir au commerce et à l'industrie les usages les plus variés.

LE MOUTON (*ovina bestia*).

Foible et sans défense, le mouton paie la protection de l'homme par le plus docile esclavage et par une riche toison.

L'introduction des mérinos en France donne une juste idée des avantages immenses que l'agriculture et le commerce peuvent retirer de ces animaux dont les dépouilles, après la mort, tournent toutes entières au profit de la société.

---

que de bœufs ; on les attèle par les cornes, et le joug est construit de manière que la face de l'animal est toujours perpendiculaire ; l'expérience a démontré aux habitans de ces pays, que cette position de la tête donne plus de force à l'animal.

Le cochon (*sus*).

Animal vorace, le cochon use indifféremment de toutes sortes d'alimens. A peu près inutile pendant sa vie, il fournit à sa mort des produits avantageux. Sa viande qui prend sel avec facilité se conserve longtemps et sert à toutes les classes de la société. Elle fait sur-tout la nourriture de l'habitant de la campagne, et est employée avantageusement pour les voyages de long cours.

Dans certaines contrées de la France, l'éducation de ces animaux constitue une branche essentielle de l'agriculture et du commerce. Aussi leur conservation nous paroît-elle mériter une attention particulière.

Le chien (*canis familiaris*).

Reconnoissant, fidèle, sincèrement attaché à son maître, le chien est continuellement occupé de lui complaire et de chercher tous les moyens possibles pour lui rendre sa société utile et agréable. Il l'accompagne à la chasse, garde ses troupeaux, ses habitations, veille continuellement à sa sûreté, et en est le plus intrépide défenseur.

Utile pendant sa vie, le chien l'est encore

après sa mort, en laissant ses dépouilles à l'homme qui les emploie à différens usages.

Le chat (*felis catus*).

Domestique infidèle qu'on ne garde que par nécessité, dit *Buffon,* pour l'opposer à un ennemi domestique encore plus incommode et qu'on ne peut chasser, le chat est pour l'homme un animal utile. Il le délivre des animaux qui dévastent ses habitations, ses récoltes. Sa peau sert à faire des fourrures.

Les oiseaux de basse-cour (*cohortales aves*).

On comprend sous ce titre tous les oiseaux que l'on élève, soit pour les engraisser, soit pour en avoir les œufs , tels que les dindons, les oies, les poules , les canards, les pigeons, etc.

La viande de ces animaux très-tendre, très-facile à digérer, fournit un des alimens les plus succulens et les plus délicats. Leurs plumes plus ou moins belles et de diverses couleurs sont employées à des usages très variés.

Précis historique des progrès de l'Anatomie vétérinaire.

Les premières recherches anatomiques, faites d'abord sur des brutes, ont frayé le chemin à la connoissance de la structure de l'homme. La vénération que les anciens peuples Grecs , Égyptiens , Juifs , Romains , portoient aux cadavres humains ; leurs lois qui punissoient sévèrement quiconque auroit osé y porter le couteau anatomique ; les soins qu'ils mettoient à les brûler ou à les conserver ; l'horreur même qu'ils avoient de les toucher ou seulement d'en approcher , tels étoient les circonstances nombreuses qui s'opposoient à l'étude pratique de la structure de l'homme, et qui forçoient les médecins de ces temps à l'étudier par analogie sur les animaux. Ces sortes de dissections leur étoient devenues si familières , qu'on leur a souvent reproché d'avoir décrit leurs parties pour celles de l'homme.

Successivement et peu à peu les obstacles que nous venons de rapporter disparurent. Ptolémée Soter, prince éclairé , protecteur des sciences et des arts , sentant les avantages qui résulteroient de la dissection des cadavres humains , pour la médecine et pour l'humanité en général , ordonna que les corps des criminels condamnés à mort fussent abandonnés à *Herophile*, qui apprit le premier à connoître sur l'homme même l'organisation de l'homme. Mais l'édit du roi d'Égypte n'eut qu'un effet de peu de durée , tant est résistante la barrière opposée par le préjugé. Après *Herophile* , l'on reprit la dissection des animaux , et l'exemple de ce médecin ne put trouver d'imitateurs que du temps des empereurs Romains : sous Tibère et Néron , il fut permis de disséquer les cadavres des ennemis ; cette autorisation fut mise à profit par plusieurs médecins , durant les guerres de Marc - Aurèle contre les Allemands. C'est à dater de cette époque que les médecins commencèrent à abandonner l'étude de l'organisation des animaux , pour se livrer entièrement à celle de l'homme : aussi, parmi ceux qui, depuis *Galien,* jusqu'au siècle dernier , se sont occupés de cette science , l'on en voit peu qui l'aient étudiée sous le rapport de la Vétérinaire ; les travaux du plus grand nombre avoient essentiellement pour but la médecine de l'homme , ou l'histoire naturelle et l'Anatomie comparée ; et si , durant ce long intervalle , la connoissance de la structure des animaux a fait quelques progrès , a été enrichie de quelques découvertes , elle les doit principalement au rapprochement , à la comparaison qu'on a cherché à établir entre les parties de l'homme et celles des animaux.

C'est sur-tout depuis le siècle dernier que
l'anatomie des animaux domestiques a été cultivée sous ses vrais rapports, comme branche
essentielle de la Vétérinaire ; l'on a vu successivement paroître des traités complets de
l'anatomie du cheval, du bœuf, du chien ;
des Établissemens de Vétérinaire ont été ins-
titués, et il en est résulté diverses productions plus ou moins recommandables.

D'après ce court aperçu, l'on peut distinguer trois périodes dans l'exposition historique des progrès de l'Anatomie vétérinaire.
La première période qui, remontant aux temps
les plus reculés, va jusqu'à l'an 1590, comprend
les travaux des hommes qui avoient plus particulièrement en vue la médecine de l'homme
ou l'histoire naturelle. Sur cette ligne nous
mettrons *Empedocle, Alcmeon, Democrite,
Herophile, Aristote, Ælien, Erasistrate, Ru-
fus, Galien, H. Fabricio, Æmylianus,* etc.

La deuxième période qui commence à
Ruini, en 1598, est remarquable par les pro-
grès que fit l'Anatomie de quelques quadru-
pèdes domestiques. Les auteurs qui, dans
cette période, méritent d'être cités, sont
*Ruini, Aldrovande, Heroard, Riolan,
Asellius, Severin, Harvée, Pecquet, Stenon,
Blasius,*

Blasius, Peyer, Duverney, Jacques Douglas, Garengeot, Haller.

Enfin la troisième période, qui date de l'époque où parut en français la traduction de l'Anatomie de *Snape*, maréchal anglais, et qui s'étend jusqu'à nos jours, a produit un grand nombre d'écrits sur l'Anatomie vétérinaire, parmi lesquels on distingue plus particulièrement ceux de *Snape*, de *Bourgelat*, de *Daubenton*, de *Lafosse*, de *Vitet*.

Quoique l'Anatomie comparée ait rendu de grands services à l'Anatomie des animaux domestiques, je me bornerai à nommer les principaux auteurs qui, par leurs écrits, par leurs travaux, ont contribué à l'avancement de l'Anatomie vétérinaire, et se sont acquis parlà des droits à notre reconnoissance.

§. I.

Dans cette première période, je ne m'arrêterai pas à fouiller dans toutes les sources de l'Antiquité pour démontrer l'origine de l'Anatomie; elle est ensevelie dans le vague des temps, nous devons, sur ce point, avouer notre ignorance ; ainsi je ne m'occuperai point de la recherche de cet objet. D'ailleurs, que pourrois-je ajouter à ce qu'en ont dit *Haller*, *Leclerc*, *Portal*, *Goulin*, *Lassus* ?

Il paroît vraisemblable que l'Anatomie des animaux domestiques a commencé à être cultivée dans la famille des *Asclepiades*, qui, au rapport des historiens, renfermoit toute la médecine. Les pères enseignoient à leurs enfans, de vive voix, et sans rien mettre par écrit, le peu d'anatomie qu'ils savoient, et les accoutumoient de bonne heure à disséquer des animaux ; de sorte que, transmise de père en fils, comme par tradition, cette science étoit, pour ainsi dire, leur domaine exclusif.

Alcmeon et *Democrite*, disciples de *Pythagore*, passent, parmi les philosophes anciens, pour ceux qui se rendirent célèbres dans la dissection des brutes. Instruits de bonne heure dans l'École des *Asclepiades*, ils s'attachèrent plus particulièrement à l'étude des parties internes des animaux. Nous allons faire connoître quelques-unes de leurs opinions, afin d'indiquer l'état de la science anatomique dans ces temps éloignés.

Alcmeon croyoit que les chèvres respiroient par les oreilles. Comme ce philosophe n'a pu avancer ce fait sans une connoissance de la communication de cette partie avec la bouche , quelques anatomistes lui attribuent la découverte du conduit guttural du tympan. Il pensoit aussi que le fœtus , semblable à une éponge, pompoit par toute la surface de son corps, tout ce qui pouvoit le nourrir. Les mulets , disoit-il , sont impuissans , parce que leur semence est tenue , c'est-à-dire froide ; la stérilité des mules vient de ce que leur matrice ne s'ouvre pas assez, c'est-à-dire, que l'orifice en est resserré , comprimé (1).

Democrite, qui mérita le surnom de naturaliste (2) parce qu'il consacroit tous ses momens à l'étude des animaux, n'a pas agrandi le domaine de l'Anatomie ; il s'occupa spécialement de l'étude du foie, afi de connoître les sources de l'atrabile et le siége de la colère.

La doctrine de ces philosophes, ainsi qu'on vient de le voir, n'offre rien de bien intéressant : aussi je ne m'y arrêterai pas davantage, et je jetterai un coup d'œil rapide sur les travaux d'*Aristote* et de *Galien.*

Aristote, homme extraordinaire, qui cultiva avec un succès presqu'égal toutes les parties de l'Histoire naturelle, s'occupa aussi

____

(1) *Mémoires physiologiques de Goulin.*

(2) *Democritus cognomento physicus jure dictus , etc.* *Severin , pag.* 9.

de l'Anatomie des animaux ; mais ses descriptions anatomiques qui, selon *Diogene Laërce*, contenoient quatre Livres, sont perdues pour nous ; et nous avons aussi à regretter de ce philosophe beaucoup d'autres ouvrages, qui ne nous sont point parvenus. On trouve des observations utiles et intéressantes dans son *Histoire des animaux*, dont il parut, en 1783, une traduction en français, par *Camus*, avec un volume de notes (1).

Dans la considération des diverses parties des animaux, *Aristote* prend l'homme comme terme de comparaison ; il expose d'abord les parties extérieures, puis il décrit les parties intérieures. Il regardoit le cœur comme la source du sang et comme le principe des veines et des nerfs. Il a traité beaucoup de questions physiologiques ; mais ce qui a été vraiment la source de sa réputation et de sa gloire, est d'avoir le premier fait usage de l'Anatomie comparée, en prenant l'homme pour type général de l'organisation.

---

(1) M. *Huzard*, vétérinaire distingué, et inspecteur des Écoles de vétérinaire, a donné un extrait de cette traduction dans le deuxième volume des *Instructions vétérinaires*, page 341.

Galien est celui qui suivit avec plus de constance et de fruit la voie tracée par *Aristote*. Ce philosophe s'est exercé à la dissection d'un grand nombre d'animaux, dont il a observé avec soin toutes les parties ; mais comme la médecine humaine étoit essentiellement son but, il s'est plus particulièrement occupé de la dissection des singes qui sont les animaux dont l'organisation a le plus d'analogie avec celle de l'homme : dans ses descriptions il s'est sur-tout attaché à indiquer la structure de ce dernier. Il a fait, sur divers animaux vivans, une foule d'expériences exactes, qui ont conduit à l'explication de certains faits physiologiques. Quoique *Galien* ait tenté quelques-unes de ses expériences sur les animaux domestiques, il ne nous a cependant rien laissé de particulier et de fort intéressant touchant l'Anatomie vétérinaire.

Æmilianus, qui a donné un traité très-étendu de l'histoire des animaux ruminans et de la rumination en particulier, ne fait que combattre les sentimens des Anciens, et leur substitue des hypothèses, des assertions vagues et dénuées de fondement.

Vers l'an 1565, le conduit et les poches gutturales du tympan furent démontrés dans le cheval par *Eustache*, qui, environ dix années auparavant, avoit aussi découvert le canal thoracique dans le même animal.

Mon but essentiel n'étant que de retracer les destins de l'Anatomie vétérinaire, de n'en considérer que les progrès, et non de faire l'histoire exacte et détaillée de cette science, je me borne à ces citations pour faire remarquer l'état de cette branche de la Vétérinaire chez les Anciens, et je passe à la deuxième époque.

§. II.

Ici l'Anatomie fut cultivée avec plus de soin, et enrichie par une foule de découvertes importantes et d'observations physiologiques ; cette période est remarquable par quelques écrits, qui, dans tous les remps, perpétueront la gloire de leurs auteurs. Tel fut entr'autres l'ouvrage de *Ruini*, qui parut en 1598, et qui est extraordinaire pour cette époque, où la structure du cheval étoit encore ignorée, ou du moins fort peu connue.

Cet ouvrage qui a pour titre : *Anatomia del Cavallo, infermità, et suoi rimedii. Del sig. Carlo Ruini senator Bolognese*, est divisé en deux parties : la première renferme l'anatomie du cheval ; la seconde , traite de ses maladies et des moyens d'y remédier.

Ainsi qu'*Ambroise Paré*, le restaurateur de la chirurgie française , *Ruini* ramena les connoissances de l'art vétérinaire à des principes sains , et les posa sur des bases sûres. Son ouvrage a servi de modèle à plusieurs écrivains , et ira jusqu'à la postérité la plus reculée. Quelques auteurs sont loin d'en porter un jugement aussi favorable. *Vitet*, dans son analyse des auteurs qui ont écrit sur la médecine vétérinaire, s'exprime ainsi , en parlant de l'ouvrage de *Ruini :* « Le seizième siècle » vit naître, en France et en Italie , une multitude d'écrits sur la maréchallerie , que » l'ouvrage de *Solleysel* a fait oublier; n'en » regrettons point la perte ; ils ne présentoient qu'une description très-imparfaite de » la structure du cheval et de ses maladies». Assurément un tel jugement est bien éloigné de l'impression que fait éprouver la lecture de l'ouvrage de *Ruini*, et même de l'opinion qu'ont de cet auteur , quelques vétérinaires recommandables. Mais on cessera d'être étonné , si l'on fait attention que M. *Vitet*, avant d'écrire, avoit prononcé que tous les auteurs anciens , jusqu'à telle époque , étoient mauvais, et que ce jugement irrévocable pour lui, l'a fait tomber dans plus d'une erreur. Ainsi il fait l'éloge de *Solleÿsel*, sans s'apercevoir que cet ouvrage est copié de *Ruini* qu'il avoit déjà condamné. Au reste ces sortes d'erreurs ne sont pas les seules qui soient échappées à la plume de *Vitet*, celles de dates et de noms propres sont aussi très-fréquentes.

La partie anatomique de l'ouvrage de *Ruini* contient cinq Livres, et est exposée, suivant la méthode de *Galien*, d'après l'ordre numérique, et selon la position respective des parties. Le premier Livre traite des parties de la tête ; le second comprend les parties du cou et du thorax ; le troisième renferme l'exposition du ventre ou abdomen ; le quatrième est consacré aux organes de la génération ; le cinquième enfin, contient les parties des membres, tant antérieurs que postérieurs.

En général, ce Traité d'Anatomie offre de la méthode, de l'exactitude, et contient des observations justes. Mais il est surprenant qu'en traitant des os de la tête, l'auteur n'ait pas parlé des sinus qu'ils forment ; l'on peut aussi reprocher à *Ruini* d'avoir passé trop rapidement sur la description des os, tandis qu'il s'est appesanti sur celle des muscles, que dans certaines parties il a beaucoup trop multipliés.

A la fin de chaque livre l'on trouve des planches faites sur bois qui représentent les parties qui ont été exposées ; ces planches ont le mérite de l'exactitude.

En 1599, *Heroard*, médecin de Henri IV, publia par ordre du Roi un petit traité de 48 pages, sur les os du cheval ; mais les descriptions qu'il en a données sont plutôt applicables aux os de l'homme. L'on y trouve quelques planches qui, par leur netteté, font tout le mérite de l'ouvrage.

En 1616, *Guillaume Harvée* fit connoître la circulation du sang et la démontra sur plusieurs animaux. Cet anatomiste nous a aussi laissé des observations importantes sur les organes de la génération et sur le fœtus de plusieurs femelles domestiques, particuliément de la vache.

En 1622, *Asellius* découvrit les vaisseaux chilifères dans le chien, et les fit voir quelque temps après dans le cheval.

En 1646, *Severin*, chirurgien de Naples, passionné pour l'Anatomie des animaux, publia un traité d'Anatomie ayant pour titre *Zootomia democritæa*. Cet ouvrage, qui paroît être un commentaire des principes de

Democrite, est divisé en cinq parties. Les trois premières traitent de diverses propositions, telles que le but, la nécessité de l'Anatomie, la manière d'examiner les parties. La quatrième partie renferme l'histoire anatomique de divers genres d'animaux, et de chacun des quadrupèdes domestiques. Viennent ensuite des observations et des planches qui n'offrent rien d'intéressant, et qui sous ce rapport, s'accordent avec les descriptions qui sont peu étendues, et dans lesquelles il n'est fait mention que de quelques parties intérieures. Dans la cinquième partie, qui est la plus soignée, l'auteur expose la manière de bien disséquer, et donne à cet égard quelques principes qui nous ont paru convenables.

En 1651, *Pecquet* observa et démontra le réservoir du chyle. Quelque temps après *Blasius* publia un recueil de tout ce qui avoit été dit de bon sur l'Anatomie des animaux. *Peyer* donna un traité sur les glandes ou follicules des intestins, avec une description du ventricule de la poule ; il publia aussi un ouvrage sur les différentes espèces d'animaux ruminans, et sur les phénomènes de la rumination.

Vers l'an 1666, *Stenon* découvrit dans le

mouton le canal de la parotide, et dans le veau ceux de la glande lacrymale.

Ce fut à peu prés à cette époque que *Slades* fit ses observations sur les membranes du fœtus dans la vache, qu'il exposa d'une manière exacte l'allantoïde, et les cotyledons propres à cette espèce. Ce fut aussi dans ce même temps que *Borelli* fit ses recherches sur la force du mouvement dans les animaux ; que *Fabricius* étendit les siennes sur l'accroissement du fœtus dans les quadrupèdes ; que *Duverney* observa que l'intestin cœcum, petit et étroit dans les carnivores, est ample et long dans les herbivores ; que *Jacques Douglas*, dans un ouvrage sur la myographie comparée, fit voir, non seulement les rapports des muscles du chien avec ceux de l'homme, mais ajouta à ce travail quelques observations générales et utiles. *Garengeot*, suivant les traces de *Douglas*, donna aussi un traité de la myotomie humaine et canine.

En terminant le tableau des productions et des découvertes qui se sont succédées dans cette période, et qui ont plus ou moins avancé la science, je ferai observer que les travaux de *Haller* ont aussi contribué aux progrès de l'Anatomie des animaux domestiques.

(28)

§. III.

Cette dernière période que nous allons parcourir est remarquable par des écrits sur presque tous les animaux domestiques, par des recherches dirigées particulièrement vers les points les plus importans de l'organisation, tels que la rumination, l'impossibilité de vomir dans le cheval, la structure du pied dans le même, par quelques découvertes utiles ; enfin par la marche simple, uniforme et méthodique que l'on apporte aujourd'hui dans la considération de la structure de tous les animaux domestiques. Pour donner une juste idée des progrès de l'Anatomie dans le courant de cette période, il suffiroit peut-être de citer quelques auteurs recommandables, et de rappeler les travaux de *Bourgelat*, de *Lafosse* et de *Daubenton* ; mais il seroit injuste de passer sous silence beaucoup d'autres auteurs qui, par quelques productions utiles, ont aussi contribué à l'avancement de la science anatomique.

Pour procéder avec ordre à l'exposition de ce dernier tableau des progrès de l'Anatomie vétérinaire, et afin de le rendre plus intéressant et plus utile, nous distinguerons en deux ordres toutes les productions recommandables dont nous ferons mention. Nous comprendrons dans une première classe les ouvrages qui embrassent toute l'Anatomie d'un ou de plusieurs animaux domestiques, et nous rangerons dans la dernière série les recherches particulières sur quelques points de l'organisation.

En 1681, *André Snape*, maréchal anglois, publia une anatomie du cheval, qui fut traduite en français par *Garsault*, et parut dans notre langue en 1734.

Cette anatomie est une copie mal rédigée de *Ruini*; elle contient cinq Livres : le premier comprend la description du bas ventre, le second traite de la poitrine; le troisième, de la tête; le quatrième contient l'exposition des muscles, et le cinquième celle des os. A la tête de la traduction française, se trouvent deux préfaces dont la dernière est sortie de la plume de *Garsault*. Quant aux planches que l'on y remarque, il n'est pas difficile de voir que ce sont des copies de celles qui se trouvent dans *Ruini*; mais quoique faites sur cuivre, ces planches sont loin d'offrir le même mérite que celles qui sont dans l'auteur italien. La traduction de *Snape* fut long-temps en vogue, et eut le mérite de faire sentir aux maréchaux français la nécessité de connoître la structure du cheval pour traiter ses maladies avec quelque succès. En général, cet ouvrage offre de la diffusion et bien moins d'exactitude que celui de *Ruini* qui lui a servi d'original.

Il appartenoit au génie du fondateur de nos Établissemens d'ajouter aux connoissances acquises sur la structure du cheval, de les porter presqu'au niveau où se trouvoient celles de l'homme; en un mot de les exposer avec plus d'ordre, plus d'exactitude que n'avoient fait ceux qui l'avoient précédé dans cette carrière. *Bourgelat*, dont les travaux immenses découvrent partout le savant *Hippiatre*, et sont des monumens impérissables de gloire, fait la principale époque de cette période. Son Anatomie du cheval est ce que nous avons jusqu'à présent de plus exact et de plus complet sur cette matière. Cet ouvrage, imprimé pour la première fois en 1769, a eu successivement plusieurs éditions avec des notes que l'auteur avoit laissées manuscrites sur la comparaison des parties dans le bœuf et le mouton. Toute la structure du corps du cheval y est développée avec assez d'ordre et de méthode; les os sont exposés les premiers ; viennent ensuite les muscles avec les enveloppes du corps , puis les vaisseaux , les nerfs ; enfin les glandes et les viscères forment les deux dernières parties. Cette Anatomie essentiellement graphique contient néanmoins quelques faits physiologiques , et est terminée par deux mémoires , dont un sur l'impossibilité où se trouve le cheval d'effectuer le vomissement, et l'autre sur la rumination. La plupart des descriptions de *Bourgelat* intéressent par l'exactitude ; quelques-unes , comme celles des vaisseaux et des nerfs , ne sont ni aussi complettes, ni aussi correctes ; mais ce qui excite l'admiration , ce sont les dissertations savantes et pleines d'érudition que l'on remarque en quelques endroits, sur-tout à l'article de la rumination , où l'auteur expose ses doutes sur les causes de ce singulier phénomène.

Avant la publication de ce précis anatomique du corps du cheval , *Bourgelat* avoit traité en très-grande partie le même sujet , par demandes et par réponses , dans ses *Elémens d'Hippiatrique,* imprimés à Lyon , en 1750.

En général les ouvrages de ce grand maître respirent la clarté , sont des modèles de style et des foyers inépuisables de lumière.

Celui qui, sous quelques rapports, mérite de figurer à côté de *Bourgelat*, est *Lafosse* fils, qui, dans ses écrits, prenant toujours pour guide une expérience journalière, nous a laissé diverses productions utiles sur l'art vétérinaire, et a contribué pour sa part aux progrès de l'anatomie du cheval.

En 1766, *Lafosse* donna son *Guide du Maréchal*, ouvrage très-connu, qui est entre les mains de tous les vétérinaires et maréchaux français, et dans lequel la partie anatomique est exposée d'une manière précise, et est accompagnée de quelques planches assez bonnes.

Six ans après il publia son grand ouvrage in-folio, avec soixante-cinq planches, sous le titre de *Cours d'Hippiatrique*; et en 1775, il fit imprimer son *Dictionnaire d'Hippiatrique*, 4 volumes grand in-8°.

Par ses travaux et ses productions, *Lafosse* s'est acquis une place distinguée et justement méritée dans les annales de la Vétérinaire. Peu d'artistes ont travaillé avec un zèle aussi soutenu, et ont poussé aussi loin les bornes de leur art. Nous sommes redevables à cet hippiatre d'avoir exposé, en un même corps, la structure, le choix, l'éducation et les maladies du cheval. Si quelquefois il s'est écarté

de

de la vérité ; si , en quelques articles , il a montré peu de méthode ; si , en plus d'un passage , il s'est emporté en injures ou en sarcasmes ; au milieu de ces écarts on trouve quelques observations justes , des connoissances utiles , et sur-tout une multitude de faits de pratique , qui , dans tous les temps , perpétueront la gloire de leur inventeur , et serviront à conduire à la vérité.

En 1771, parut la *Médecine Vétérinaire de Vitet*, trois volumes , in-8º. Le premier renferme la structure et les fonctions du cheval et du bœuf. Dans l'exposition de cette partie anatomique , l'auteur a suivi un ordre de fonctions, et a partagé sa matière en six parties : la première contient la structure des os ; la seconde traite de la progression ; la troisième de la digestion ; la quatrième de la circulation du sang ; la cinquième renferme les sens ; et la sixième est relative à la génération.

Le principal mérite de ce Traité anatomique, est la comparaison qu'établit l'auteur entre toutes les parties du bœuf et celles du cheval qu'il représente comme type de l'organisation. L'Anatomie de *Vitet* offriroit plus d'intérêt s'il régnoit plus d'exactitude dans les descrip-

C

tions ; si, dans la plupart des dissertations physiologiques qui y sont répandues, l'auteur avoit moins donné aux écarts de l'imagination, et qu'il eût appuyé ses raisonnemens sur des faits connus et fondés sur l'organisation.

Je passe à une production de ces derniers temps, de laquelle je n'eusse pas fait mention, si les rédacteurs du *Moniteur* ne s'étoient prêtés à en publier, dans une de leurs feuilles, un éloge pompeux, qui a induit le public en erreur ; je veux parler de la traduction en français d'un ouvrage anglais, sous le titre de *Notions fondamentales de l'Art vétérinaire, ou Principes de médecine appliqués à la connoissance de la structure, des fonctions et de l'économie du cheval, du bœuf, de la brebis et du chien, avec la manière de traiter leurs maladies, suivant les règles de l'art les plus conformes à l'expérience. Ouvrage enrichi de planches anatomiques, traduit de l'anglais, de M.* Delabaire-Blaine, *professeur de médecine vétérinaire.* De l'imprimerie de *F. Patris.* Paris, 1803, an XI, 3 volumes in-8°. d'environ 500 pages chacun.

La partie anatomique qui, malgré le titre enflé de cet ouvrage et le dire de l'auteur, ne traite uniquement que de la structure du cheval, n'est qu'une compilation informe et mal digérée des auteurs français : elle n'offre ni plan, ni méthode, ni exactitude. La plupart des planches qui s'y trouvent sont des copies de celles de *Lafosse* ; la myologie, prise toute entière dans *Bourgelat*, est la partie la moins imparfaite ; enfin l'histoire de la médecine vétérinaire, essentiellement puisée dans *Vitet*, conserve les mêmes erreurs de noms, de dates, qui se trouvent dans cet auteur, et qui n'auroient pas dû échapper au traducteur.

Parmi les auteurs qui, comme les précédens, se sont occupés de l'anatomie vétérinaire en général, mais qui l'ont fait d'une manière moins directe, et essentiellement comme objet de comparaison pour d'autres sciences, je mettrai en tête le compagnon des travaux de l'immortel *Buffon* (*Daubenton*), qui, un des premiers, s'est occupé de l'amélioration des bêtes à laine en France, et a donné l'anatomie de tous les animaux domestiques.

Je rappellerai ensuite ce grand anatomiste, dont les vues philosophiques et les travaux immenses ont illustré le dix-septième siècle. *Vicq - d'Azyr*, qui fit briller d'un éclat tout nouveau l'anatomie comparée, a aussi avancé celle des animaux domestiques, par les dissections et les expériences nombreuses qu'il a tentées sur eux. L'école d'Alfort se glorifiera toujours d'avoir été le sein où cet savant illustre puisa le goût pour l'anatomie.

A côté de ces deux hommes chers à la science, je placerai le professeur *Cuvier*, dont les recherches journalières reculent les bornes de l'histoire naturelle ; et dont les leçons, rendues publiques par deux de ses élèves (1), forment un corps de matériaux importans, où l'anatomie vétérinaire peut puiser des connoissances utiles.

Plusieurs autres auteurs mériteroient ici d'être cités, mais il seroit trop long d'énumérer tant de travaux ; je me contenterai de

---

(1) *Leçons d'Anatomie comparée, par M Cuvier.* M. *Dumeril*, aujourd'hui professeur à l'École de médecine de Paris, est auteur des deux premiers volumes qui ont paru en l'an VIII. Les trois derniers volumes qui n'ont été publiés que l'année 1805, sont dus aux soins de M. *Duvernoy.* Cet ouvrage, dont le cinquième volume est terminé par cinquante-deux planches très-nettes, a été rédigé sous les yeux du professeur *Cuvier.*

nommer *Fourcroy* et *Goiffon*. Le premier
est auteur d'une thèse sur l'anatomie comparée, où il passe en revue la manière dont s'exécutent les fonctions dans les animaux. *Goiffon*, qui fut le contemporain et le collabora-
teur de *Bourgelat*, s'est attaché à représenter
plusieurs parties, avec quelques allures du
cheval ; ses travaux ont été publiés par *Vin-
cent*, son élève, sous le titre de *Mémoire ar-
tificielle*. Cet ouvrage, de 173 pages, avec
vingt-trois grandes planches, où l'on reconnoît en plus d'un endroit la touche de *Bourgelat*, est un modèle de perfection pour la netteté de l'impression ; il contient aussi quelques
connoissances utiles, mais trop calquées sur
la mécanique.

Je terminerai là cette première série des
auteurs et des travaux anatomiques, pour
passer au tableau des recherches particulières
qui ont aidé à amener l'anatomie vétérinaire
à l'état où elle se trouve aujourd'hui.

La rumination est un des points de comparaison qui a le plus excité les recherches, l'attention des anatomistes, et même de quelques
naturalistes.

Cette fonction, propre aux animaux pourvus de quatre estomacs, est un phénomène

connu depuis des siècles ; mais la cause qui donne aux ruminans cette propriété de faire revenir dans la bouche une partie des alimens déglutis, est le point qui de tout temps a fourni matière aux disputes et aux systêmes. Mon dessein n'est pas de rapporter ici les diverses opinions qui se sont élevées sur ce sujet, il me suffira de faire remarquer que dans cette période, la rumination a donné lieu à des dissertations plus ou moins intéressantes, parmi lesquelles on peut distinguer plus particulièrement les productions suivantes.

Recherches sur le mécanisme de la rumination ; Bourgelat. *Précis anatomique du corps du cheval.*

Mémoire sur le mécanisme de la rumination, et sur le tempérament des bêtes à laine ; par Daubenton. Mémoires de l'Académie royale des Sciences, année 1768.

Des organes de la digestion dans les ruminans, à l'usage des élèves des Écoles royales vétérinaires ; par M. Chabert. Brochure in-8°. de 91 pages.

Explication des principaux phénomènes que présente la digestion des ruminans ; par François Toggia ; brochure in-8°. de 43 pag. Turin 1804, an XII.

Un autre objet qui n'a pas moins attiré l'attention des vétérinaires, et qui continue à être un sujet d'observations, est la structure du pied des monodactyles. *Lafosse* le père est le premier qui ait présenté quelques considérations intéressantes sur cette partie ; elles sont consignées dans un recueil d'observations de diverses maladies survenues aux pieds des chevaux, que l'auteur publia en 1754, et que, quelques années auparavant, il avoit présenté à l'Académie royale des Sciences A la fin du mémoire sur la structure du pied se trouvent deux petites planches, représentant les diverses parties du pied du cheval.

Dans son *Essai théorique et pratique sur la Ferrure, Bourgelat* s'est occupé du même sujet, et a exposé la structure du pied du cheval, d'une manière plus étendue et plus exacte que *Lafosse*.

L'on trouve aussi quelques détails sur l'anatomie du pied dans le *Guide du maréchal, par Lafosse fils*. Enfin nous devons aux étrangers, et sur-tout aux Anglais, des observations et des planches intéressantes sur cette partie, et qui sont consignées dans les ouvrages ci-après.

(40)

Anatomie du cheval, par George Stubbs, *peintre*. L'auteur de cette production s'est attaché à représenter diverses parties du cheval, et il a donné des planches où le pied est exposé disséqué, mais d'une manière peu étendue.

Observations sur le mécanisme du pied des chevaux ; par Freeman, *écuyer*. Ce second Traité contient quelques dissertations sur les diverses parties du pied, ainsi que des planches où sont représentées ces mêmes parties avec netteté. Mais l'ouvrage anglais qui, en ce genre, offre le plus d'intérêt, est le suivant : *Observations sur la structure et les maladies du pied du cheval ;* par M. Colman, *professeur au Collège vétérinaire*. Cet écrit, très-bien soigné sous plusieurs rapports, renferme un grand nombre de planches très-nettes, qui représentent les diverses parties du pied d'une manière fort exacte, et ne contribuent pas peu au mérite de l'ouvrage.

L'on trouve aussi quelques observations sur l'anatomie du pied, dans les *Notions fondamentales de l'art vétérinaire ;* par Delabaire-Blaine. Ainsi que dans le petit ouvrage intitulé : *Compendium de l'art vétérinaire ;* par White.

L'impossibilité de vomir dans le cheval n'a pas moins excité les recherches des savans. *Lamorier* (1), *Bertin* (2), *Bourgelat* et *Lafosse*, ont successivement essayé de découvrir la cause qui empêche le cheval et autres monodactyles de pouvoir vomir. Les uns l'ont attribuée à l'existence d'une valvule; d'autres ont avancé qu'elle dépendoit uniquement d'un bourrelet par lequel l'œsophage se termine à l'estomac ; quelques autres ne jugeant pas le bourrelet suffisant pour arrêter les matières et les empêcher de sortir par l'œsophage, ont eu recours à la position de l'estomac qui, situé très - profondément et très - éloigné des parois inférieures de l'abdomen, ne peut être comprimé par les muscles abdominaux inférieurs. Nous aurons occasion de traiter ce sujet, et de démontrer que trois circonstances se réunissent pour s'opposer au vomissement.

Parmi les autres observations anatomiques, qui par leur utilité méritent de trouver ici place, je citerai les considérations d'*Alexandre Monro* sur la matrice et l'allantoïde dans la

____

(1) *Histoire de l'Académie royale des Sciences*, 1733.
(2) *Histoire de l'Académie royale des Sciences*, 1746.

vache ; le Mémoire de *Fougeroux* sur l'os du canon des didactyles (1); les recherches de *Broussonnet* et de *Tenon* sur les dents du cheval ; les belles expériences de *Réaumur* et de *Spalanzani* sur la digestion.

Dans ce tableau des auteurs qui se sont occupés de l'Anatomie vétérinaire, je ne dois pas passer sous silence les travaux de feu *Flandrin*, qui fut mon maître, et sut m'inspirer le goût de l'anatomie. Appelé à lui succéder dans la chaire que j'occupe, je dois à sa mémoire un tribut de reconnoissance pour la bienveillance qu'il m'a toujours témoignée. Nous avons de ce laborieux anatomiste, des extraits imprimés de presque tous les livres élémentaires de *Bourgelat* ; il nous a laissé des recherches intéressantes sur les lymphatiques et la circulation de la lymphe dans le cheval (2). Nous lui devons aussi plusieurs mémoires manuscrits, ainsi que d'autres productions sur l'art vétérinaire, mais qui sont étrangères à l'Anatomie.

____

(1) *Mémoire de l'Académie royale des Sciences*, 1772.

(2) Ces expériences sont insérées dans le *Journal de Médecine*, 1791.

Tel est le tableau précis de la succession des découvertes et des écrits les plus recommandables qui ont amené l'Anatomie vétérinaire au point où elle se trouve aujourd'hui. Parmi cette multitude de productions l'on distingue peu d'inventions, peu d'ouvrages originaux, mais des répétitions d'écrits faits d'après d'autres écrits, et qui n'offrent des différences que dans la forme, tandis que le fond en est le même.

L'Anatomie vétérinaire est sans doute loin de sa perfection ; elle attend encore beaucoup du travail, de l'observation ; en un mot elle offre un vaste champ à cultiver, et où chacun peut semer avec l'espoir d'une ample moisson.

Exposition de la Méthode anatomique.

Depuis que la logique a été dégagée de ses dangereuses subtilités, et fixée par *Locke* et *Condillac* à un petit nombre de principes clairs et féconds, on a dû remarquer dans les sciences naturelles plus d'ordre , plus de simplicité , plus de clarté. L'on a vu successivement les mathématiques, la botanique, la chimie, donner à leurs importantes découvertes et à leur langue plus de justesse, plus de précision , plus d'assurance. Eh! quels progrès n'a pas faits cette dernière science depuis que , par la sagacité et les soins des savans , elle a été débarrassée de cette foule de mots insignifians , et qu'elle a eu une nomenclature etablie sur des bases mé- thodiques?

L'Anatomie devoit aussi profiter de ces heu- reux changemens. Sa langue irrégulière , bi- zarre , devoit se perfectionner , de manière à pouvoir poser des bornes au caprice, à guider la raison , à indiquer les phénomènes orga- niques , et à faire disparoître les dénomina- tions vicieuses dont elle étoit embarrassée. Rien ne doit , dans cette science utile et exacte , excuser l'esprit de servitude ou de préjugé, qui porteroit à conserver les vieilles routines ; le livre seul de la nature doit être sacré.

Le professeur *Chaussier* est le premier qui ait osé porter dans l'étude anatomique cet esprit de raisonnement qui le distingue si éminemment. En 1789 , il publia un traité sur la *Méthode nominale des muscles :* dans un discours préliminaire qui est à la tête de l'ouvrage , il a retracé les inconvéniens des anciennes dénominations, et a fait sentir la nécessité d'une nomenclature basée sur des principes uniformes et invariables. Je ne dirai rien ici des vices des anciennes dénominations qui existoient dans l'anatomie vétérinaire ; ils étoient à peu près les mêmes que dans l'anatomie de l'homme; et j'ai exposé cet article dans l'introduction des tableaux comparatifs publiés en l'an VII (1799).

Quelques anatomistes, après M. *Chaussier*, ont dirigé leurs travaux sur le même sujet, et ont publié leurs essais en ce genre ; mais ils ont varié pour la plupart dans l'application des principes : les uns, et c'est le plus grand nombre, ont cru que l'art de créer une méthode anatomique ne consistoit que dans un systême uniforme de noms ; d'autres en adoptant une marche méthodique pour la considération de certains phénomènes vitaux, n'ont point fait usage de la méthode nominale ; quelques autres tenant un certain milieu, ont mêlé l'ancienne nomenclature avec quelques principes méthodiques.

Cette diversité d'opinions dans la marche que l'on auroit dû suivre pour une nomenclature anatomique, prouve que l'on n'a pas bien saisi l'esprit qui doit guider pour atteindre ce but, e t fait sentir la nécessité de s'entendre sur ce point.

Une méthode anatomique bien raisonnée doit être l'interprête de la nature , et immuable comme ses lois; elle n'admet rien d'arbitraire , rien d'hypothétique : les faits recueillis sont calqués sur les indications de la structure organique; chaque mot employé est une idée ou le cachet d'une idée, le signe représentatif d'une cause , l'hiéroglyphe sensible d'une découverte : la mémoire, ainsi que le jugement, sont dirigés et conduits par le secours de l'analogie.

Tels sont les principes qui doivent servir de base à cette méthode , et d'après lesquels doit se guider celui qui se livre à l'étude et à la connoissance de la structure organique des animaux. Pour en faire sentir l'étendue et l'importance, il nous suffira, sans entrer dans de grands détails, d'indiquer l'utilité que l'on peut en retirer pour la considération des phénomènes vitaux, pour la connoissance de l'ordre , de l'arrangement et de la structure organique des parties , et de retracer en dernier lieu les avantages qu'elle présente sous le rapport des dénominations.

Les fonctions vitales, ainsi que les organes qui coopèrent à leur pleine et entière exécution, partent d'un centre commun pour entretenir une unité d'action; *la vie*. Ces fonctions ont entre elles des rapports si intimes, elles exercent les unes sur les autres une influence, si directe, si marquée, qu'elles forment, pour ainsi dire, un cercle dont tous les points sont continus, sont liés les uns aux autres. Chercher à les examiner d'une manière isolée, essayer de les considérer indépendamment les unes des autres, vouloir les séparer et en former, pour ainsi dire, autant de jalons différens, ce seroit intervertir l'ordre tracé par les lois de l'organisme. Ainsi le premier avantage de la méthode est d'établir un point central d'où dérivent et auquel doivent se rattacher toutes les observations.

Quant aux divisions et sous-divisions que l'on est obligé de faire pour la simplicité, pour la clarté dans l'étude, elles doivent être invariables et doivent toujours découler de l'ordre établi par la Nature. Après avoir partagé son sujet de manière que toutes ces divisions se rattachent naturellement les unes aux autres, l'anatomiste passe à l'examen et à l'exposition des parties; c'est ici où doit régner cet esprit d'ordre, de sévérité, de précision, cette logique enfin, qui ne laisse rien au caprice, et qui enchaîne tout. Ce n'est qu'en suivant une marche uniforme pour la considération de toutes les parties indistinctement, que l'on peut espérer d'énoncer chaque chose à sa place, et de relater tout ce qui est important et essentiel. Ainsi, que l'on ait à décrire un viscère ou un os, un petit organe ou un grand, la manière d'y procéder doit être la même dans l'un et dans l'autre cas. On commence par caractériser d'une manière frappante l'objet dénommé que l'on veut faire connoître, l'on en expose ensuite les formes, la disposition et les rapports; on passe après à la structure organique qui lui est propre, et d'où découlent les propriétés vitales et les usages; on retrace en dernier lieu les différences que cet objet peut offrir dans les divers animaux, et l'on relate les phénomènes particuliers qui dérivent de ces différences.

L'étude, la considération des formes, de la disposition et de la structure des parties, peuvent et doivent même s'acquérir sur le cadavre; mais la méthode nous prescrit de n'accorder aux recherches cadavériques que le degré d'importance qu'elles méritent, de ne

considérer

considérer le cadavre que comme un simple objet de comparaison, et de rapporter tout à l'animal vivant où il se passe des lois particulières soumises à l'empire d'une force intérieure, sans cesse agissante, qui nous est inconnue, et que nous désignons sous le nom de *force vitale*. Il seroit en effet très-difficile, pour ne pas dire impossible, de déterminer la distance qui existe entre l'étude du cadavre et les phénomènes résultans de la force qui entretient l'être vivant. « Un corps froid, » inanimé, privé de la vie, n'offre, dit » *Vicq-d'Azyr*, dans son *Discours sur l'A-* » *natomie*, que des fibres sans ressort, des » vaisseaux relâchés et vides. Ces réseaux » nerveux qui déterminoient les réactions les » plus fortes, cette pulpe qui étoit le foyer » des ébranlemens les plus variés, sur la- » quelle la lumière elle-même imprimoit des » images et laissoit des traces de ces vibra- » tions ; tout est insensible, tout est muet : » le muscle ne se roidit plus sous l'instrument » qui le blesse ; le nerf est déchiré sans exciter » ni trouble ni douleur ; toute connexion, » toute sympathie sont détruites, et les corps » des animaux dans cet état sont une grande » énigme pour celui qui les dissèque. »

Ainsi , pour tirer de l'étude de l'Anatomie tout l'avantage que l'on doit en attendre , il ne suffit pas , comme le font quelques-uns , de considérer seulement les formes , la situation , les connexions , les rapports des différentes parties du corps des animaux ; mais il faut encore remonter à l'étude de la force vitale , de ce principe intérieur qui est la cause première de toutes leurs actions et de tous leurs mouvemens , et il faut sans cesse rectifier , par l'observation des phénomènes de la vie , les idées que font naître ces images d'inertie , ces rapports matériels que nous fait apercevoir la dissection. Enfin, pour rendre un cours d'Anatomie vraiment utile , en tirer des inductions qui puissent éclairer dans la recherche des causes et de la nature des maladies , dans l'application des moyens curatifs , dans le choix , l'entretien et l'amélioration des animaux domestiques , il faut nécessairement ajouter à la description des parties , l'examen de leurs actions successives et simultanées.

D'après cet exposé , la connoissance de la partie matérielle de l'organisation doit précéder et servir d'introduction à l'étude, à la considération de la force vitale, à l'observation de ses phénomènes ; et ces deux parties de la même science, que l'on a distinguées sous le titre d'*Anatomie* et de *Physiologie*, doivent toujours marcher de front et s'eclairer réciproquement (1).

Cet animal vivant, qui doit être le sujet continuel des considérations anatomiques, se développe, croît et meurt; le principe qui le fait croître et qui le rend susceptible de tant d'actions variées, devient son destructeur, finit par l'abandonner et l'anéantir. Les organes des animaux éprouvent donc des changemens continuels qui font aussi varier les phénomènes organiques : ces changemens ne doivent point échapper dans l'étude ; et pour les saisir plus sûrement, l'anatomiste doit partir d'un point central, c'est-à-dire de l'époque de la vie où les parties étant dans leur plus haut degré d'intégrité et de force, les phénomènes qui en dérivent se montrent dans leur plus grande énergie.

Le cours de la vie, dans chaque animal, se partage en trois âges, qui sont autant d'états

---

(1) Dans les Écoles de Médecine, ces deux branches de l'enseignement ont été réunies de nos jours ; assurément nous ne pouvons mieux faire que d'adopter une marche aussi naturelle.

particuliers et essentiellement distincts par la disposition respective des solides et des fluides, par la manière dont s'exécutent les phénomènes vitaux , enfin par la force ou la foiblesse , la santé ou la maladie , la gaîté ou la tristesse du sujet. Ces trois époques si remarquables sont le *jeune âge* , l'*âge adulte* , la *vieillesse*. Le premier âge comprend le temps de l'accroissement de l'animal ; le second âge est l'époque où l'individu ayant acquis son accroissement , les parties jouissent de toute leur force ; le troisième âge est l'état de décrépitude , c'est-à-dire l'époque où les parties éprouvent diverses altérations et n'exécutent plus leurs fonctions avec la même liberté.

Le passage du jeune âge à l'adulte est marqué par l'éruption complette des dents ; celui de l'adulte à la vieillesse n'est pas aussi sensible , et il varie suivant les races , les espèces et même les individus de la même espèce. Cependant on convient généralement qu'un cheval, un âne, un mulet, commencent à vieillir vers dix à douze ans ; un bœuf, à huit à neuf ans ; un mouton, à sept à huit ans ; un cochon seroit vieux à l'âge de huit ans , mais avec ces animaux l'Art vétérinaire est rarement en défaut ; on leur évite le plus ordinairement les infirmités de la vieillesse. Lorsque le chien a 'atteint six ou sept ans, il est regardé comme étant d'un âge avancé; quant au chat, il vieillit plutôt que le chien, puisque son accroissement est plus prompt et que la durée de sa vie est moins longue.

Dans le *jeune âge*, les solides sont mous, très-expansibles, les fluides abondans et riches en matériaux nutritifs; la circulation est très-développée, et par suite tous les phénomènes qui en dérivent sont portés à un haut degré; les os sont pourvus d'épiphyses; les muscles sont mous, peu détachés : il y a foiblesse générale dans les organes qui servent à la locomotion.

A cette époque, les formes extérieures sont peu prononcées, peu distinctes; on remarque une espèce d'engorgement général : la peau est épaisse, molle, couverte d'une grande quantité de matière onctueuse, sébacée, qui se dessèche à sa surface et s'enlève ou en poussière, ou en écailles. Les éminences des os sont peu saillantes, et les vaisseaux sous-cutanés peu apparens.

Dans l'*âge adulte* où tous les organes sont développés et ont acquis le juste degré d'accroissement qui leur est départi par la Nature, les tissus agissent avec énergie sur les fluides qui sont plus travaillés, plus élaborés ; les sécrétions et excrétions sont très-abondantes et dans un état de balance ; c'est à cette époque de la vie que l'on remarque plus de proportion entre les fluides et les solides, et généralement plus d'équilibre entre toutes les fonctions. Aussi l'âge adulte est-il l'âge de la plus grande énergie et de la santé la plus parfaite.

La disposition des parties dans l'animal adulte est très-remarquable : la peau est mince et très-souple, les éminences des os sont saillantes ; les vaisseaux sous-cutanés, sur-tout ceux de la face, sont apparens ; les muscles et les tendons sont bien détachés, séparés par des interstices plus ou moins profondes ; les mouvemens sont libres et s'exécutent avec énergie.

Dans la *vieillesse*, l'on ne trouve plus cette proportion respective que nous venons de remarquer dans l'adulte. Les solides trop rigides ne peuvent plus agir avec liberté sur les fluides ; ceux-ci peu élaborés deviennent en quelque sorte stagnans et éprouvent des altérations successives, d'où résultent le trouble, le dérangement des fonctions, et par suite les maladies compagnes ordinaires de la vieillesse.

L'âge adulte est donc le type de l'organisation : il est le point central d'où l'anatomiste doit partir, pour saisir plus sûrement les variétés particulières au jeune âge et à la vieillesse. C'est à cette époque qu'il doit étudier plus spécialement les caractères propres à chaque organe, à chaque partie de l'animal vivant, les fonctions qu'elles exécutent et la manière dont celles-ci s'opèrent.

Arrêtons-nous encore un moment sur ces principes si féconds de la méthode, et voyons quel peut être leur avantage dans la recherche des variétés importantes à connoître dans les animaux domestiques. En examinant les diverses parties du corps des animaux, il suffit au naturaliste de s'attacher à toutes les nuances qui les distinguent ; il ne cherche que les lignes de démarcation des animaux entr'eux. Le but de l'anatomiste vétérinaire est bien différent ; la diversité des phénomènes particuliers à tel ou tel individu est le seul objet qui l'occupe. Ainsi, soit que les variétés dépendent de la disposition particulière des parties, ou de l'état de ces mêmes parties aux différentes époques de la vie, dans l'un et l'autre cas, l'anatomiste doit savoir mettre de côté toutes les différences minutieuses qui ne donnent aucun résultat physiologique, pour ne s'attacher qu'aux variétés qui conduisent à l'explication de quelques phénomènes organiques.

Je passe maintenant à la méthode nominale; elle est une suite de la première, et elle n'admet rien d'hypothétique et d'arbitraire. Chaque dénomination employée doit toujours exprimer quelques-unes des propriétés les plus essentielles, les plus frappantes de l'objet dénommé.

L'ancienne nomenclature ne présentoit, dans les différentes branches de l'Anatomie, aucune méthode, aucun principe fixe. Si dans quelques-unes, elle offre un plan uniforme et raisonné, dans d'autres elle n'est que le produit du caprice. Aussi elle n'a pas exigé dans toutes le même travail, pour être ramenée à l'état de perfectionnement qu'on pouvoit désirer.

Le plus grand nombre des dénominations des os et des viscères nous vient des Grecs. Ces dénominations sont consacrées par un antique usage, et la plupart expriment généralement la conformation ou quelque disposition particulière de ces parties. Aussi a-t-il été fait peu de changemens dans les noms de ces deux branches, dont la langue sert pour ainsi dire de fondement grammatical pour dénommer les différentes parties qui ont des rapports de situation, de connexion, de correspondance avec les os ou les viscères.

Les dénominations des nerfs, des artères, des veines, des lymphatiques, doivent toujours exprimer quelques-unes des dispositions les plus essentielles et les plus remarquables, tels que leur trajet, leur situation, leurs usages. Tous ces organes tirent l'étymologie ou la composition de leur nom, de celui des parties au pourtour desquelles ils marchent, se ramifient, ou auxquelles ils vont se terminer.

La myologie est de toutes les parties de l'Anatomie, celle qui a la nomenclature la plus uniforme ; tous les noms des muscles ont les mêmes bases, et forment pour ainsi dire une seule et même famille. Chaque dénomination est fondée sur l'origine et l'insertion du muscle ; chacune est composée de deux mots dont le premier initial, terminé par la lettre O, est tiré du point principal d'origine ; et l'autre final exprime la terminaison ou l'insertion, et a une signification adjective. Le premier mot désigne la naissance, le premier point d'implantation, celui qui est le plus ordinairement fixe; le second mot indique la terminaison du muscle, son deuxième point d'attache, celui qui est le plus ordinairement mobile. Nous développerons plus en détail cette méthode nominale des muscles à l'article de la Myologie; il doit nous suffire ici d'en indiquer les bases.

ANATOMIE
VÉTÉRINAIRE.

L'Anatomie vétérinaire, appliquée particulièrement à la considération des animaux domestiques, est la science de l'organisation du corps des animaux que l'homme élève, conserve pour ses besoins, pour partager ses travaux, et qui sont l'objet particulier de l'économie rurale et domestique.

L'Anatomie se divise en trois parties principales : savoir, les PROLÉGOMÈNES, ou généralités ; la SQUELÉTOLOGIE, ou connoissance du squelette ; la SARCOLOGIE, ou considération des chairs.

PREMIÈRE PARTIE.

PROLÉGOMÈNES.

Cette première partie, qui comprend l'exposition, le développement des principes qui servent de base et d'introduction à l'étude des autres branches de la science , embrasse une foule d'objets importans à connoître : nous en rapporterons les principaux à quelques articles ou paragraphes que nous allons examiner successivement.

ARTICLE PREMIER.

Considérations générales sur les Animaux domestiques.

L'homme sur la terre , dit *Buffon,* ne pouvant vivre sans secours , a successivement subjugué plusieurs espèces d'animaux , qui sont devenus les soutiens de sa puissance et les instrumens de ses besoins ; il a étudié avec soin leurs facultés , afin de connoître les ressources qu'il pouvoit en tirer. Parmi ces animaux qu'il a forcés de lui obéir , les uns sont plus ou moins familiarisés , plus ou moins doux , tandis que d'autres conservent encore un reste de caractère plus ou moins indocile , plus ou moins méchant.

Le nombre d'espèces d'animaux soumis à l'état de domesticité , varie dans plusieurs pays. Les plus utiles, les plus généralement répandus en Europe , et qui, par suite, font l'objet de nos études , sont , parmi les quadrupèdes , le cheval , l'âne , le mulet , le bœuf, le mouton, le cochon, le chien et le chat (1).

Ces animaux paient chacun leur tribut à la société par les divers genres de services ou de produits qu'ils rendent.

Ils se ressemblent sous certains rapports, et ils diffèrent entr'eux par plusieurs caractères que nous allons indiquer succinctement. Dans tous la peau est couverte de poils, leur corps est partagé en deux parties par une ligne médiane, sensible même à l'extérieur, et il présente un tronc sur lequel sont apposés les membres qui, chez tous, offrent une conformation analogue ; les extrémités de leurs doigts sont pourvues de cornes, et leur tronc est appuyé sur les quatre membres. La ressemblance est encore plus grande, si l'on considère la disposition des organes intérieurs, la conformation générale des principaux viscères.

Mais les animaux domestiques diffèrent par la forme, le volume, la position, les connexions

____

(1) Il est d'autres animaux qu'on peut regarder comme domestiques, mais mon objet n'est de considérer que les plus essentiels, ceux dont la conservation est la plus importante pour le Commerce et pour l'Agriculture. (Voyez *Introduction* page 6 et suivantes).

et le nombre des parties, et ces différences sont
sur-tout remarquables dans les parties qui sont
éloignées des organes centraux essentiels à la
vie, dans les extrémités de leur tronc et dans
les enveloppes qui les recouvrent. Aussi l'on
remarque une conformation particulière de la
tête, du bassin qui est plus ou moins grand,
et dont la queue se prolonge plus ou moins;
les extrémités des membres sont plus ou moins
longues, plus ou moins divisées; la peau est
recouverte de poils diversement colorés, et
qui sont plus ou moins longs, flexibles,
tassés, etc.

Il résulte de ce court aperçu, que, chez les
animaux domestiques, les organes importans
et essentiels à la vie, sont disposés sur le même
plan, et que les différences s'observent, sur-
tout dans la conformation des extrémités de
leur tronc, de leurs membres, et aux parties
extérieures; et comme les caractères différentiels des animaux domestiques, pris de la
disposition particulière de l'extérieur de leur
corps, sont plus frappans et plus faciles à
saisir, nous avons cru, pour cette raison,
devoir établir leur classification systématique
sur le mode de division de leurs pieds. Ainsi
l'on comprend sous la dénomination de MONO-

DACTYLES, ceux dont le pied est terminé par un seul doigt, tels sont le cheval, l'âne, le mulet. L'on appelle DIDACTYLFS, ceux dont le pied présente deux doigts; savoir, le bœuf, le mouton et la chèvre. Enfin, on désigne par l'expression de TÉTRADACTYLES, ceux dont le pied est pourvu de quatre doigts; ces derniers sont le cochon, le chien et le chat, que l'on sous - divise en tétradactyles réguliers et irréguliers.

Cette classification simplifie l'étude anatomique; elle distingue entr'eux les animaux domestiques par un caractère frappant, et d'autant plus essentiel, qu'il indiqué le degré de conformité ou de différence qui existe entre eux. Ainsi tous les animaux compris dans la même classe ont une même disposition, un même mode d'arrangement dans leurs parties; les différences qu'ils peuvent présenter ne résident que dans les formes, et influent peu ou presque point sur l'organisation. Au contraire, plus les animaux s'éloignent entr'eux par la longueur et la division de leurs pieds, plus ils offrent de différences dans leur structure organique.

Article II.

Examen des substances composantes du corps des animaux.

Les parties du corps des animaux se présentent sous deux états distincts ; elles sont fluides ou solides.

Les fluides sont des substances dont les molécules, peu cohérentes entr'elles, ne présentent point ou presque point de résistance au toucher. Formés les premiers, les fluides fournissent les solides, et sont en plus grand nombre dans le corps des animaux.

Les solides, au contraire, sont des substances dont les molécules, cohérentes entre elles, forment des masses plus ou moins consistantes, qui présentent de la résistance au toucher. Ces substances déterminent les formes de l'individu, constituent la base, la trame de toutes les parties ; elles contiennent les fluides, et les élaborent pour se les approprier.

Ces deux genres de substance dans le corps de l'animal vivant sont soumises à l'empire d'une force particulière, sans cesse agissante, et dont la nature nous est inconnue ; on la nomme force vitale. Elle diffère de l'at-

traction

traction chimique et suit des lois toutes différentes : elle forme et décompose, sans que
nous puissions saisir les moyens qu'elle emploie pour ces opérations : elle soutient les
fluides, sans cesse en balance avec les solides,
dans une opposition continuelle d'expansion
et de contraction, d'où résultent tous les
genres de phénomènes qui constituent la vie.
Ce mouvement continuel, opéré et entretenu
par l'impulsion, par la contraction des solides
sur les fluides, la dilatation de ces derniers,
est connu sous le nom de *vibratilité*.

La force vitale, qui seule entretient cette
vibratilité des parties, se manifeste par trois
grandes propriétés, qui sont la *sensibilité*,
la *motilité*, la *caloricité*. Ainsi, partout où
réside la vie, il y a mouvement, chaleur,
sentiment.

1°. La sensibilité est la propriété qu'a l'animal
de recevoir une impression par le contact d'un
corps extérieur, et de le rapporter à un centre
qui est le cerveau.

2°. La motilité est la propriété d'exécuter
un certain mouvement de contraction.

3°. La caloricité est cette autre propriété
qu'a l'animal de développer dans ses parties
un certain degré de chaleur, de température,

E

qui varie beaucoup suivant les différentes espèces d'animaux (1).

Ces trois propriétés, toujours réunies, se manifestent dans des rapports différens suivant les parties; elles varient aussi dans les espèces, les individus, les différens états du sujet.

Les substances, soit fluides ou solides, du corps des animaux sont des combinaisons plus ou moins complexes, formées par la vie, **et** dans lesquelles on trouve par l'analyse chimique, des substances indécomposées, combinées 2 à 2, 3 à 3, 4 à 4, etc. On ne peut pas savoir comment ces substances chimiques y sont apportées, ni même dire dans quel rapport elles y existent. Delà la nécessité d'établir la distinction de deux sortes d'élémens qu'on trouve dans les matières animales. Les uns, *chimiques*, sont le produit des agens ou réactifs que nous employons pour traiter ces substances; les autres, *organiques*, sont les produits de la force vitale qui les forme.

---

(1) Voyez *Table synoptique des propriétés caractéristiques et des principaux phénomènes de la force vitale*, *par le professeur* Chaussier.

SECTION PREMIÈRE.

Élémens chimiques.

Ces substances élémentaires sont le carbone, l'hydrogène, l'azote, le phosphore, le soufre, le fer, l'oxigène, la chaux, la soude, le calorique. Les six premières sont combustibles et ont la propriété de s'unir avec l'oxigène. Suivant l'opinion de quelques chimistes, plusieurs de ces substances se forment pendant l'opération qu'on fait subir aux matières animales. Nous laissons à leur sagacité le soin de découvrir ce phénomène.

1°. Le carbone est une substance très-combustible, qui a une grande tendance à s'unir avec l'oxigène, puisqu'on n'a pas encore pu l'en séparer entièrement, et que, dans l'état le plus simple et le plus pur, elle est toujours à l'état d'oxide.

Le carbone existe en grande quantité dans le sang veineux, sur-tout celui de la veine-porte.

Combiné avec assez d'oxigène pour passer à l'état acide, il forme un gaz impropre à la combustion, à la respiration des animaux qu'il frappe d'asphyxie.

2°. L'hydrogène est une substance combus-

E 2

tible, inflammable, qui, unie avec quatre-vingt-cinq parties d'oxigène, forme l'eau. Il existe en grande quantité dans les liqueurs animales.

Dissous par le calorique, il forme un gaz très-léger, dont la combinaison avec l'azote constitue l'ammoniaque. C'est de cette combinaison que résulte cette sorte de savon appelé par *Fourcroy*, *adipocire*, et qui se développe dans les cadavres dont on enlève promptement l'humidité.

Il est, comme le gaz acide carbonique, impropre à la respiration.

3°. L'azote, ou partie non respirable de l'air atmosphérique, se trouve en grande quantité dans le corps des animaux, et elle forme la base de la composition des substances animales. On la retire sur-tout de la fibrine, et des organes dans la composition desquels elle entre essentiellement, comme les muscles. Dissoute dans le calorique, elle forme un gaz plus léger que l'air atmosphérique, et qui, comme les précédens, est impropre à la respiration, à la combustion.

Combinée avec une certaine proportion d'hydrogène, elle forme l'ammoniaque. Dissoute dans le calorique et unie à une certaine quantité d'oxigène, elle produit un gaz oxide, qu'on a dans ces derniers temps désigné sous le nom de *lœtifiant* (1), parce que, dit-on, il excite le rire ; mais qu'on pourroit appeler plus convenablement *léthifiant*, comme l'observe le professeur *Chaussier*, puisqu'il tue en quelques secondes les animaux qui sont plongés dans son atmosphère.

4°. Le phosphore, corps mou, blanc, ductile comme de la cire, transparent, s'enflamme par le seul contact de l'air et brûle avec une flamme bleue.

Le phosphore existe en grande quantité dans les os des animaux ; il y est, uni à l'oxigène, à l'etat d'acide phosphorique. Combiné avec la chaux, il forme un phosphate calcaire qui constitue essentiellement la partie solidifiante de l'os.

Le phosphore à.l'état de gaz n'est point respirable, il asphyxie les animaux et éteint la vie.

5°. Le soufre est une substance jaunâtre, inodore, électrique par frottement, qui se

____

(1) On observe en effet dans les lèvres des mouvemens qui semblent annoncer le rire, mais ces mouvemens sont entièrement convulsifs.

trouve dans les liqueurs albumineuses dont il forme une des bases essentielles, et où sa présence est annoncée par la propriété qu'il a de noircir l'argent en formant un sulfure.

6°. Le fer existe dans le cruor du sang, qui, desséché et réduit en poudre, donne quelques molécules attirables à l'aiguille aimantée.

7°. L'oxigène, ou générateur des acides, est une substance qui, quoiqu'incombustible, est le principe de toutes les combustions. Dissous dans le calorique, il forme un gaz qui est le principe de la vie des animaux, et qui, pour cette raison, porte le nom d'*air vital*; il entre pour environ un quart dans la composition de l'air atmosphérique, et a une grande tendance à se combiner avec les autres substances qu'il porte, suivant les proportions, à l'état d'oxides ou d'acides.

8°. La chaux, substance terreuse, blanche, âcre, caustique, sub - alcaline, constitue la base des os où elle est combinée avec les acides phosphorique et carbonique; elle existe aussi dans quelques - unes des liqueurs animales. Pure, c'est-à-dire non combinée avec l'acide carbonique, elle détruit et corrode les parties animales sur lesquelles on l'applique.

9°. La soude est une substance alcaline , caustique , qui se trouve fréquemment dans les liqueurs animales, combinée avec les acides phosphorique et carbonique. L'on en retire des larmes , de l'urine , du sperme.

10°. Le calorique, substance très-tenue, excessivement expansible, agent essentiel de la fluidité, s'insinue partout , pénètre tous les corps de la nature en s'interposant entre leurs molécules, et nous les présente, ou à l'état mou , ou à l'état liquide, ou à l'état gazeux.

Il existe en grande quantité dans le corps des animaux et y réside en deux états distincts, *libre* ou *combiné*. Dans le premier cas, il est simplement interposé entre les molécules composantes; dans le second cas, au contraire, il fait partie intégrante des corps.

Dans l'état de liberté , il produit une impression qu'on nomme *chaleur*, et qui , portée à un certain degré, excite l'action naturelle des parties , et est le principal agent des phénomènes vitaux; son excès amène la douleur, le dérangement des différentes fonctions.

Ces substances indécomposées, qui sont le produit de l'analyse chimique , entrent dans la composition des parties animales , d'après des proportions très-différentes. Ainsi, par exem-

E 4

ple, les os sont plus particulièrement formés de chaux, de phosphore et d'oxigène ; les graisses contiennent beaucoup d'hydrogène et de carbone ; les muscles donnent beaucoup d'azote ; la bile est une sorte de savon dans lequel on trouve la soude, etc.

SECTION II.

Élémens organiques.

Les combinaisons formées par l'action vitale sont de quatre espèces : savoir, la gélatine, l'albumine, le gluten et l'huile.

Gélatine. Substance visqueuse, fade, soluble dans l'eau, sur-tout lorsqu'elle est chaude, soluble aussi par les acides, mais insoluble par l'alcool ; substance qui réside essentiellement dans les aréoles, les vacuoles et les porosités des parties blanches. Elle contient beaucoup d'eau, et elle forme dans le commerce la colle-forte : on la retire de la peau, des tendons, des os, de la corne et autres parties blanches.

Le tannin qui forme avec la gélatine un précipité, indissoluble et imputrescible, sert à faire reconnoître la présence de cette substance dans les liqueurs animales.

Albumine (albumen). Substance visqueuse, salée, diaphane dans l'état de fluidité, blanchâtre lorsqu'elle est concrète, soluble dans l'eau froide, coagulable dans l'eau bouillante, qui se durcit à l'air, par la chaleur, les acides, et qui, en se desséchant, devient fibreuse, cornée, cassante.

Sa présence dans les liqueurs animales est annoncée par l'action d'un acide qui s'en empare et la précipite sous forme floconneuse.

L'albumine se combine avec la gélatine et existe ainsi dans la lymphe, le serum du sang, la liqueur spermatique, la synovie.

Gluten ou *fibrine*. Substance visqueuse, collante, insoluble dans l'eau froide, ainsi que dans l'eau chaude où elle perd de la consistance, soluble par les acides et légèrement par l'alcool. Le gluten existe à l'état fluide dans l'animal vivant, mais il se concrète par le repos. Il forme en grande partie les concrétions couenneuses, les couches membraniformes que l'on remarque à la suite des inflammations.

La fibrine constitue la base du caillot du sang d'où on l'extrait par le moyen du lavage.

Huile. L'huile est une substance grasse, légère, inflammable, immiscible à l'eau, composée de carbone, d'hydrogène et d'oxigène ; substance qui, en se combinant avec les alcalis, forme les savons dont on se sert dans le commerce, et constitue la graisse, l'axonge, le suif, la moëlle, etc.

DES FLUIDES.

Les fluides (1) qu'on désigne chez les animaux plus particulièrement par le terme d'humeurs, forment la plus grande partie de la masse totale de leur corps, et d'après diverses expériences sur la dessiccation des cadavres, il paroît qu'ils en constituent environ les neuf dixièmes.

Plus abondans dans le jeune âge que dans la vieillesse et dans l'âge adulte, les fluides sont en grand nombre dans le corps des animaux et diffèrent entr'eux par leur composition, leurs propriétés, leurs usages ; ils sont aussi très-différens suivant les espèces d'animaux, et dans chaque animal suivant les différentes périodes de leur vie, l'état de santé ou de maladie.

Composés de molécules solides, plus ou

____

(1) La partie de la science qui s'occupe de leur étude est désignée sous le nom d'*hygrologie*.

moins divisées et écartées par le calorique, ils se présentent dans l'animal vivant, ou à l'état de gaz, ou à l'état de vapeurs, ou à l'état liquide : delà leur distinction en fluides *gazeux* ou aériformes, en fluides *vaporeux*, et en fluides *liquides*.

§. Ier. *Fluides gazeux.*

Les fluides gazeux sont de tous les fluides les moins composés, les moins animalisés ; ils sont aussi les moins nombreux, et l'on n'en compte que trois : savoir, le gaz acide carbonique, le gaz hydrogène et le gaz azote. Le premier qui s'annonce par la propriété qu'il a de troubler l'eau de chaux, en formant du carbonate, se développe quelquefois dans l'estomac à la suite des repas ; il s'en forme aussi dans le cœcum, l'estomac des herbivores, sur-tout dans le cas d'indigestion, et il s'en exhale continuellement par la transpiration, la sueur et l'expiration.

Le gaz hydrogène, dont la propriété est de s'enflammer au contact d'une chandelle allumée et de brûler avec une flamme bleuâtre, se rencontre dans l'estomac, les intestins, à la suite des indigestions ; il s'en forme aussi après la mort, mais il ne se trouve jamais pur :

toujours il est combiné avec une certaine proportion de soufre , de phosphore ou de carbone , et forme ainsi du gaz hydrogène ou sulfuré , ou phosphoré , ou carboné.

Le gaz azote, qui s'annonce par la propriété d'éteindre une chandelle allumée et d'être impropre à la respiration , paroît ne se développer qu'après la mort ou quelques instans auparavant.

§. II. *Fluides vaporeux.*

Les fluides vaporeux plus composés , plus travaillés par la force organique des parties que les fluides gazeux , sont formés par la vie , contiennent des élémens organiques, ont l'eau pour base , et sont pour la plupart essentiellement aqueux.

Ces fluides sont très-nombreux dans l'animal. Produits par la perspiration , ils s'échappent, se répandent sous forme de fumée, de rosée , sur les surfaces , dans les cavités , les porosités , les aréoles de tous les tissus , en entretiennent la souplesse et les rendent par conséquent propres à la vibratilité : ils forment les matériaux de la nutrition , de l'absorbtion , et sont généralement répandus partout. Leur diminution , le défaut de leur sécrétion dans une partie, y amènent l'atonie, et constituent ce que l'on nomme *atrophie*.

Les humeurs vaporeuses, très-importantes à connoître pour l'étude des maladies, sont très-nombreuses. On distingue parmi elles l'humeur de la transpiration, de la sueur, de la respiration ; la vapeur qui est exhalée de la surface interne de la plèvre, du péricarde, du péritoine, des méninges ; celle qui perspire dans les vacuoles, les aréoles du tissu cellulaire, etc.

§. III. *Fluides liquides*.

Les fluides liquides sont contenus dans des réservoirs particuliers, ou coulent dans des canaux qu'on nomme *vaisseaux*. Ceux-ci qui comprennent le sang et la lymphe, sont portés aux surfaces, dans le tissu de toutes les parties du corps, par l'action contractile des organes qui les contiennent ; tandis que les autres, comme l'urine, la bile, la salive, l'humeur pancréatique, etc., sont contenus et circonscrits dans des réservoirs particuliers d'où ils sont transmis au-dehors comme excrémens, ou portés dans différentes parties pour servir à différens usages.

Si l'on examine quel est le mode de composition des liqueurs, on y rencontre **toujours** un ou plusieurs des élémens que nous avons nommés organiques : savoir, la gélatine, l'albumine, le gluten ou fibrine, l'huile, dissous dans une proportion d'eau plus ou moins considérable qui en forme la base essentielle. L'eau n'est jamais pure dans le corps des animaux, toujours elle tient en dissolution des substances salines et un ou plusieurs des élémens organiques dont nous avons parlé plus haut.

Comme la proportion de chacune de ces substances élémentaires varie dans les différentes liqueurs, on a distingué celles-ci en *aqueuses*, en *muqueuses* ou *gélatineuses*, en *albumineuses*, *huileuses*, etc. Mais il nous paroît plus naturel de les diviser, comme l'on a fait par rapport à leurs usages, en liqueurs *circulatoires*, en liqueurs *secrétoires*.

Liqueurs circulatoires.

Ces liqueurs, portées dans toutes les parties par les artères, et rapportées par deux ordres particuliers de vaisseaux connus sous le nom de veines et de lymphatiques, sont le *sang* et la *lymphe*.

1°. *Du Sang.*

Fluide rouge, visqueux, salé, d'une odeur particulière, le sang est contenu dans deux ordres de vaisseaux que l'on nomme *artères* et *veines*. Il est plus rouge dans les artères, et sa température y est aussi plus considérable d'environ deux degrés ; il est vif et vermeil dans ces premiers vaisseaux, obscur et noirâtre dans les veines.

Examiné au microscope, le sang paroît composé d'un fluide clair, aqueux, très-coulant, et dans lequel nagent une infinité de molécules vésiculaires. Ces molécules ont un point obscur dans leur milieu, elles sont plus ou moins nombreuses, disparoissent et se reforment dans plusieurs circonstances.

Le sang nouvellement sorti d'un vaisseau exhale une vapeur aqueuse, d'une odeur fade, particulière suivant l'espèce d'animal. Cette vapeur odorante se condense par le contact des corps froids, est soluble dans l'eau, l'alcohol, et acquiert très-promptement une odeur fétide.

Recueilli dans un vase, le sang perd peu à peu sa fluidité par le repos ; il devient plus obscur et se partage en deux parties, dont l'une fluide est le serum, l'autre concrète est le caillot, et dont les proportions respectives varient suivant le vaisseau d'où le sang est tiré, selon l'âge et le tempérament du sujet. Ainsi le sang artériel fournit beaucoup plus de caillot que le sang veineux. Dans les sujets foibles et débiles, le caillot est en petite proportion, et le sang d'un animal épileptique, tiré pendant l'accès, n'en présente aucune trace. Dans les tempéramens forts et robustes, le sang donne beaucoup de caillot, qui est aussi très-abondant dans les inflammations.

Le serum est un fluide aqueux, plus ou moins coloré, roussâtre, d'une saveur salée, et dont la proportion est d'un tiers à la moitié. Il est formé en grande partie de gélatine, d'albumine, et verdit les couleurs bleues des végétaux.

Le caillot, ou partie coagulable du sang, est une substance tenace, concrète, d'un rouge vif à sa surface, brunâtre à son fond, formée de deux parties que l'on sépare par le lavage. De ces deux parties l'une est le cruor ou partie colorante du sang, l'autre est le gluten qui constitue la base, la partie essentielle du caillot.

1°. Le cruor ou partie colorante est formé suivant quelques chimistes, de fer tenu en dissolution

dissolution par l'acide. Il varie dans les diverses époques de la vie, ainsi que dans quelques cas de maladies.

2º. Le gluten ou fibrine est peu consistant dans le jeune sujet ; il contient beaucoup d'azote et fournit du phosphate de chaux.

Quant aux qualités vitales du sang, elles se manifestent par trois propriétés, savoir : sa composition moléculaire, sa chaleur, enfin le mouvement progressif qui le distribue dans toutes les ramifications des vaisseaux, le porte dans tous les tissus où il entretient la vibratilité, détermine les sécrétions, etc. ; et ce mouvement qui conserve la fluidité du sang prévient l'altération et la putrescibilité qu'il éprouve, dès que la vie est éteinte.

2º. *De la Lymphe.*

Fluide aqueux, roussâtre, circulant dans un ordre particulier de vaisseaux nommés *lymphatiques*. Cette liqueur, très-composée et differente dans toutes les parties, contient une grande quantité d'albumine, une certaine proportion dé gélatine, et présente, considérée au microscope, des molécules rondes, diaphanes, incolores.

F

Liqueurs sécrétoires.

Ces liqueurs formées par un appareil particulier d'organes sont assez nombreuses et très-différentes par leurs propriétés. Telles sont l'urine, la salive ,le sperme , le suc pancréatique, le lait, les larmes, la bile.

DES SOLIDES.

Quand on considère les parties solides des animaux, on reconnoît bientôt qu'elles sont composées de filamens ou fibres longues, disposées tantôt par faisceaux plus ou moins volumineux, et d'autres fois formant des cordons aplatis, arrondis , longs, des canaux , des membranes ou expansions larges , minces, plus ou moins épaisses et serrées; ou bien elles présentent des lames ou fibres courtes , larges , minces, superposées les unes aux autres, diversement inclinées, qui laissent entr'elles des interstices , des aréoles dans lesquelles sont déposées différentes substances plus ou moins solides, ou fluides. Mais quoique cette texture s'observe généralement dans tous les organes, il en est cependant qui ne présentent point cette disposition fibreuse ou laminaire, et qui, formés d'une matière concrète plus ou moins homogène, paroissent en quelque sorte n'avoir aucune organisation.

Très-différens entr'eux par le mode de texture, leurs propriétés, leurs usages, les solides organiques sont en grand nombre, et peuvent se rapporter aux titres suivans.

§. I. *Tissu cellulaire.*

Tissu mou, flexible, extensible, composé de lames ou fibres courtes, larges, minces, blanchâtres, qui s'entre-croisent, et qui, par leur arrangement, forment un tissu cellulaire, lamineux, qui pénètre tous les organes, en forme la trame essentielle, les réunit, et dont les aréoles, qui communiquent toutes ensemble, sont remplies de matières plus ou moins concrètes, ou plus ou moins fluides.

Généralement lâche, très-extensible et graisseux, le tissu cellulaire offre cependant dans quelques parties des différences qu'il importe de remarquer : ainsi, il est dense et serré à la ligne médiane, filamenteux et sans graisse au scrotum, aux paupières, etc. ; il est abondant, très-lâche dans certaines parties, tandis qu'ailleurs il est rare et serré.

Considéré dans les différens âges, le tissu cellulaire offre aussi des différences très-frappantes. Dans le jeune âge, ses aréoles sont remplies d'une matière visqueuse, légèrement collante, et il se réduit entièrement par l'ébullition en une gélatine transparente, fade, très-peu consistante (1).

Dans l'adulte et le vieillard, au contraire, le tissu cellulaire est plus serré, plus dense; et si on le fait bouillir, il fournit une quantité beaucoup moindre d'une gélatine dense, épaisse, et d'une couleur plus ou moins foncée.

L'usage du tissu cellulaire est de réunir les parties entr'elles, de contenir la graisse, d'entretenir une vaporisation continuelle, si nécessaire pour la souplesse des organes et pour l'exercice de leurs fonctions, enfin, de concourir à la nutrition.

§. II. *Vaisseaux.*

Canaux membraneux, mous, cylindroïdes, rameux, flexibles, extensibles, contractiles, destinés à transporter les liqueurs, et divisés en *artères, veines* et *lymphatiques.*

Artères. Vaisseaux d'un tissu ferme, élastique, contractile, qui portent du centre à la

---

(1) Aussi l'immortel *Bordeu*, qui a fait sur ce tissu de très-belles recherches, l'avoit-il désigné sous le nom de *tissu muqueux.*

circonférence un sang rouge, vermeil, le distribuent dans toutes les parties avec un mouvement alternatif de diastole ou dilatation, et de systole ou contraction.

Les artères naissent des ventricules du cœur par deux troncs, dont l'un sortant du ventricule droit, porte le sang aux poumons; tandis que l'autre, qui vient du ventricule gauche, le distribue à toutes les parties du corps. En s'éloignant du cœnr, ces vaisseaux se divisent et se sous-divisent successivement (généralement par des angles aigus) en branches, rameaux et ramuscules qui communiquent ensemble et s'anastomosent par leurs extrémités avec les radicules des veines.

Veines. Vaisseaux généralement valvuleux, d'une texture moins ferme, moins complexe que celle des artères avec lesquelles ils s'anastomosent, et qui, par leurs réunions successives en rameaux, en branches toujours croissantes, aboutissent à deux troncs principaux appelés *veines caves*, qui rapportent au cœur, mais avec des propriétés nouvelles, le sang qui a été distribué dans toutes les parties par les artères.

Lymphatiques. Vaisseaux fins, pellucides, valvuleux, très-contractiles, destinés à porter

dans le torrent de la circulation le chyle et
les fluides séreux qui ont été vaporisés à la
surface interne des cavités splanchniques, dans
les aréoles, dans les interstices des différentes
parties.

Très-multipliés, très-rameux, les absorbans
naissent de toutes les parties par des radicules
extrêmement fins, présentent à leur surface
interne des valvules destinées à faciliter la
progression de la lymphe, suivent essentiellement la marche des veines, forment dans
leur trajet des ganglions (1), aboutissent à
deux troncs principaux qui s'ouvrent dans les
grosses veines situées près le cœur, et y
versent les fluides qu'ils sont destinés à transporter, et qui sont ainsi soumis à une nouvelle circulation.

---

(1) Communément, mais improprement, *glandes lym-
phathiques*, parties généralement ovalaires, plus ou moins
arrondies, formées par les absorbans qui, revenant de
différens endroits, se réunissent, s'agglomèrent, s'enlacent, s'anastomosent, et sont soutenus par un tissu
cellulaire fin, parsemé de vaisseaux, dont les aréoles
sont remplies par une substance muqueuse. En se réu-
nissant ainsi, les absorbans confondent la lymphe qu'ils
ont apportée, et lui donnent par ce mélange un caractère
d'homogénéité.

§. III. *Nerfs.*

Cordons blanchâtres, ordinairement arrondis, par fois applatis, plus ou moins longs, revêtus d'une gaîne membraneuse, et composés principalement d'une pulpe blanche, disposée en filets, et contenue dans un tissu cellulaire très-fin, parsemé de vaisseaux; cordons qui, de l'encéphale ou du prolongement qu'il fournit dans le canal du rachis, se distribuent à toutes les parties en se ramifiant, et formant des plexus, des ganglions, des anses, des arcades, des anastomoses.

Très-différens entr'eux par le volume, la consistance, par le mode de distribution, les nerfs, à leurs dernières extrémités, deviennent mous, pulpeux, se dépouillent de la gaîne qui les enveloppe, et sont alors parsemés d'un très-grand nombre de vaisseaux fins, déliés.

§. IV. *Membranes.*

Parties minces, larges, flexibles, extensibles, formant une sorte de toile plus ou moins molle, plus ou moins dense, parsemée de vaisseaux, de nerfs, quelquefois de follicules. Les membranes revêtent la surface des organes, y adhèrent plus ou moins, en constituent même

quelques-uns, et forment des gaînes, des pli-
catures plus ou moins serrées.

Considérées par rapport à la nature de la
fibre qui les constitue, les unes sont *filamen-
teuses* ou composées de fibres longues, les
autres sont *lamineuses* ou composées de fibres
courtes, larges, planes.

Considérées sous le rapport de leur composition et de leurs usages, les unes, *séreuses*
ou *villeuses simples*, sont formées par les capillaires séreux qui exhalent continuellement
un fluide albumineux qui, dans l'état de santé,
est repris par les absorbans, et dont l'accu-
mulation constitue les hydropisies; les autres,
folliculeuses ou *villeuses composées*, sont
formées comme les précédentes, par les capillaires séreux, mais en outre elles renferment
dans leur épaisseur des follicules qui versent
à leur surface un fluide muqueux destiné à en
entretenir la souplesse et à les soustraire à l'impression trop vive des corps étrangers qui y
sont appliqués. D'autres membranes, appelées
musculeuses, sont formées par la fibre propre
aux muscles. Quelques-autres, peu organisées,
nommées *couenneuses*, sont formées par l'ex-
crétion des sucs albumineux et glutineux qui se
concrètent, et sont susceptibles de se régénérer.

(89)

§. V. *Muscles.*

Organes des grands mouvemens des animaux, composés de fibres rouges, molles, tomenteuses, se déchirant facilement après la mort, se roidissant et se contractant avec force pendant la vie, séparées par un tissu cellulaire fin qui leur sert de gaîne, et qui, par leur assemblage, leur réunion, forment des faisceaux, des masses distinctes, qui ordinairement s'implantent aux os par un tendon, et sont parsemées de vaisseaux, de nerfs.

§. VI. *Os.*

Partie dure, inextensible, très-peu flexible, très-élastique, d'une couleur blanchâtre, qui par le frottement répand une odeur particulière, se rompt par un effort violent, est revêtue à l'extérieur par une membrane dense, fibreuse, blanchâtre, présente à son intérieur une cavité plus ou moins grande, tapissée par une membrane fine, vésiculaire, qui contient le suc médullaire. L'os est essentiellement composé d'un tissu cellulaire fin, parsemé de vaisseaux, et dont les aréoles sont incrustées par deux substances salino-terreuses, savoir : un *phosphate* et un *carbonate de chaux*.

§. VII. *Cartilages.*

Substance flexible, cassante, élastique, d'une couleur blanchâtre, laiteuse, moins dure que l'os, mais plus ferme que toutes les autres parties; substance qui perd par la dessication une grande partie de son poids, de son volume, devient transparente, prend une couleur jaune, et est recouverte d'une membrane fine connue sous le nom de *périchondre.*

Comme l'os, le cartilage a des vaisseaux, mais ils sont moins nombreux; ses aréoles sont remplies d'un fluide blanchâtre, collant et visqueux.

Ainsi disposé, le cartilage n'a aucune organisation bien déterminée; il paroît être essentiellement formé d'une matière homogène, et dans laquelle l'on trouve quelquefois une trame fibreuse.

L'on distingue plusieurs espèces de cartilages, savoir :

1°. Des cartilages d'ossification;

2°. Des cartilages permanens ou de prolongement;

3°. Des cartilages articulaires ou d'encroûtement;

4°. D'autres cartilages articulaires d'implantation qui établissent la continuité des surfaces et sont plus ou moins fibreux.

§. VIII. *Ligamens.*

Parties blanches, tenaces, serrées, élastiques, difficiles à étendre et à déchirer, formées de fibres blanches, ordinairement implantées aux os, et servant à les fixer.

Les ligamens sont en grand nombre dans le corps des animaux, et forment tantôt des capsules ou enveloppes orbiculaires, tantôt des cordons aplatis ou arrondis, qui s'implantent d'un os à un autre, et sont situés, soit à l'intérieur, soit à l'extérieur des articulations ; d'autres fois ils constituent des lames plus ou moins considérables, élastiques, et destinées à soutenir et réunir diverses parties.

§. IX. *Glandes.*

Organes sécréteurs, pourvus d'un grand appareil vasculeux, donnant naissance à un ou plusieurs canaux excréteurs qui se prolongent plus ou moins, et par lequel le fluide qu'ils élaborent est transmis dans différentes parties pour servir à divers usages ou pour être expulsé au-dehors.

Les glandes varient par leur volume, leur couleur et leur mode d'organisation ; les unes sont composées de petits grains agglomérés, disposés en lobules, réunis et soutenus de toutes parts par un tissu cellulaire abondant : telles sont les glandes salivaires, le pancréas, la glande lacrymale. D'autres sont formées d'un entrelacement de vaisseaux très-fins et très-déliés, et sont recouvertes d'une tunique ou enveloppe membraneuse comme le foie, les reins, les testicules.

§. X. *Aponévrose.*

Expansion large, mince, membraniforme, formée de fibres blanches, qui sert d'enveloppe ou d'attache à la fibre musculaire.

§. XI. *Tendons.*

Partie généralement arrondie, quelquefois aplatie, d'une couleur blanchâtre, luisante, difficile à rompre, qui est formée de fibres blanches, très-serrées, et qui sert essentiellement à l'implantation des muscles.

§. XII. *Follicules.*

Parties composées d'une ampoule ou vésicule membraneuse, qui présente une ouverture très - petite sur l'une de ses faces, qui offre des parois parsemées de vaisseaux fins, dé-liés, qui exhalent dans son intérieur un fluide qui par son séjour acquiert des propriétés nouvelles, en sort, et se répand à la surface de la partie où il forme une sorte d'enduit, de vernis plus ou moins épais.

Placés généralement dans l'épaisseur de la peau, des membranes qui tapissent la face interne des parties destinées au passage des substances étrangères, les follicules sont en grand nombre, et diffèrent entr'eux par rap-port à la nature du fluide qu'ils préparent, ce qui les a fait distinguer en *muqueux,* en *grais-seux, sebacés* et *cérumineux.*

§. XIII. *Organes.*

Instrumens propres aux êtres organisés, destinés à remplir une fonction plus ou moins importante pour l'exercice, l'entretien général de la vie.

Lorsqu'ils sont contenus dans les grandes cavités du tronc, on les désigne sous le nom de *viscères* ou *organes splanchniques.*

§. XIV. *Viscères.*

Organes distincts de tous les autres par leur texture, leurs propriétés, leurs usages, situés dans l'intérieur, au pourtour des grandes cavités splanchniques, et destinés à des fonctions importantes pour l'exercice, l'entretien, la propagation de la vie.

Les principaux sont le cerveau, le cœur, les poumons, l'estomac, l'intestin, le foie.

§. XV. *Tégumens.*

Enveloppe commune de tout le corps des animaux, formée 1°. essentiellement par une partie dense, serrée, connue sous le nom de *derme* ; 2°. par un tissu cellulaire fin, serré, placé au-dessus du derme, dont les aréoles sont remplies d'une substance muqueuse, qui est parsemé d'un grand nombre de nerfs, de vaisseaux sanguins, lymphatiques, contient dans son épaisseur beaucoup de follicules muqueux, sébacés, donne implantation aux poils, à la corne ; 3°. par une membrane fine, écailleuse, appelée *épiderme*, laquelle présente des ouvertures nombreuses, dont les unes donnent passage aux poils, à la matière sécrétée par les follicules muqueux et sébacés, et les autres sont la terminaison des vaisseaux exhalans, perspiratoires, et l'origine des vaisseaux inhalans ou absorbans.

DEUXIÈME PARTIE.

SQUELÉTOLOGIE.

La Squelétologie, ou cette partie de l'Anatomie qui a pour objet l'étude et la démonstration du squelette, comprend deux parties très-distinctes : savoir ; les généralités ou *prolégomènes*, et l'exposition particulière des différentes parties du squelette.

ARTICLE PREMIER.

Généralités.

Le squelette est l'assemblage de tous les os d'un même animal, conservés dans leur intégrité et soutenus dans leur position naturelle ; il détermine la conformation essentielle, la variété, l'étendue des mouvemens, et sert de base et de soutien à toutes les autres parties.

On le divise en *tronc* et *membres*.

LE TRONC, qui est la partie principale et essentielle, et qui est supporté par les membres, présente trois grandes cavités dans lesquelles sont contenus les viscères ; il a une forme alongée, renflée vers son milieu, inégalement cylindrique, aplatie ; et il est terminé à ses deux extrémités par des espèces d'appendices inclinés obliquement en bas.

On distingue au tronc une *partie centrale* ou *moyenne*, formée par le thorax et le rachis; et deux extrémités, dont l'une qui est la tête est nommée *céphalique*, et l'autre qui comprend le bassin est appelée *pelvienne*.

1°. La partie centrale ou moyenne détermine essentiellement la longueur de l'animal ; elle est composée de plusieurs os dont le nombre est variable dans toutes les classes. Ces os sont des vertèbres, des côtes et un sternum.

2°. La tête (1) constitue l'extrémité antérieure du tronc. Elle est alongée, conoïde, quadrifaciée, unie au rachis d'une manière très-mobile, et présente chez les différentes classes de quadrupèdes domestiques, des différences très-grandes dans sa forme et sa longueur ; elle contient l'organe central de la sensibilité, et les principaux sens; par sa position et ses diverses propriétés, elle est en quelque sorte le chef de l'organisme vivant : ainsi c'est par la tête que l'animal perçoit les corps

____

(1) *Céphalé* des G., *caput* des L.

ambians ,

ambians, les fuit ou les recherche , et veille ,
comme une sentinelle , à sa conservation.

La tête se subdivise en crâne et en face ou
mâchoires. Le crâne est formé de sept os , savoir : un frontal , un pariétal , un occipital , un
sphénoïde , un ethmoïde et deux temporaux.

La face comprend les deux mâchoires, dont
une supérieure et l'autre inférieure. La première de ces mâchoires est composée de dix-
neuf os , qui sont deux grands sus-maxillaires,
deux petits sus - maxillaires , deux nasaux ,
deux lacrymaux , deux zygomatiques , quatre
cornets , un vomer (1) ; la mâchoire inférieure
est formée d'un seul os , appelé maxillaire.

3°. Le bassin qui contient la plupart des
organes génitaux et urinaires donne origine
à la queue qui est plus ou moins prolongée ;
et il diffère dans les animaux par son évase-
ment , sa grandeur : les os qui le constituent
sont deux coxaux , un sacrum et plusieurs
coccygiens.

Les membres, sortes d'appendices prolongés
du tronc , divisés par des jointures en plusieurs
rayons ou parties , sont au nombre de quatre,

____

(1) Dans le cochon , il y a de plus un os qui constitue
la base du boutoir.

G

dont deux *thoraciques* ou antérieurs, et deux *abdominaux* ou postérieurs ; ils supportent le tronc (1), et sont les organes des grands mouvemens, à l'aide desquels l'animal jouit de la loco-mobilité.

On divise chaque membre antérieur en épaule, bras, avant-bras et pied. L'épaule est formée d'un seul os appelé scapulum ; le bras comprend l'humérus ; l'avant-bras le cubitus, et chez les petits quadrupèdes, le cubitus et le radius ; le pied comprend les os du genou appelés carpiens, les os du canon nommés métacarpiens, et les os de chaque doigt, qui sont trois phalangiens et trois sésamoïdes.

Chaque membre postérieur se subdivise, de même que l'antérieur, en quatre parties principales, savoir : la hanche, la cuisse, la jambe et le pied. La hanche est formée par une grande portion du coxal qui constitue essentiellement le bassin ; la cuisse par le fémur ; la jambe par le tibia, le péroné et la rotule ; le pied comprend les os du jarret que l'on nomme tarsiens, les os du canon qu'on appelle métatarsiens, enfin les os du doigt qui

____

(1) Dans les volatiles, le tronc n'est supporté que par les membres abdominaux ; les thoraciques servent au vol.

sont trois phalangiens et trois sésamoïdes.

Ces quatre parties, dans chaque membre, ont une direction opposée l'une à l'autre, et d'autant plus rapprochée de la perpendiculaire, que les rayons sont plus inférieurs ; de manière qu'elles forment entr'elles des angles dont les ouvertures sont opposées.

Dans l'Étude l'on reconnoît plusieurs sortes de squelettes suivant l'espèce d'animal , le sexe , l'âge et la nature des liens qui unissent les os entr'eux. Ainsi , d'après l'espèce , il est des squelettes de monodactyles , de didactyles , de tétradactyles et de volatiles ; suivant le sexe , l'on distingue des squelettes de mâle et de femelle ; par rapport à l'âge , des squelettes de jeune sujet , d'adulte et de vieillard ; eu égard aux liens qui maintiennent la contiguité des surfaces articulaires , on les nomme *ligamenteux* ou *naturels* lorsque les os sont unis par leurs propres ligamens , et *artificiels* lorsqu'ils sont maintenus en place par des liens étrangers , comme des fils métalliques , des boyaux de chat , etc.

Telles sont les divisions et sous-divisions principales du squelette, qui est essentiellement formé d'os , mais dans lequel on trouve encore des ligamens qui maintiennent leur contiguité, leurs connexions, et des cartilages qui encroûtent, revêtent leurs surfaces articulaires : de manière que la Squelétologie comprend à la fois la considération de ces trois parties, le mode de leur disposition, de leur arrangement réciproque et simultané.

Des Os.

Les os sont des parties dures, très-composées, qui donnent au corps de l'animal la forme première, servent de base et de soutien à ses autres parties.

Les os sont composés de deux substances essentiellement différentes par leurs propriétés; l'une molle, formée par un tissu cellulaire, vacuolaire, aréolaire, parsemé de vaisseaux, en forme le canevas, la trame, le parenchyme; l'autre dure, qui est un phosphate et un carbonate de chaux, est déposée dans les interstices de la première, et donne à l'os la consistance et la solidité qui lui est propre.

L'on s'assure de cette composition, 1°. en trempant l'os pendant quelque temps dans un acide affoibli par l'addition d'une certaine quantité d'eau, et sur-tout dans l'acide muriatique : dans ce cas, les sels terreux se combinent avec les acides, l'os se ramollit, et il n'en reste plus que le canevas. 2°. En plongeant l'os dans une solution de potasse ou de soude , l'alcali dissout son parenchyme , et laisse dans son intégrité la partie solidifiante ou salino-terreuse , qui est alors très-friable.

Les os soumis à la distillation donnent différens gaz , une huile épaisse , empyreumatique , et il reste , au fond de la cornue , un résidu noir qui contient plusieurs sels , tels que du phosphate de soude , du phosphate et du carbonate de chaux.

Ils éprouvent aussi par le feu , l'air , l'eau, les acides et les alcalis , diverses altérations que nous allons indiquer successivement.

Exposés à un feu léger , les os exhalent pendant leur combustion une odeur ammoniacale ; ils commencent par noircir et blanchissent ensuite de l'intérieur à l'extérieur. Après la combustion , il ne reste plus qu'une matière terreuse , friable et cassante , qui est du phosphate calcaire associé à un peu de carbonate de chaux.

Exposés à l'air , les os éprouvent dans leur couleur des changemens plus ou moins remarquables. Quelques-uns deviennent plus jaunes à leur surface , quelques autres verdâtres , et enfin il en est qui acquièrent une grande blan-

G 3

cheur. La plupart restent longtemps en contact avec l'air, sans en éprouver aucune altération ; d'autres tombent en poussière ou se detruisent par exf...liation.

Soumis à l'action de l'eau bouillante et renfermés dans la machine de *Papin*, les os deviennent cassans, friables, en perdant leur parenchyme qui se convertit presque entièrement en gélatine.

L'os éprouve aussi par l'action de l'eau froide une altération sensible. Elle en convertit une partie en savon ammoniacal ; mais, pour cela, il faut qu'il reste longtemps en macération dans le même liquide.

Les alcalis et les acides affoiblis agissent aussi sur l'os ; nous nous contentons d'indiquer ici cet objet que nous avons exposé précédemment.

§. I. *Conformation extérieure des os.*

La conformation extérieure des os qui dépend de la disposition des surfaces, comprend tout ce que l'on remarque à l'extérieur, lorsque les os sont dénudés des parties molles, comme leurs éminences, leurs cavités, leurs régions, leurs dimensions, etc.

Ressemblans par leur composition, les os diffèrent entr'eux :

1°. D'après la position, la régularité ou l'irrégularité de leur conformation ; les uns *pairs,* sont irréguliers, placés sur les côtés ; tandis que les autres , *impairs,* sont symmétriques , et se trouvent dans la direction du plan median du corps.

2°. Suivant la grandeur déterminée, d'après ses rapports à la longueur du corps ; il est des os grands, moyens, petits et très-petits.

3°. D'après leur dimension ; les uns sont longs, d'autres larges , aplatis , bifaciés ; enfin il en est qui sont courts, épais, multifaciés.

4°. D'après le mode de texture ; les uns sont durs, plus ou moins légers, compacts, pesans ; d'autres sont peu durs.

5°. Quant à leur nombre, considéré dans les différentes espèces d'animaux (1), il est très-variable ; ainsi l'on compte à peu près

---

(1) Pour établir l'énumération des os d'une manière qui ne soit nullement arbitraire, l'on doit considérer ceux-ci dans l'âge adulte, temps auquel l'ossification est parfaite, et se garder d'y comprendre ceux qui ne concourent point à la conformation générale et essentielle du squelette.

cent soixante-quinze os dans les monodactyles, cent soixante-douze dans les didactyles,
deux cent quarante-deux chez les tétradactyles
réguliers, deux cent trente-un chez les tétradactyles irréguliers.

Régions des os. On appelle ainsi des portions
d'un os qui occupent une certaine partie de
son étendue. Ainsi, dans les os longs, on reconnoît trois régions, *un corps* (1) ou partie
moyenne, et deux extrémités ; dans les os
aplatis, deux faces, plusieurs bords, des
angles ; et dans les os courts, plusieurs faces
et des bords.

Eminences. Toutes les éminences des os sont
ou apophyses ou épiphyses : les premières sont
continues au reste de l'os, tandis que les épiphyses en sont séparées par une couche car-

---

C'est d'après ces principes que nous avons établi le nombre
des os dans les différentes classes de quadrupèdes domestiques, nous réservant d'indiquer ceux qui sont relatifs à
quelques organes particuliers, lors de l'exposition de ces
mêmes organes ; nous ne comprenons pas non plus les
dents, dont nous indiquerons le nombre en traitant de
ces parties.

(1) Dans son acception rigoureuse, le terme de *corps*
indique un tout, ici il est employé métaphoriquement
pour désigner la partie principale d'un objet.

tilagineuse intermédiaire ; mais cette couche s'ossifiant et disparoissant avec l'âge, l'on ne trouve plus, dans l'animal adulte et lorsque l'ossification est parfaite, que des apophyses.

Toutes les éminences sont *articulaires* ou *non articulaires*. Les éminences articulaires se distinguent en celles qui servent aux articulations mobiles, et en celles qui sont propres aux articulations immobiles.

Les premières, appelées *diarthrodiales*, sont pourvues d'un cartilage qui, à leur surface, forme une couche lisse, polie, propre à faciliter le glissement. Elles ont reçu, par rapport à leur forme, des noms particuliers : ainsi on les nomme *têtes*, quand elles sont arrondies, sphéroïdales ; *condyles*, lorsqu'elles sont arrondies, mais ovalaires, et plus ou moins aplaties ; *trochléiformes*, lorsqu'elles ont au milieu une dépression, une sorte de gorge relevée par deux bords.

Les éminences qui ont rapport aux articulations immobiles portent le nom de *synarthrodiales* ; elles forment tantôt des avances inégales, séparées par des enfoncemens alternatifs que l'on nomme dentelures, et d'autres fois des lames, etc.

Quant aux éminences non articulaires, elles

servent à donner implantation, soit à des muscles, soit à des ligamens, et elles reçoivent différens noms par rapport à leur forme absolue
ou relative, à leur position et à leurs usages.

Ainsi, 1°. par rapport à leur forme absolue;
on les nomme *protubérances*, lorsqu'elles sont
saillantes et à base circonscrite ; *tubérosités*,
lorsqu'elles sont beaucoup plus circonscrites
et garnies d'aspérités ; *crêtes*, quand elles sont
alongées, inégales ; *empreintes*, quand elles
sont formées de la réunion de très-petites éminences qui rendent la surface de l'os comme
chagrinée ; *lignes*, lorsqu'elles sont alongées
et très-étroites ; on les nomme *âpres*, lorsqu'elles sont garnies d'aspérités, et on les distingue, par rapport à leur direction, en
obliques, *demi-circulaires*, etc.

2°. Par rapport à leur forme relative, il en
est qu'on a comparées à une aile, à une corne,
un mamelon, un bec de corbeau, un stylet,
une épine, et que l'on a nommées *ptérygoïdes*,
*coronoïdes, mastoïdes, coracoïdes, épineuses,
styloïdes*.

3°. Par rapport à leur position, il est des
éminences appelées *épicondyles, épitrochlées*.

4°. Par rapport à leurs usages, quelques-
unes sont nommées *trokantériennes*.

Cavités des os. Elles se divisent , comme les éminences, en *articulaires* et *non articulaires ;* les premières sont *diarthrodiales* ou *synarthrodiales.*

Les cavités diarthrodiales, encroûtées de cartilages de la même nature que ceux des éminences de ce nom, sont appelées *cotyloïdes,* lorsqu'elles sont amples, profondes, arrondies ; *glénoïdes ,* lorsqu'elles sont ovalaires, superficielles.

Parmi les cavités synarthrodiales , les unes, placées au bord des os, petites, irrégulières, séparées par des dentelures, sont nommées *engrenures ;* d'autres *conoïdes ,* plus ou moins profondes, destinées à recevoir les dents, sont dites *alvéoles.*

Les cavités qui ne servent point aux articulations sont externes ou internes. Les premières sont nommées *fosses,* lorsqu'elles sont larges à leur entrée et successivement plus étroites vers leur fond ; *sinus ,* lorsqu'elles servent de réservoir à une substance fluide ou solide (1) ; *trous ,* lorsqu'elles communiquent directement de la surface d'un os à la surface opposée ; et on les nomme *hiatus ,*

____

(1) On définit ordinairement le sinus *une cavité étroite*

lorsqu'elles sont garnies d'aspérités sur leurs bords ; *conduits*, lorsqu'elles sont longues, étroites, et se portent obliquement en parcourant un trajet plus ou moins long dans l'épaisseur de l'os ; *demi-circulaires*, *spiroïdes*, etc., suivant la direction particulière qu'elles affectent ; *pores*, lorsqu'elles sont très-petites, comme capillaires ; *scissures*, lorsqu'elles sont alongées, très-étroites ; *rainures*, lorsqu'elles sont alongées, mais garnies d'aspérités ; *coulisses*, lorsqu'elles reçoivent un corps qui glisse ; *gouttières*, lorsqu'elles servent au passage d'un fluide : ces deux dernières sont alongées, étroites, et les coulisses sont incrustées d'un cartilage lisse et poli, recouvert et environné par une capsule synoviale ; enfin on leur donne le nom d'*échancrures*, lorsqu'elles sont pratiquées sur le bord des os.

à son entrée et large dans son fond. Mais cette définition ne convient pas à quelques-uns, qui, comme les sinus de l'aorte, *sont larges à leur entrée et étroits dans leur fond.* Aussi la définition que nous adoptons exprimant l'usage essentiel, ce qu'il importe sur-tout de connoître, nous paroît-elle préférable à celle qui est généralement admise. Elle n'est pas, comme celle-ci, propre à faire naître des idées fausses sur la véritable disposition des parties.

Les cavités internes des os sont celles du tissu spongieux, diploïque, et le canal médullaire.

§. II. *Organisation de os.*

Lorsque l'os, par la macération continuée un temps suffisant, a été dépouillé de la membrane qui l'enveloppe et privé des sucs qui le pénétroient, l'on remarque, à sa surface, des éminences, des inégalités, des dépressions, des porosités nombreuses, et enfin des ouvertures plus ou moins considérables, qui sont les orifices de canaux qui se portent obliquement dans son épaisseur et donnent passage à des vaisseaux. Si on le brise, si on l'entame de différentes manières pour en considérer l'organisation, l'on reconnoît que sa substance présente plusieurs modes de texture qui varient dans les différentes espèces d'os, et dans quelques-uns, suivant certaines régions de leur étendue.

Dans les os longs, la substance osseuse, très-rapprochée et disposée par lames superposées, forme à l'extérieur un tissu dense, serré, *compact,* épais vers le milieu de leur étendue, et s'amincissant successivement vers leurs extrémités ; au-dessous de cette couche, et vers l'extrémité de ces os , la substance qui les constitue , moins rapprochée , laisse entre ses parties , des interstices, des intervalles plus ou moins considérables , et forme un tissu *celluleux , spongieux* ou *vacuolaire ;* enfin, vers leur milieu et à leur centre, encore plus écartée et inclinée sur elle-même en différens sens , elle forme un tissu *réticulaire*, d'une finesse , d'une ténuité extrêmes (1).

Dans les os larges , aplatis , et *dans les os courts ,* on remarque seulement deux modes de texture de la substance qui les constitue ; leur extérieur est formé par le tissu compacte, tandis que leur intérieur offre un tissu spongieux plus ou moins abondant. Dans les os larges , le premier constitue deux lames plus ou moins épaisses ; elles revêtent le tissu spongieux (2) qui , dans les os courts, est environné seulement par une couche mince de tissu

***

(1) On désigne communément ces trois modes de texture par les mots de *substance compacte, substance cellulaire , substance réticulaire ;* mais, comme le dit M. *Chaussier,* ces denominations sont très-vicieuses , parce qu'elles supposent dans l'os trois substances différentes , tandis qu'il y a seulement *trois modifications* ou *manières d'être* de la substance qui les constitue.

(2) Dans les os du crâne on le nomme *diploé.*

compact. L'on trouve dans le centre des os
longs, un long canal cylindroïde, appelé
médullaire, et vers les extrémités de ces os,
ainsi que dans l'intérieur des os larges et
courts, les cavités nombreuses du tissu spongieux.

Ainsi le tissu compact revêt la surface extérieure des os, constitue essentiellement leur
solidité ; tandis que le tissu spongieux, toujours situé à l'intérieur, leur donne du volume
sans ajouter beaucoup à leur poids, et en forme
même presqu'entièrement quelques-uns. Enfin, le tissu réticulaire, formé de filamens
osseux, très-déliés, inclinés, entre-croisés en
différens sens, existe dans le canal médullaire
des os longs, et soutient la moëlle.

Telle est l'organisation de l'os dans l'état
sec ; mais dans l'état frais, on y reconnoît
des membranes, des vaisseaux, des nerfs,
des sucs qui lui sont propres, et un parenchyme ou trame cellulaire incrustée de sels
terreux.

Membranes des os. Elles sont au nombre
de deux, distinguées en externe et en interne.
La première, que l'on nomme *périoste*, est
fibreuse, dense, parsemée d'un grand nombre de vaisseaux ; elle revêt la surface ex-

terne des os, et leur est unie d'une manière intime par des filamens cellulaires et au moyen des vaisseaux et des nerfs qui pénètrent de tous côtés dans leur tissu. Sa surface externe est, au contraire, unie d'une manière lâche par un tissu filamenteux aux parties environnantes.

La membrane interne ou *médullaire*, que quelques-uns nomment encore *périoste interne,* est mince, fine, et parsemée d'un grand nombre de vaisseaux et de filamens nerveux ; elle enveloppe la moëlle, contient le suc médullaire, et se replie pour tapisser les cellules qui contiennent ces deux substances. Cette membrane a, avec celle qui est à l'extérieur de l'os, les rapports les plus intimes, comme le prouvent les expériences de *Troja,* et plusieurs phénomènes des maladies.

Vaisseaux des os. Ils sont très-nombreux et en plus grande quantité dans le jeune sujet que dans le vieillard. Les uns fins, déliés, après s'être ramifiés dans le périoste, pénètrent dans le tissu de l'os par les porosités nombreuses de sa surface ; les autres, qui sont en petit nombre, mais d'un volume assez remarquable, destinés essentiellement pour la membrane médullaire, sur laquelle ils se ramifient,

mifient, et qui ont avec les premiers des anastomoses multipliées, s'y introduisent par des canaux particuliers qu'on désigne sous le nom de *conduits nourriciers*. Ces canaux, qui sont en grand nombre dans les jeunes animaux, et qui, pour la plus grande partie, s'oblitèrent dans la vieillesse, offrent une disposition remarquable dans les grands os des membres : ils ont, dans chacun de ces os, une direction opposée et alternative ; les uns se portent obliquement de haut en bas dans l'épaisseur de l'os, tandis que les autres vont en sens contraire, de bas en haut.

Nerfs. Généralement peu remarquables, ils se ramifient sur les vaisseaux qui pénètrent dans le tissu de l'os et les accompagnent dans leur trajet.

Humeurs des os. Ces humeurs, que l'on distingue, par rapport à leur consistance, sous les noms de *moëlle* proprement dite, de *suc médullaire*, et qui sont contenues dans les cavités intérieures de l'os, sont essentiellement huileuses, et diffèrent beaucoup, suivant l'espèce d'animal, l'âge, le tempérament, l'état de santé et de maladie.

Parenchyme. En développant le caractère de l'os, nous avons détaillé tout ce qui est

H

relatif à cet objet, sur lequel nous nous dispenserons de revenir.

§. III. *Ossification* ou *ostéogénie.*

L'os n'est, dans les premiers temps de son développement, qu'un fluide muqueux, gélatineux, entièrement soluble dans l'eau, et dans lequel on n'aperçoit aucune trace d'organisation ; mais bientôt, au bout d'un temps qui varie dans les différentes espèces d'animaux, suivant la durée de la gestation, ce fluide devient blanchâtre, et acquiert la couleur, l'opacité, la consistance, la souplesse du cartilage : alors on voit se développer dans celui-ci des vaisseaux sanguins qui convergent vers un ou plusieurs centres communs, plus fermes, plus compactes ; ce sont des noyaux d'ossification, d'où elle procède ensuite vers les autres points de l'étendue du cartilage.

D'après ce court exposé de la marche de la nature dans la formation de l'os, celui-ci passe successivement par quatre états différens, savoir : l'état *muqueux*, l'état *cartilagineux*, l'état *fibreux*, et enfin l'état *osseux.*

La durée de ces trois premiers états varie dans les différentes espèces d'animaux. D'après

les observations de plusieurs physiologistes (1),
il paroît que le premier état dure dans le poulet
jusqu'au neuvième jour de l'incubation ; dans
le fœtus humain et quelques quadrupèdes, jusqu'au vingtième jour de la conception ; dans
les femelles qui portent neuf mois, les noyaux
osseux paroissent vers six semaines, et beaucoup plutôt dans les espèces qui ne portent
que deux mois (2).

Quant aux autres parties qui concourent à
former le squelette, savoir, les ligamens et les
cartilages, nous renvoyons pour ces deux
objets aux prolégomènes d'anatomie, où nous
avons traité de chacun d'eux.

Exposition des articulations.

Les os considérés dans leur ensemble, dans
un ordre systématique et dans leur rapport de
contiguité, présentent des intersections qui,
dans les membres, forment une série de leviers
contigus qui peuvent s'incliner en sens diffé-

---

(1) *Haller.* Formation des Os.

(2) Nous ne parlons point ici du mode d'ossification
propre aux os longs, courts et aplatis, parce que ces objets, pour être exposés convenablement, comporteroient
des détails très-étendus, qui ne peuvent guère faire la
matière d'un ouvrage purement élémentaire.

rens. On désigne ces intersections par l'expression d'*articulations* ou *jointures*.

Contiguité, conformation des pièces osseuses et symphyses ; tels sont les trois caractères qui constituent essentiellement une articulation. L'on range ordinairement toutes les articulations en deux grandes classes, savoir : les articulations mobiles ou *diarthroses*, et les articulations immobiles ou *synarthroses*.

L'ARTICULATION MOBILE, ou la diarthrose, comprend plusieurs genres, qui sont : *le genou, la charnière, le pivot*, l'articulation *planiforme*, et la diarthrose *de continuité* ou *par intermède*.

Dans l'articulation *par genou*, une tête est reçue dans une cavité plus ou moins profonde. Les mouvemens sont libres en tous sens et peuvent s'exécuter suivant l'extension, la flexion, l'adduction, l'abduction et la circonduction. L'on a des exemples de ce mode d'articulation dans l'union du fémur avec l'os de la hanche, dans celle de l'humérus avec le scapulum.

Dans l'articulation *par charnière*, les parties articulaires reçoivent, et sont réciproquement reçues ; les mouvemens sont alternatifs, et s'exécutent en sens opposés. Exemple : l'articulation cubito-humérale.

Elle comprend deux sous-genres, la charnière parfaite et la charnière imparfaite.

1°. La charnière est parfaite, lorsque les deux pièces sont réciproquement reçues, et que le mouvement est exactement borné à l'extension et à la flexion ; comme l'articulation du jarret avec la jambe, des phalangiens entr'eux, de l'avant-bras avec le bras.

2°. Dans la charnière imparfaite, les abouts articulaires ne sont jamais exactement reçus ; plusieurs sont séparés par un cartilage inter-articulaire ; les mouvemens essentiels sont bien l'extension et la flexion, mais il s'en exécute de latéraux plus ou moins étendus, comme on le voit dans les articulations tibio-fémorale, maxillo-temporale.

Dans l'articulation *par pivot*, une éminence articulaire est prolongée en axe dans une cavité correspondante ; le mouvement est semi-circulaire. L'articulation de la deuxième avec la première vertèbre du cou, en est un exemple.

Dans l'articulation *planiforme*, deux surfaces planes et lisses glissent l'une sur l'autre, comme on le remarque dans la connexion des apophyses articulaires des vertèbres entr'elles.

Dans la diarthrose *de continuité* ou *par*

intermède, les surfaces articulaires ne sont point en contact ; elles sont séparées par une substance fibro-cartilagineuse, intermédiaire, qui y est implantée, et permet aux os ainsi réunis des mouvemens très-bornés ; telle est l'articulation du corps des vertèbres entr'elles et avec le sacrum, que l'on désigne communément sous le nom d'*amphiarthrose*.

L'ARTICULATION IMMOBILE, ou la synarthrose, comprend trois genres : *la suture, la gomphose, la juxta-position.*

Dans la *suture*, il y a engrènement d'éminences irrégulières dans des cavités correspondantes : on en distingue trois variétés ; 1°. la suture dentelée, exemple, l'articulation du frontal avec le pariétal ; 2°. la suture squameuse, exemple, l'articulation du pariétal avec la portion écailleuse du temporal ; 3°. la suture lamineuse, telle est l'articulation des nasaux avec les grands sus-maxillaires.

Dans la *gomphose*, un os est enchâssé dans un autre, comme le démontre l'articulation des dents dans les alvéoles ou cavités pratiquées sur le bord des mâchoires.

L'articulation par *juxta-position* se fait par des bords ou des surfaces dépourvues d'éminences, comme on le remarque dans l'union des os ptérygoïdiens et de la portion tubéreuse du temporal.

De la Symphyse.

Les Anciens entendoient par cette expression les différens moyens d'union des os entr'eux. A l'exemple de quelques auteurs et entr'autres de *Vicq-d'Azyr*, nous donnerons au terme symphyse la signification qui lui étoit assignée par les Anciens, et nous distinguerons, en ayant égard à la nature des parties qui les forment, des symphyses ligamenteuses, cartilagineuses, osseuses, etc. (1).

Les articulations ligamenteuses qui sont mobiles et comprennent le genou, la charnière, le pivot et l'articulation planiforme, sont toutes pourvues d'un ou plusieurs ligamens capsulaires qui sécrètent et contiennent la synovie, humeur destinée à lubréfier les cartilages d'incrustations dont sont revêtues les surfaces des articulations ligamenteuses. Quelques-unes de ces articulations n'ont que des ligamens capsu-

____

(1) Il n'est pas rare de voir plusieurs de ces symphyses réunies concourir à maintenir la connexion, la contiguité des os.

H 4

laires, exemple, l'articulation scapulo-humérale ; plusieurs portent des ligamens latéraux, comme l'articulation huméro-cubitale ; d'autres, plus complexes, comprennent des ligamens capsulaires, latéraux, inter-articulaires, telle que l'articulation de la cuisse avec la jambe.

Les articulations cartilagineuses, qui sont peu nombreuses et ne permettent qu'un mouvement fort borné, sont essentiellement formées d'un cartilage fibreux intermédiaire, qui est implanté dans les deux surfaces articulaires et en établit la continuité, telle est l'articulation du corps des vertèbres entr'elles.

L'articulation osseuse qui, dans le jeune âge, est quelquefois pourvue d'un cartilage d'ossification, est immobile, se fait par des surfaces ou des avances osseuses réciproquement enchâssées, comprend la suture, la gomphose et la juxta-position.

Cette division simple donne une idée précise et exacte de la disposition de chaque articulation.

(121)

A r t i c l e I I.

Exposition particulière des os qui composent le squelette.

Nous procéderons aux descriptions, suivant l'ordre des divisions et sous-divisions principales du squelette ; et dans l'examen de chaque os, nous en développerons le caractère, la division, les parties essentielles, les connexions, les différences constantes qu'il peut présenter, soit dans le jeune âge ou la vieillesse, soit dans les diverses classes de quadrupèdes ou dans quelque individu en particulier ; nous aurons aussi soin de relater les particularités accidentelles ou variétés qui se remarquent quelquefois, et qui sont pour ainsi dire des jeux de la Nature. Pour plus de précision et de clarté, les parties de chaque os, les plus remarquables et les plus importantes à connoître, seront indiquées par des lettres italiques.

P r e m i è r e d i v i s i o n.

Du Tronc.

Le tronc, qui est la partie essentielle du squelette, et qui se subdivise en partie centrale ou moyenne, en tête et en bassin, comprend un très-grand nombre d'os qui, par leur disposition, forment les trois grandes cavités splanchniques, et que nous rapporterons à trois sections.

PREMIÈRE SECTION.

De la partie centrale du tronc.

Elle forme le centre du corps, réunit la tête avec le bassin, est composée de plusieurs.os distincts par leur forme, le mode de leurs articulations, et dont le nombre varie dans toutes les espèces de quadrupèdes.

On la divise en *rachis* et en *thorax*.

ARTICLE PREMIER.

Le Rachis.

Le rachis, que l'on nomme communément épine, colonne épinière, est une longue tige symmétrique, prolongée dans le plan médian depuis la tête jusqu'au bassin, anguleuse, garnie d'éminences sur ses faces, creusée dans toute sa longueur par un canal qui communique dans la cavité du crâne, percée de trous sur ses côtés, et formée de plusieurs os courts, épais, unis les uns à la suite des autres par des articulations ligamento-cartilagineuses, et qui ne permettent que des mouvemens peu étendus. Ces os portent le nom de vertèbres, et se distinguent par les expressions numériques en procédant de devant en arrière, et en comptant pour première vertèbre celle qui s'articule avec la tête, et ainsi successivement jusqu'à la dernière qui s'articule avec le bassin.

Plus ou moins flexible, le rachis forme la base du cou, du dos et des lombes, se continue avec le bassin, soutient le thorax, loge le prolongement rachidien avec les différentes paires de nerfs qui en partent, et présente dans sa conformation générale deux extrémités, dont une antérieure *céphalique*, et l'autre postérieure ou *pelvienne ;* deux faces distinguées en supérieure et en inférieure ; deux côtés, un droit et l'autre gauche ; enfin un canal intérieur nommé *rachidien*.

Extrémités. L'antérieure unie à la tête par une articulation ligamenteuse qui permet des mouvemens libres, sert d'axe et de point d'appui à cette dernière partie ; l'extrémité postérieure du rachis se continue avec le sacrum auquel elle est articulée d'une manière serrée, et par le moyen de cartilages fibreux et de ligamens.

Faces. La supérieure , appellée *spinale* ,
est hérissée d'éminences dont les unes, plus
ou moins élevées, continues le long du
plan médian les unes à la suite des autres ,
et terminées ou en pointe, ou en crête, ou
en tubérosité , forment la rangée qui constitue l'épine du rachis ; les autres éminences,
plus ou moins grosses et peu élevées, sont
rangées symmétriquement de chaque côté de
l'épine.

Côtés. Garni d'éminences plus ou moins
grosses , plus ou moins longues, chaque côté
s'articule, vers le milieu, avec les côtes qu'il
soutient , et présente des trous qui , placés de
distance en distance , donnent passage aux
nerfs rachidiens.

Canal intérieur ou rachidien. Ce canal ,
destiné à loger le prolongement du mésencéphale , se propage depuis la cavité du crâne
dans toute l'étendue du rachis , se continue
dans le sacrum , et même dans les premiers os
de la queue , où il disparoît par une échancrure ; il porte des trous disposés régulièrement de chaque côté du rachis. Le diamètre
et la forme de ce canal varient ; arrondi dans
sa partie supérieure, il est aplati sur sa face
inférieure , s'élargit et devient triangulaire en

se portant en arrière ; et son plus grand diamètre se remarque vers la jonction du cou avec le dos.

Le rachis des grands quadrupèdes forme dans son étendue deux courbures opposées, très - remarquables, et dont l'antérieure, la plus saillante, située entre le cou et le dos, a sa concavité en haut ; l'autre, postérieure, moins grande, plus étendue, ayant sa concavité en bas, se continue depuis l'extrémité antérieure de la face inférieure du dos jusqu'au bassin.

On reconnoit au rachis trois régions : celles du cou, du dos et des lombes.

1°. La région du cou qui unit la tête au thorax est composée de sept vertèbres dans tous les quadrupèdes domestiques ; elle est quadrifaciée, ayant son épine peu saillante, et les éminences latérales longues et disposées obliquement. La surface supérieure de cette région est désignée par le nom de *face cervicale ;* elle est pourvue d'un grand ligament jaunâtre, très-élastique, et qui soutient le cou et la tête. La face inférieure est désignée par le nom de *face trachélienne ;* elle présente trois rangées d'éminences, dont une médiane et deux latérales.

2°. La région du dos soutient les côtes, concourt à former le thorax, et est composée de dix-huit vertèbres dans les monodactyles, de treize dans les didactyles, de quatorze dans le cochon, de douze à treize dans les tétradactyles irréguliers. Son épine est très-élevée, et chaque éminence est terminée par une tubérosité. Sa face supérieure, plus ou moins convexe, est appelée *dorsale ;* et l'inférieure, plus ou moins arrondie, est distinguée par le nom de *face sous-dorsale.*

3°. La région des lombes unit le thorax au bassin, forme les parois supérieures de l'abdomen, et comprend six vertèbres dans les monodactyles et didactyles, et sept dans les tétradactyles. La face supérieure de cette région est dite *lombaire ,* et l'inférieure *sous-lombaire.*

Des Vertèbres en général.

CARACTÈRE. Os impairs, courts, épais, celluleux, tubéreux, percés d'un grand trou pour la formation du canal rachidien, et fixés les uns à la suite des autres par des ligamens et des cartilages intermédiaires.

DIVISION. On reconnoît dans chaque vertèbre deux parties distinctes, dont une inférieure, cylindroïde, appelée *corps;* et l'autre supérieure, annulaire, garnie d'éminences, est nommée *spinale.*

Corps. Il constitue la base de l'os, et présente antérieurement une éminence arrondie qui diminue de volume d'une vertèbre antérieure à la suivante; postérieurement, une cavité proportionnée au volume de cette éminence, qu'elle reçoit au moyen d'un cartilage fibreux d'implantation qui est intermédiaire, et qu'on nomme *cartilage inter-vertébral.* La face inférieure du corps, percée de plusieurs trous, est arrondie dans les vertèbres qui occupent le milieu du rachis, pourvue d'une crête médiane dans les autres vertèbres, et offre de chaque côté une apophyse *transverse,* dont la forme, la longueur et la disposition varient dans les trois régions du rachis.

Partie spinale. Elle forme la face supérieure du rachis, ainsi que la partie annulaire du canal rachidien, et présente en dehors, dans le milieu, une *apophyse épineuse* médiane, plus ou moins élevée, qui concourt à former l'épine du rachis; de chaque côté de cette dernière éminence, se remarquent deux apophyses articulaires, pourvues chacune d'une facette planiforme, incrustée d'une lame cartilagineuse, et posée en dessus dans l'apophyse articulaire antérieure, et en dessous dans l'autre apophyse. Ces facettes constituent les articulations planiformes par lesquelles les vertèbres s'unissent entr'elles. En dedans et sous la partie spinale et au-dessus du corps de chaque vertèbre, l'on voit le grand *trou vertébral* pour la formation du canal rachidien, et sur les côtes de ce trou deux échancrures, dont deux antérieures et deux postérieures, une droite et l'autre gauche, et destinées à completter les trous *inter-vertébraux*.

CONNEXIONS. Elles sont serrées, très-fortes, ne permettent que des mouvemens peu étendus, et sont formées par des ligamens et des cartilages. Plusieurs de ces articulations peu mobiles se soudent de bonne heure, comme celles des deux dernières vertèbres du rachis des monodactyles ; d'autres se soudent avec la vieillesse, et ces soudures sont d'autant plus précoces et plus nombreuses, que le rachis a été plus fatigué par les fardeaux qu'on fait porter aux animaux, ou par plusieurs autres circonstances.

Chaque vertèbre s'articule avec sa voisine par trois points de son étendue, dont deux supérieurs,

rieurs,

rieurs, formés par les apophyses articulaires, constituent des articulations ligamenteuses, planiformes ; l'autre point se fait par le corps, au moyen du cartilage inter-vertébral qui établit la continuité des vertèbres entr'elles (1). Ce mode de connexion est différent dans les deux premières vertèbres, qui ne comprennent que des articulations ligamenteuses pour les mouvemens de la tête.

Outre ces connexions des vertèbres, il faut observer que la première s'articule avec la tête, la dernière avec le sacrum, et celles du dos avec les côtes de chaque côté.

Variétés. Dans le jeune âge, les vertèbres offrent plusieurs épiphyses qui se soudent de bonne heure.

Monodactyles. Les deux et souvent les trois dernières vertèbres du rachis se soudent constamment ensemble, et cela arrive de bonne heure.

____

(1) Ces cartilages d'interposition, fibreux, lamelleux, très-denses, sont mous, ternes, très-épais dans le jeune âge, blancs et denses dans l'âge parfait, minces et durs dans la vieillesse où ils déterminent la soudure de plusieurs vertèbres ; cet état si variable des cartilages inter-vertébraux constitue la foiblesse ou la force, la flexibilité ou la rigidité du rachis.

I

Quant aux variétés très - nombreuses relatives aux formes des vertèbres dans chaque espèce de quadrupèdes domestiques , nous les avons négligées comme étant peu importantes.

Différences des Vertèbres entr'elles.

§. I. *Vertèbres du cou.*

Ces vertèbres diffèrent essentiellement de celles des autres régions , par la longueur plus grande de leur corps ; par l'apophyse épineuse qui ne forme qu'une crête ; par les apophyses articulaires qui sont beaucoup plus grosses et dont les facettes sont planes ; par les apophyses transverses qui , étant prolongées du côté de la face trachélienne , sont dites *trachéliennes,* ont un trou à leur base , et offrent deux prolongemens dont un antérieur , et l'autre postérieur.

Les caractères distinctifs de ces vertèbres entr'elles , se tirent de leur nom et de leurs parties. Outre les noms numériques qu'elles portent , la première est appelée *atloide ,* la deuxième *axoïde ,* et la dernière est dite *proéminente ,* par rapport à la disposition de son apophyse épineuse.

L'atloïde, qui a une forme particulière, diffère des autres vertèbres par des propriétés nombreuses et frappantes. Elle manque d'apophyses épineuse et articulaires; elle a le corps très-petit, le canal vertébral très-évasé, et les apophyses trachéliennes larges, à bord épais et raboteux. Ces apophyses courbées en bas sont percées chacune de trois trous dont le supérieur pénètre dans le canal rachidien. Antérieurement, au lieu d'une éminence arrondie, l'atloïde offre deux cavités articulaires, proportionnées aux condyles de l'occipital qu'elles reçoivent; postérieurement, à la place d'une cavité, elle porte une surface articulaire, synoviale, disposée à recevoir l'apophyse odontoïde, qui se prolonge en axe et est fixée par des ligamens latéraux.

L'axoïde, qui est la plus longue de toutes les vertèbres, offre antérieurement une éminence articulaire, à base large, nommée apophyse *odontoïde*, et qui se prolonge en axe dans le canal de l'atloïde. Elle diffère encore des autres, par le manque d'apophyses articulaires antérieures, par l'apophyse trachélienne qui est petite et n'a pas de prolongement antérieur, par l'apophyse épineuse qui est large, élevée, terminée par un bord épais , raboteux et bifurqué postérieurement.

Les trois vertèbres suivantes , savoir : la troisième , la quatrième et la cinquième , ont entr'elles peu de caractères distinctifs. La sixième diffère par son apophyse trachélienne qui a trois prolongemens.

Dans la dernière vertèbre dite *proéminente ,* l'apophyse épineuse est élevée en pointe ; les apophyses trachéliennes n'ont pas de trous ; la partie postérieure du corps offre , de chaque côté , une petite facette articulaire concave , pour la formation de la cavité destinée à recevoir la tête de la première côte.

§. II. *Vertèbres du dos.*

Ces vertèbres , qui n'ont d'autres dénominations que les noms numériques , se distinguent essentiellement par leurs apophyses épineuses qui sont longues , épaisses et terminées par une tubérosité. Ces apophyses épineuses , dont la direction et la longueur varient dans presque toutes les vertèbres , sont courbées en arrière dans les vertèbres antérieures , et sont droites dans les dernières vertèbres (1).

-----

(1) Dans les petits quadrupèdes , les apophyses antérieures sont plutôt inclinées en avant.

Elles augmentent de longueur depuis la première jusqu'à la troisième ou quatrième, diminuent ensuite jusque vers le milieu des vertèbres de cette région, et conservent après la même longueur (1). Ces mêmes vertèbres du dos offrent aussi des différences par les apophyses articulaires qui sont très‑petites, et dont les antérieures ne présentent qu'une légère facette qui devient concave dans les dernières vertèbres ; par l'apophyse transverse qui est grosse, courte, et porte en dessous une facette concave dans les vertèbres antérieures, plane dans les postérieures, et destinée à s'articuler avec les côtes antérieures ; elles diffèrent enfin par les quatre facettes articulaires, dont deux antérieures et deux postérieures, qui se remarquent sur les parties latérales de leur corps, et qui concourent avec les facettes des vertèbres voisines à former les cavités articulaires propres à la tête des côtes (2).

____

(1) Les trois à quatre apophyses épineuses les plus élevées constituent la base du sommet du dos qu'on désigne par l'expression de *garot*, qui signifie nœud ou union des épaules.

(2) Dans le bœuf, au lieu d'échancrures postérieures pour la formation des trous inter-vertébraux, on remarque

I 3

Les particularités de ces vertèbres entr'elles n'étant pas très-frappantes ni fort importantes, nous nous contenterons d'indiquer les principales. Ainsi, dans la première qui a quelques ressemblances à une vertèbre du cou, l'éminence arrondie qu'elle porte antérieurement est plus grosse que dans les autres ; l'apophyse épineuse se termine en pointe, et les apophyses articulaires antérieures ont la même forme que celles du cou. Toutes les autres, excepté la dernière, ne diffèrent entr'elles que par la disposition de leur apophyse épineuse, de leurs facettes articulaires qui deviennent planiformes dans les dernières vertèbres ; mais la dernière se distingue des autres, en ce qu'elle n'a pas de facettes articulaires postérieures.

§. III. *Vertèbres des lombes.*

Les caractères différentiels de ces vertèbres sont peu nombreux et résident - essentiellement dans la disposition des apophyses trans-

---

un trou de chaque côté, de manière qu'entre les vertèbres, il y a deux trous dont un formé par l'échancrure de la vertèbre postérieure, et l'autre pratiqué au bord postérieur de la vertèbre antérieure.

verses qui sont longues, aplaties de dessus en dessous, et qui, droites dans les grands quadrupèdes, sont inclinées en avant et en bas dans les carnivores et les omnivores; quant au reste, ces vertèbres ressemblent beaucoup aux dernières du dos, et offrent entr'elles, peu ou presque point de différence, excepté les deux dernières qui, chez les grands quadrupèdes, sont plus épaisses, et où la dernière porte deux grandes facettes pour son articulation avec le sacrum.

Article II.

Le Thorax.

Le thorax est une grande cavité conoïde, plus ou moins aplatie sur les côtés, tronquée à ses extrémités, coupée obliquement à sa base, de haut en bas, et de devant en arrière, supportée par les membres antérieurs, et renfermant les organes essentiels de la respiration et de la circulation.

Cette cavité est formée par le concours d'un grand nombre d'os, dont un seul long, placé dans le plan médian se nomme *sternum;* les autres courbés, alongés, pourvus de cartilages à leur extrémité inférieure, sont disposés

I 4

de chaque côté dans un ordre régulier, et s'appellent *côtes.*

§. I. *Le Sternum.*

CARACTÈRE. Os impair, long, spongieux, inégalement épais et plat, pourvu de facettes sur ses côtés pour s'articuler avec les côtes, situé obliquement de devant en arrière et de haut en bas à la partie inférieure du thorax, s'étendant depuis le cou jusqu'à l'abdomen, entre les côtes antérieures auxquelles il sert de point d'appui.

DIVISION. Deux faces, dont une externe et l'autre interne; deux extrémités, une antérieure et l'autre postérieure; deux bords latéraux distingués en droit et en gauche.

Faces. L'externe est raboteuse et donne attache à des muscles; tandis que l'interne polie forme les parois inférieures de la cavité thoracique.

Extrémités. L'antérieure, qui est plus élevée que la postérieure, offre, dans plusieurs quadrupèdes, un prolongement appelé *trachélien.* L'extrémité postérieure ou abdominale présente aussi un prolongement cartilagineux, palmiforme dans les grands quadrupèdes, et que l'on appelle *prolongement abdominal.*

Bords. Chaque bord offre, de distance en distance, des facettes articulaires, concaves, incrustées de lames cartilagineuses, destinées à recevoir les cartilages des côtes sternales ; comme la dernière de ces facettes reçoit deux cartilages, c'est pour cela qu'il y a toujours dans les grands quadrupèdes, une facette de moins qu'il y a de côtes sternales.

CONNEXIONS. Elles sont ligamenteuses, très-serrées, et ont lieu avec les cartilages des côtes sternales au moyen d'une charnière peu mobile.

VARIÉTÉS. Dans le jeune âge, le sternum est composé de plusieurs pièces réunies par une substance cartilagineuse qui, à cette époque, forme la plus grande partie du sternum, et finit par s'ossifier dans la vieillesse ; il faut cependant excepter le sternum des monodactyles qui reste en partie cartilagineux.

Monodactyles. Cet os est aplati d'un côté à l'autre, et trifacié dans sa moitié postérieure.

Didactyles. Point de prolongement trachélien ; dans le bœuf il est de deux pièces articulées par charnière, et dont la séparation a lieu entre la première et la deuxième côte.

§. II. *Les Côtes.*

Caractère. Os pairs, alongés, un peu aplatis, arqués, espacés régulièrement de chaque côté du thorax les uns à la suite des autres, attachés supérieurement aux vertèbres du dos, terminés inférieurement par une portion ou prolongement cartilagineux, et formant les parois latérales du thorax.

Aussi nombreuses de chaque côté que les vertèbres du dos, les côtes se distinguent par les noms numériques en comptant de devant en arrière, en première, seconde, troisième, etc., et se divisent en côtes sternales et en côtes asternales. Les sternales ainsi nommées parce qu'elles aboutissent au sternum, tandis que les autres ne s'y prolongent que d'une manière indirecte, sont antérieures dans les quadrupèdes et au nombre de neuf dans les monodactyles, de huit dans les didactyles, de six dans le cochon, et de neuf dans le chien et le chat. Toutes sont séparées les unes des autres, par des espaces appelés *intercostaux*, et offrent, dans leur disposition respective, des différences remarquables, relatives à leur direction, à leur courbure, à leur longueur et à leur largeur. Ainsi les deux premières côtes, savoir, la droite et la gauche, tombent presque perpendiculairement sur le sternum; et chez les monodactyles, elles rentrent en dedans et s'unissent par leur extrémité inférieure : les suivantes d'un côté s'éloignent de celles du côté opposé, et ainsi successivement jusqu'à la dernière qui est presqu'horizontale. Quant à leur courbure, elle est oblique de devant en arrière, de haut en bas et de dedans en dehors, de manière que la convexité des côtes est postérieure et externe; cette courbure, plus grande dans la partie supérieure des côtes, est peu sensible dans la première, augmente jusque vers le milieu des asternales et diminue jusqu'à la dernière côte. L'on remarque que les côtes mitoyennes, qui sont ordinairement les plus larges, sont aussi les plus longues, et que cette longueur diminue graduellement, soit en avant, soit en arrière ; de manière que les côtes les plus courtes sont les premières et les dernières. Mais celles-ci diffèrent des autres, en ce qu'elles sont étroites, minces, arrondies et courbées dans toute leur longueur, tandis que les premières sont larges, peu ou presque point courbées à leur partie inférieure.

Division. On reconnoît dans chaque côte

deux extrémités , une supérieure et l'autre inférieure ; deux faces , dont une externe et l'autre interne ; deux bords distingués en antérieur et postérieur.

Extrémités. La supérieure ou dorsale porte une tête et une facette articulaires , séparées par une échancrure , et réunies dans les dernières côtes où elles ne forment plus qu'une surface planiforme. La tête , qui est antérieure et plus élevée que la facette, offre deux convexités séparées par une échancrure ; elle est fixée dans une cavité formée par le concours de deux vertèbres. La facette s'articule avec l'apophyse transverse de la dernière des deux vertèbres qui reçoivent la tête , et présente à sa base , ou un peu plus bas , des empreintes musculaires plus ou moins grosses.

L'extrémité inférieure est pourvue d'un cartilage qui est uni à la côte par un ligament flexible , et qui forme avec cette dernière un angle plus ou moins aigu dont l'ouverture est antérieure. Les cartilages des côtes sternales augmentent de longueur depuis le premier successivement jusqu'au dernier , et s'articulent avec le sternum par une éminence condyliforme et au moyen d'un ligament capsulaire. Ceux des côtes asternales sont arrondis, terminés en pointe, maintenus les uns sur les autres par des ligamens, constituent un cercle cartilagineux qui concourt à former la cavité abdominale.

Faces. Elles sont opposées et n'offrent rien de bien remarquable.

Bords. Le postérieur convexe, épais et arrondi, présente du côté interne une scissure par où passent les vaisseaux et les nerfs intercostaux.

Le bord antérieur situé en dedans est concave; il offre en dehors une gouttière très-prononcée dans les côtes larges.

Connexions. Elles sont serrées, ne permettent que peu de mouvement, et ont lieu, supérieurement, avec les vertèbres du dos au moyen de ligamens capsulaires et inter-articulaires; inférieurement, les côtes s'articulent avec leurs cartilages, par un ligament d'implantation.

Ainsi articulées, les côtes exécutent un mouvement de derrière en devant et de dedans en dehors : mouvement moins étendu dans les côtes sternales que dans les asternales qui, libres par leur partie inférieure, s'élèvent en s'écartant de celles du côté opposé; et ce mouvement, borné dans les premières côtes, devient successivement libre dans les côtes suivantes, de manière que la côte postérieure est toujours plus mobile que l'antérieure qui est plus fixe.

VARIÉTÉS. Dans la vieillesse, plusieurs des cartilages s'ossifient entièrement et se soudent avec les côtes.

Didactyles. Les côtes sur lesquelles le membre thoracique est appliqué, sont aplaties et peu courbées.

SECTION II.

De la Tête.

La tête qui, comme nous l'avons déjà dit, constitue l'extrémité antérieure ou céphalique du tronc, offre dans sa conformation générale deux extrémités, quatre faces et plusieurs cavités très-remarquables.

Extrémités. L'une est supérieure et l'autre inférieure. La première forme la base de la tête, s'articule avec le rachis et donne implantation aux muscles et aux ligamens qui viennent du cou. L'extrémité inférieure qui cons-titue le bout de la tête porte les ouvertures extérieures de la bouche et des cavités nasales.

Faces. Des quatre faces l'une est antérieure, une autre postérieure, et deux autres latérales.

La première , inégalement plane et enfoncée , large dans le milieu , rétrécie à ses deux extrémités d'un côté à l'autre , offre plusieurs régions. 1º. Dans le plan médian les régions épicranienne, frontale, sus-nasale ; 2º. de chaque côté, les régions temporale, oculaire et chanfrine. Chaque face latérale de la tête comprend l'oreille et la joue : la face postérieure offre un enfoncement profond , intermaxillaire, appelé cavité glossienne.

Cavités. Les principales cavités de la tête sont les deux fosses temporales et orbitaires, les deux cavités nasales, la cavité de la bouche, enfin le crâne.

La tête se divise en crâne , et en face ou mâchoires.

ARTICLE PREMIER.

Le Crâne.

Grande cavité ovalaire , placée à la partie supérieure et postérieure de la tête , dont le diamètre et la grandeur varient suivant les âges et les espèces , destinée à contenir le cerveau et ses annexes.

Les os du crâne , presque tous aplatis , impairs , et plus ou moins courbés de dehors en dedans, sont unis entr'eux par des sutures serrées qui se soudent de bonne heure ; ces os sont un *frontal*, un *pariétal*, un *occipital*, un *sphénoïde*, un *ethmoïde* et deux *temporaux*.

§. I. *Du Frontal.*

Caractère. Os impair, aplati, bifacié, quadrilatère, recourbé en arrière sur les côtés, situé entre le pariétal, le nasal et en avant du sphénoïde, formant essentiellement le front, une portion des fosses temporales et orbitaires, ainsi que la partie inférieure du couvercle du crâne.

Division. Deux faces, dont une externe et l'autre interne ; quatre bords, un pariétal, un nasal et deux latéraux.

Faces. L'externe plane dans le milieu, excavée latéralement, offre de chaque côté une apophyse dite *orbitaire*, qui, prolongée de dedans en dehors sur l'arcade zygomatique, constitue l'arcade orbitaire et sépare la fosse du même nom, de la temporale ; à la base de l'apophyse orbitaire se remarque le *trou surcilier*, qui pénètre dans l'orbite et qui, dans les bêtes à cornes, se bifurque et fournit une branche qui monte dans l'intérieur des racines des cornes ; au-dessous et en arrière de

l'apophyse

l'apophyse orbitaire, se trouve la portion de fosse qui constitue la paroi interne de l'orbite, et dans laquelle on observe, 1°. en haut et près du trou sourcilier une fossette, dont les bords donnent implantation au cartilage fibreux qui constitue la troklée du muscle grand oblique de l'œil; 2°. dans le fond de cette portion de fosse, un trou qui pénètre dans le crâne et de là dans les cellules de l'ethmoïde. Ce trou nommé *orbitaire*, est le plus souvent formé en partie par le sphénoïde.

La face interne, inégalement concave, est partagée en deux portions, une supérieure et l'autre inférieure, par une cloison transversale, échancrée, qui reçoit le bord antérieur de l'ethmoïde. La portion supérieure biconcave, anfractueuse, sillonnée, forme la partie antérieure et inférieure du couvercle du crâne. Elle offre une crête médiane peu élevée, et sur chaque côté, des impressions cérébrales qui répondent aux lobules du cerveau. Contre l'orbite, on y remarque une cavité étroite, oblongue, profonde, destinée à recevoir un prolongement du sphénoïde. La portion inférieure constitue les sinus frontaux, qui se développent les premiers, sont séparés par une cloison osseuse, médiane, qui s'amincit avec l'âge.

K

Bords. Ils sont garnis de dentelures plus **ou** moins élevées, diversement arrangées, et à l'aide desquelles le frontal s'articule avec les os environnans.

Connexions. Elles sont très-serrées, se font par sutures dentelées, squammeuses, et ont lieu avec le pariétal, le temporal, le sphénoïde, les lacrymaux, les nasaux, l'ethmoïde et l'arcade zygomatique.

Variétés. Dans le *jeune âge*, le frontal est de deux pièces, qui restent longtemps séparées chez les grands animaux.

Tétradactyles. L'apophyse orbitaire, qui est mammiforme et très-courte, ne se prolonge sur l'arcade zygomatique qu'au moyen d'un cartilage fibreux, qui s'ossifie quelquefois dans la vieillesse.

Dans le bœuf, le frontal est très-large et très-étendu ; il se prolonge jusqu'au sommet de la tête où il se termine par un très-gros bourlet arrondi qu'on désigné par l'expression de *chignon*, et qui offre à chacune de ses extrémités un prolongement en appendice, qui supporte la corne et lui sert de base. Ces deux prolongemens, connus sous le nom de racines des cornes, sont feutrés, sillonnés extérieurement, caverneux intérieurement, et garnis de sinus qui se propagent jusqu'à leur extrémité. Cette disposition est à peu près la même dans le mouton à cornes ; mais celui-ci n'a jamais de chignon.

§. II. *Du Pariétal.*

CARACTÈRE. Os impair, aplati, bifacié, quadrilatère, courbé en arrière d'un côté à l'autre, situé dans la région épicranienne, entre l'occipital, le frontal, et en avant des temporaux : cet os forme essentiellement le couvercle du crâne et une partie des fosses temporales.

DIVISION. Deux faces, dont une externe, l'autre interne ; quatre bords, savoir, un occipital, un frontal et deux temporaux.

Faces. L'externe convexe, tubéreuse, recouverte de chaque côté par le muscle temporo-maxillaire, offre dans le milieu une crête raboteuse, peu élevée, qui, se portant en bas, se bifurque de chaque côté sur l'arcade orbitaire ; dans les animaux qui ont le front large et élevé, cette crête est située sur le côté et disposée régulièrement. En dehors de cette même crête, le reste de cette face externe est chagriné et garni d'aspérités qui donnent implantation au muscle temporo-maxillaire.

La face interne est concave, sillonnée, garnie d'impressions cérébrales et tapissée par la méninge. L'on y observe, vers le milieu du bord supérieur (occipital), une grande éminence trifaciée, à bords tranchans, dite *protubérance pariétale :* cette protubérance donne naissance à trois crêtes, dont une médiane divise le couvercle du crâne et va se terminer sur l'ethmoïde ; les deux autres crêtes latérales, une de chaque côté, se contournent obliquement sur le sphénoïde, et donnent attache aux cloisons transversales qui séparent le cerveau d'avec le cervelet ; sur chaque côté de cette protubérance pariétale, on voit un grand trou qui aboutit dans le conduit temporal, et donne passage à une grosse veine. Le reste de cette face interne est parsemé d'impressions cérébrales, et offre quelques scissures dont la profondeur est en raison du volume des artères lobaires.

Bords. Ils sont denticulés ; les deux latéraux sont découpés en écailles aux dépens de la lame externe ; le supérieur ou occipital est pourvu, de chaque côté, d'une gouttière destinée à completter le conduit temporal.

Connexions. Elles sont très-serrées ; elles se soudent de bonne heure, sur-tout dans les grands quadrupèdes, et se font par écailles sur les bords latéraux, par dentelures aux bords supérieur et inférieur, et ont lieu avec l'occipital, avec la portion squammeuse du temporal et avec le frontal.

Variétés. *Jeune âge.* Cet os est de trois pièces dans les carnivores, les monodactyles, souvent de quatre dans ces derniers, et n'est divisé qu'en deux chez les didactyles et le cochon.

Didactyles. Le pariétal situé en arrière du chignon est très-étroit, alongé d'un côté à l'autre, porte des sinus et se soude avec les autres os, peu de temps après la naissance.

§. III. *De l'Occipital.*

Caractère. Os impair, bifacié, courbé dans toute sa circonférence de dehors en dedans, inégalement plat et épais, ayant dans le milieu de sa convexité un grand trou pour le passage du prolongement mésencéphalique, formant le derrière de la tête et son articulation avec le rachis, contenant le cervelet avec l'origine du prolongement rachidien.

Division. Deux faces, dont une externe et l'autre interne ; quatre bords.

Faces. L'externe inégalement convexe,

K 3

garnie d'éminences et de trous, est divisée par une ligne transversale en deux parties, dont une *occipitale*, et l'autre *sous-occipitale*. Cette face externe offre, 1º. dans le plan médian et vers le bord pariétal, une protubérance transversale, élevée, qui, dans les monodactyles et les tétradactyles, forme le sommet de la tête, donne implantation à des muscles, et qu'on nomme *protubérance occipitale*; en arrière de cette éminence, une tubérosité dite *cervicale*, à laquelle s'attache le ligament du même nom; plus loin, se rencontre le grand *trou occipital*, ovale d'un côté à l'autre, qui donne passage au prolongement rachidien; en bas de ce trou, l'on observe un prolongement appelé *sous-occipital*, qui s'unit avec le sphénoïde et donne implantation à des muscles. 2º. Sur chaque côté, l'on remarque une crête transversale qui se prolonge sur l'apophyse mastoïde; en arrière, et à côté du grand trou occipital, l'apophyse *styloïde* dont la longueur est en raison directe de celle des mâchoires; en dedans, et sur le bord du trou occipital, le *condyle occipital*, qui est biconvexe et s'articule avec la première vertèbre du rachis; entre le condyle et l'apophyse styloïde, est une échancrure dite stylo - condylienne, et sous le condyle le *trou condylien*, qui quelquefois est double et qui donne passage à des nerfs. Enfin, sur le côté du prolongement *sous-occipital*, se trouve une ouverture dont la grandeur est en raison directe de la longueur de ce prolongement, et qu'on nomme ouverture ou *hiatus occipito-temporal*.

La face interne de l'occipital, inégalement concave, tapissée par la méninge, loge le cervelet, le mésencéphale et l'origine du prolongement rachidien. Elle présente en haut une fosse concave, garnie d'impressions cérébrales et qui forme le couvercle du cervelet; en bas et sur le prolongement sous-occipital, une large gouttière, lisse, polie, destinée à soutenir le prolongement mésencéphalique, et qui, à son extrémité sphénoïdale, offre deux petits enfoncemens propres à loger le mésencéphale.

Bords. Ils sont inégalement dentelés.

Connexions. La plupart se font par juxtaposition; quelques-unes par sutures dentelées et très-serrées, d'autres mobiles sont affermies par des ligamens et des muscles. L'occipital s'articule avec le pariétal, le temporal et le sphénoïde, d'une manière immobile, et par charnière imparfaite avec le rachis.

K 4

Variétés. *Jeune âge.* L'occipital est composé de quatre pièces qui se soudent de bonne heure.

Didactyles. Cet os est situé tout à fait à la partie postérieure de la tête dont le sommet est formé par le frontal ; chez le bœuf, il porte des sinus qui, dans la vieillesse, se prolongent jusque dans les condyles.

§. IV. *Du Sphénoïde.*

Caractère. Os impair, bifacié, quadrilatère, courbé en avant d'un côté à l'autre, épais dans le milieu, mince sur les côtés, formant la base du crâne, les parois supérieures de la cavité gutturale et ayant des connexions avec tous les autres os du crâne.

Division. Deux faces, une externe et l'autre interne ; quatre bords distingués en sous-occipital, palatin, et deux latéraux.

Faces. Convexe d'un côté à l'autre et garnie d'éminences et de trous, la face externe offre, dans le plan médian, une éminence cylindroïde raboteuse, qui fait continuité avec le prolongement sous-occipital. Chaque côté de cette face présente une longue apophyse dite *sous-sphénoïdale*, qui s'unit avec la crête palatine et donne implantation à des muscles ;

(153)

à la base de cette éminence , un trou nommé
sous-sphenoïdal , qui traverse l'apophyse , et
qui, chez les didactyles, pénètre dans le crâne ;
sur le côté interne de cette même apophyse ,
un très-petit conduit qui , après un certain
trajet dans l'intérieur du sphénoïde, se bifurque
et aboutit par une branche dans le nez et par
l'autre dans le fond de l'orbite ; plus loin et
en bas , se trouve une portion de fosse qui
concourt à former le fond de l'orbite , et dans
laquelle l'on remarque les trous qui viennent
de la face interne et qui sont les trois ouvertures du trou sus-phénoïdal , le trou optique ,
et quelquefois une petite échancrure pour la
formation du trou orbitaire.

La face interne, concave d'un côté à l'autre,
garnie d'enfoncemens et de trous , soutient la
masse du cerveau , et présente dans le milieu
la fossette *sus-sphénoïdale* qui loge la tige cérébrale du même nom : en bas , la *fossette optique*, transversale , cylindrique , et dont les
extrémités forment les trous optiques qui
s'ouvrent de chaque côté dans l'orbite. Sur
chaque côté de cette face , l'on voit le grand
trou *sus-sphénoïdal*, qui s'ouvre dans le fond
de l'orbite par trois branches, dont la plus petite
donne passage au nerf de la quatrième paire,

et qui, dans quelques sujets, forme un conduit séparé.

Bords. Le sous-occipital ou supérieur se soude de très-bonne heure avec le prolongement sous-occipital, et concourt, dans les grands quadrupèdes, à former les ouvertures sous-occipitales. Le bord palatin est caverneux, et laisse voir, dans les grands quadrupèdes, les sinus sphénoïdaux prolongés entre les lames de l'os et séparés par une cloison médiane. Les bords latéraux sont, dans leur moitié supérieure, découpés en écailles ; tandis que leur partie inférieure est évasée, très-mince, et se prolonge dans l'excavation oblongue que lui offre la face interne du frontal.

Connexions. Elles sont très-serrées, se soudent de bonne heure, se font par sutures dentelées, écailleuses, et ont lieu avec l'occipital, la portion squammeuse du temporal, le frontal, le palatin et le vomer.

Variétés. *Jeune âge.* Cet os est de deux pièces qui, quelquefois, sont soudées avant la naissance.

Didactyles. Le petit conduit sous-sphénoïdal est remplacé par une scissure.

§. V. *De l'Ethmoïde.*

Caractère. Os impair, d'une structure très-complexe, caverneuse, lamelleuse, ou formée de lames minces, feutrées, roulées en cellules nombreuses, oblongues, disposées en deux tas qui sont séparés par une cloison médiane, et tiennent par leur base à une lame criblée de trous, qui répond au crâne. Situé profondément à la partie inférieure du crâne entre le frontal et le sphénoïde, l'ethmoïde sépare le crâne des cavités nasales et soutient les filamens de la première paire de nerfs.

Division. Une partie moyenne, et deux latérales.

La partie moyenne dense, et que l'on peut aussi appeler le corps, offre du côté du crâne une crête à base large, dite *ethmoïdale*, qui forme l'extrémité inférieure de la crête médiane des parois antérieures du crâne ; du côté du nez, une large cloison médiane, épaisse, perpendiculaire, et qui se continue avec la cloison cartilagineuse des cavités nasales.

Chaque partie latérale, disposée dans un ordre régulier, présente du côté du crâne une fosse arrondie, criblée de petits trous, et sur le côté externe de laquelle on voit la

continuité du trou orbitaire qui s'ouvre dans le
nez. Du côté de la cavité nasale, s'observent
des cellules nombreuses disposées en petits
cornets, formées d'une lame mince et feutrée,
rangées de champ, à une petite distance les unes
des autres, et fixées par leur base et leur côté
externe, tandis qu'elles sont libres à leur extrémité inférieure, ainsi que du côté de la
cloison. Ces cellules volutées, diverticulées,
ayant leurs ouvertures, le plus ordinairement
opposées deux à deux, et d'autant plus grandes
qu'elles sont plus antérieures, se distinguent
par l'expression numérique en les comptant
de devant en arrière ; de manière que la première est la plus grande, la plus avancée, la
seconde plus petite, moins prolongée, et ainsi
sucessivement jusqu'à la dernière.

CONNEXIONS. Elles ont lieu avec le frontal,
le sphénoïde, le cornet supérieur et la cloison
médiane du nez.

§. VI. *Du Temporal.*

CARACTÈRE. Os pair, très-irrégulier, inégalement épais et plat, situé sur le côté du
crâne entre le pariétal et le sphénoïde, formant
la base de la tempe, de l'oreille, et concourant à completter la paroi latérale du crâne.

Division. Deux portions qui restent long-temps séparées, et dont une est appelée écailleuse et l'autre tubéreuse.

1°. La *portion écailleuse,* ainsi nommée parce que ses bords sont amincis, taillés obliquement en écailles, est aplatie, bifaciée, située au-dessus de l'orbite sur le côté du pariétal, forme essentiellement la tempe, et présente deux faces, dont une externe et l'autre interne.

La face externe convexe offre une longue apophyse dite *zygomatique,* qui s'élève per-pendiculairement du milieu de l'os, se re-courbe ensuite sur le zygomatique, forme la partie supérieure de l'arcade du même nom, et présente à sa base deux faces dont la supérieure concave concourt à completter la fosse tem-porale, tandis que l'inférieure constitue la surface articulaire qui reçoit le maxillaire. Sur cette surface articulaire, l'on distingue trois parties : savoir, un *condyle,* contre lequel s'appuie celui de l'os maxillaire ; au-dessus, une cavité synoviale ; plus haut, une éminence mammiforme, destinée, à affermir l'articula-tion en bornant le mouvement en arrière et latéral de l'os maxillaire ; derrière cette émi-nence articulaire, se trouve l'orifice externe du conduit temporal.

La face interne légèrement concave, recouverte par la méninge et formant une partie des parois latérales du crâne, est anfractueuse et parsemée de légers sillons artériels.

Les bords de cette partie écailleuse sont la plupart découpés en écailles aux dépens de la lame interne. Le supérieur qui en est dépourvu et qui s'appuie sur la portion tubéreuse, présente une gouttière qui constitue essentiellement le conduit temporal.

CONNEXIONS de cette portion. Elles ont lieu, par écailles, avec le pariétal, le frontal, le sphénoïde; par harmonie, avec la portion tubéreuse; enfin, par charnière imparfaite, avec le maxillaire.

2°. La *portion tubéreuse*, très-irrégulière, garnie d'aspérités dans toute son étendue, essentiellement destinée pour l'ouie, offre deux parties distinctes par leur densité, leur position et leurs usages; l'une externe est dite *mastoïdienne*, l'autre interne est appelée *pétrée*. Sur la partie mastoïdienne, l'on remarque l'apophyse *mastoïde* qui est mammiforme et oblongue; en avant de celle-ci, un trou dit *prémastoïdien*, qui est l'orifice externe du conduit spiroïde; à côté, l'*hiatus auditif* externe qui fait saillie sur la surface

de l'os ; en avant de l'hiatus, on voit le prolongement hyoïdien particulier aux grands
quadrupèdes. En bas de ce prolongement, se
trouve l'apophyse *styloïde* du temporal, à la
base de laquelle sont 1°. le conduit guttural du
tympan ; 2°. le petit trou qui donne passage
au nerf tympano-lingual.

La partie pétrée, ainsi nommée à cause de
sa densité, répond au cervelet, et est pourvue
de cavités intérieures qui reçoivent l'expansion
pulpeuse de la septième paire des nerfs encé-
phaliques. Sa surface cérébrale est anfractueuse, présente dans le milieu un trou divisé
en deux branches, dont une terminée en
cul-de-sac répond au limaçon et communique
par de petits pores dans les cavités labyrinthiques ; l'autre branche constitue le conduit
spiroïde qui traverse l'os et s'ouvre en dehors,
au moyen du trou prémastoïdien.

CONNEXIONS de la portion tubéreuse. Elle
s'articule par juxta-position entre l'occipital et
la portion écailleuse, ne se soude que très-tard,
sur-tout dans les monodactyles où elle reste
souvent séparée pendant toute la vie.

La portion tubéreuse offre, dans son intérieur, des cavités diverticulées, destinées à
la propagation, à la perception du son, et dis-

tinguées en cavité *tympanique* et en cavité *labyrinthique*. La cavité tympanique, qui est la plus grande, située en dehors entre les parties mastoïdienne et pétrée, et essentiellement destinée à la propagation du son, offre, 1°. la membrane du tympan; 2°. quatre osselets, savoir: le *marteau*, l'*enclume*, le *lenticulaire*, l'*étrier;* 3°. deux ouvertures labyrinthiques, dont une communiquant avec la rampe supérieure du limaçon est appelée *limacine;* l'autre ovalaire, fermée par la base de l'étrier et aboutissant dans le vestibule, est dite *vestibuline;* 4°. des cellules mastoïdiennes; 5°. enfin, le conduit guttural.

La cavité labyrinthique, située dans l'intérieur de la partie pétrée, sert à la perception du son, et offre un vestibule, un limaçon à deux rampes et trois canaux semi - circulaires (1).

VARIÉTÉS. Elles sont peu nombreuses, et les plus essentielles dépendent de la disposition de l'éminence qui contient les cellules mastoïdiennes, laquelle, dans les monodactyles, est très-petite, tandis que, dans tous les autres

---

(1) Nous traiterons de ces parties plus en détail à l'article du sens de l'ouie. Il doit nous suffire ici de les indiquer.

quadrupèdes,

quadrupèdes, elle est très-grosse, pyriforme, et plus ou moins évasée.

ARTICLE II.

La Face.

Prolongée en bas et en avant du crâne, la face comprend la plus grande étendue de la tête, contient les principaux sens et est composée de plusieurs os qui, par leur assemblage, constituent les mâchoires qu'on divise, d'après leur position et le mode de leur articulation, en mâchoire supérieure, antérieure ou *syncranienne*, et en mâchoire inférieure, postérieure ou *diacranienne*.

De la Mâchoire supérieure.

Elle tient au crâne par des sutures dentelées, très-serrées ; elle est composée de dix-neuf os, savoir : deux grands *sus-maxillaires*, deux petits *sus-maxillaires*, deux *nasaux*, deux *lacrymaux*, deux *zygomatiques*, deux *palatins*, deux *pterygoïdiens*, quatre *cornets*, un *vomer*.

§. I. *Du grand Sus-maxillaire.*

CARACTÈRE. Os pair, court-alongé, trifacié, gros et épais, s'étendant le long des parois supérieures de la bouche depuis le fond de l'orbite jusqu'à la dent angulaire, constituant la base de la mâchoire supérieure, ayant des connexions avec presque tous les autres os de cette mâchoire, portant les dents molaires supérieures, formant essentiellement les parois supérieures de la bouche, les cavités nasales, une portion du fond de l'orbite, ainsi qu'une grande partie des sinus de la tête.

DIVISION. Trois faces ; une chanfrine, une palatine, et la troisième nasale ; deux extrémités, dont une supérieure et l'autre inférieure ; trois bords distingués en alvéolaire, palatin et nasal.

Faces. La face externe dite chanfrine, inégalement convexe, présente supérieurement une épine raboteuse, nommée *sus-maxillaire,* qui termine la crête zygomatique ; plus haut et en avant, le trou sus-maxillaire qui est l'orifice inférieur du conduit de ce nom.

La face palatine, légèrement concave, offre le long du bord alvéolaire une scissure, et à son extrémité inférieure des ouvertures dites incisives.

La face nasale, inégalement concave, forme les parois latérales et inférieures de la cavité nasale et soutient les cornets. On y remarque, sur la partie inférieure, une large gouttière qui s'étend de l'orifice externe à l'orifice guttural du nez. Plus haut et entre les deux cornets , se trouve une autre gouttière qui communique dans les diverticulum des cornets , et dont la base pénètre dans les sinus au moyen d'une ou plusieurs ouvertures étroites et toujours ouvertes. Vers l'extrémité inférieure de cette dernière gouttière , l'on voit l'orifice nasal du conduit lacrymal qui se prolonge inférieurement par une scissure.

Extrémités. La supérieure , qui est la plus grosse , concourt à former le fond de l'orbite ; et l'inférieure , qui est d'autant plus petite que l'os est plus long , se réunit avec le petit sus-maxillaire.

Bords. Le bord alvéolaire porte les dents molaires et le crochet ou angulaire lorsque cette dent existe ; il offre pour chaque dent une cavité alvéolaire dont la forme et la profondeur sont relatives à celles de la racine qu'elle reçoit ; entre l'alvéole de la première molaire et celle du crochet , est un *espace* à bord plus ou moins aigu , dont la grandeur est analogue à celle de la tête et qu'on nomme grand espace interdentaire. A l'extrémité supérieure de ce même bord et contre la dernière molaire , se trouve une tubérosité peu élevée qui donne implantation à des fibres du muscle sphéno-maxillaire.

Le bord palatin, qui est denticulé, s'unit avec le maxillaire opposé.

Le bord nasal, taillé en gouttière étroite, se prolonge du côté de l'orbite.

L'intérieur du grand sus-maxillaire offre des sinus appelés *sus-maxillaires*, qui se forment après les sinus frontaux, augmentent avec l'âge, et deviennent très-grands dans les monodactyles et les didactyles.

Connexions. Elles sont nombreuses et ont lieu de diverses manières avec tous les autres os de cette mâchoire, excepté avec le ptérygoïdien. Quelques unes se soudent de bonne heure tandis que d'autres subsistent très-longtemps.

Variétés. *Monodactyles.* La face chanfrine devient bombée et proéminente tant que les premières dents molaires montent et croissent en dedans, ce qui a lieu jusqu'à l'âge de six à sept ans. A partir de cette époque, elle s'affaisse à mesure que les dents sont expulsées des alvéoles, et finit par devenir concave (1); c'est à cette époque qu'il se forme un sinus *sus-maxil-*

----

(1) Ces changemens sont très-importans à saisir, parce qu'ils sont les signes distinctifs des vieilles et jeunes têtes.

(165)

laire inférieur, qui est séparé des autres sinus par une lame transversale, et aboutit dans la cavité nasale par l'ouverture commune qui est entre les deux cornets à leur base, et qui est le seul moyen de communication de ces sinus avec les sinus supérieurs.

Chez les *didactyles*, le sus - maxillaire se prolonge dans le fond de l'orbite par une grosse protubérance sphéroïforme, caverneuse, et formée d'une lame mince et feutrée. L'épine sus-maxillaire, peu élevée, est isolée de l'épine zy-gomatique et remplacée par des tubercules.

§. II. *Du petit Sus-maxillaire*

CARACTÈRE. Petit os pair, court, un peu alongé, réuni en appendice à l'extrémité in-férieure du grand sus-maxillaire, prolongé jusqu'au nasal, portant les dents incisives et la lèvre supérieure, et constituant les parois externe et inférieure de l'entrée du nez.

DIVISION. Deux régions, dont une supé-rieure dite *nasale*, et l'autre inférieure nommée *labiale*.

La région labiale, qui est inférieure et tri-faciée, constitue la base de cet os, et porte les dents incisives avec la lèvre supérieure. Sa face palatine concourt à former les ouver-

L 3

tures incisives, à la base desquelles est le *trou incisif* formé par le concours des deux petits sus-maxillaires ; le bord dentaire de cette région offre des alvéoles dont le nombre et la forme sont relatifs au nombre des dents incisives et à la disposition de leurs racines ; sur ce même bord, on observe, chez les monodactyles, le petit espace interdentaire.

La région nasale comprend le prolongement qui s'étend en appendice contre le grand sus-maxillaire jusqu'au nasal ; ce prolongement dont le bord externe est arrondi, donne attache à des muscles.

CONNEXIONS. Elles sont immobiles, se soudent très-tard, sur-tout dans les grands quadrupèdes, et principalement dans les didactyles où elles subsistent presque toute la vie ; elles se font avec le grand sus-maxillaire, le petit sus-maxillaire opposé, le nasal et les dents incisives.

VARIÉTÉS. *Didactyles.* Cet os est très-petit, puisqu'il n'y a point de dents incisives supérieures ; il ne porte pas de trou incisif, qui ne paroît guère propre qu'aux monodactyles.

§. III. *Du Nasal.*

CARACTÈRE. Os pair, plat-alongé, mince,

bifacié, situé sous le frontal en avant des sus-maxillaires, et formant les parois supérieures des cavités nasales.

Division. Deux faces, dont une externe et l'autre interne ; deux extrémités, l'une supérieure et l'autre inférieure ; deux bords latéraux.

Faces. L'externe est polie ; l'interne concave offre dans sa longueur une gouttière, et s'articule, vers le bord externe, avec le cornet sous-ethmoïdal, et du côté interne, avec le bord antérieur de la cloison médiane du nez.

Extrémités. La supérieure tient au frontal par des sutures serrées ; l'inférieure forme une avance sur l'orifice externe des cavités nasales, qu'on appelle *prolongement sus-nasal.*

Bords. L'externe mince est enchâssé entre les deux lames du bord du sus-maxillaire ; le bord interne qui est denticulé s'unit avec le nasal opposé.

Connexions. Peu serrées, elles se font par sutures dentelées ou lamineuses, et ont lieu avec le frontal, le lacrymal, les sus - maxillaires, le nasal opposé et le cornet sous-ethmoïdal.

Variétés. Dans les *monodactyles,* ces os sont beaucoup plus longs, ont une forme

pyramidale, se terminent en pointe à leur
extrémité inférieure et concourent à la formation des sinus.

Didactyles. Le nasal plus petit que dans
les monodactyles ne se soude jamais entièrement avec les autres os. Dans le bœuf, le prolongement de chaque nasal est bifurqué.

Cochon. En avant du prolongement sus-
nasal, se trouve un petit os, court, arrondi,
partagé par un sillon profond et médian ;
cet os, soutenu par la cloison cartilagineuse
du nez et recouvert d'une grande quantité de
fibres charnues auxquelles il donne implantation, constitue la base du boutoir.

Tétradactyles irréguliers. Ces deux os offrent sur la face externe une gouttière médiane, s'élargissent à leur extrémité inférieure,
et portent une échancrure en place de prolongement sus-nasal.

§. IV. *Du Lacrymal.*

Caractère. Petit os pair, très-mince, aplati,
situé à l'angle nasal de l'œil, soutenant le
réservoir et le conduit lacrymaux.

Division. Deux faces, dont une externe
et l'autre interne ; des bords.

Faces. L'externe s'étendant en grande partie

dans l'orbite , autour de l'angle nasal et sur le chanfrein , se divise en portion orbitaire et portion chanfrine. La première concave forme les parois inférieures de l'orbite , et offre , près du bord orbitaire , une cavité dans laquelle l'on distingue , 1°. une fossette qui donne implantation au muscle petit oblique de l'œil et qu'on nomme *fossette lacrymale ;* 2°. un grand trou lacrymal qui se prolonge dans le nez et constitue le conduit lacrymal. La portion qui est en dehors de l'orbite forme , dans certains quadrupèdes domestiques, la région des larmiers, et est garnie de quelques légères empreintes musculaires.

La face interne concourt à former les sinus lacrymaux.

Les bords sont denticulés et s'engrènent avec les os environnans.

Connexions. Elles sont très-serrées et ont lieu avec le frontal , le nasal , le grand sus-maxillaire et le zygomatique.

Variétés. En dehors de l'orbite, l'on observe, dans les monodactyles , une petite éminence mammiforme dite *apophyse lacrymale ,* et chez le mouton et le cochon , un enfoncement appelé la fosse des larmiers.

Cochon. Le bord orbitaire porte deux trous

qui, après un certain trajet, s'unissent pour
former le conduit lacrymal ; ces trous donnent
passage aux petits canaux des points lacrymaux dont la réunion à lieu dans l'intérieur
de l'os.

§. V. *Du Zygomatique.*

Caractère. Petit os pair, court, un peu
alongé, d'une figure irrégulière, situé en
dehors du lacrymal, au - dessus de l'épine
sus - maxillaire et sur le côté de l'orbite,
concourant à former cette dernière cavité,
ainsi que l'arcade zygomatique.

Division. Deux faces, une externe et l'autre
interne ; deux extrémités, dont une supérieure
et l'autre inférieure.

Faces. L'externe constitue le bord supérieur
de la joue, et porte une crête raboteuse dite
zygomatique La face interne polie et légèrement concave forme une partie de l'orbite.

Extrémités. La supérieure s'unit avec l'a-
pophyse zygomatique du temporal, d'où résulte l'arcade zygomatique. L'extrémité inférieure s'appuie sur le grand sus-maxillaire et
concourt, chez les grands quadrupèdes, à la
formation des sinus de la tête.

Connexions. Elles ont lieu par engrenures.

qui se soudent de bonne heure. Elles se font avec le lacrymal, le grand sus-maxillaire et l'apophyse zygomatique du temporal.

Variétés. *Didactyles*. L'extrémité supérieure du zygomatique offre deux branches, dont une s'unit avec le temporal, et l'autre avec l'apophyse orbitaire du frontal.

§. VI. *Du Palatin*.

Caractère. Petit os pair, mince, légèrement courbé, sur les côtés, de dehors en dedans, situé à l'extrémité supérieure de la voûte du palais et formant l'orifice guttural des cavités du nez.

Division. Deux faces, dont une externe, l'autre interne ; quatre bords.

Faces. L'externe prolongée depuis la voûte du palais dans le nez et le fond de l'orbite, offre dans sa longueur un bord qui la divise en trois portions, dont une palatine, l'autre nasale, et la troisième orbitaire. La portion palatine constitue l'extrémité supérieure de la voûte du palais, et présente, contre le bord alvéolaire du grand sus-maxillaire, l'orifice inférieur du conduit palatin. La portion nasale forme les parois supérieures et latérales de l'ouverture gutturale des cavités nasales.

La portion orbitaire concourt à former le
fond de l'orbite, présente le trou nasal, et
à côté, l'orifice supérieur du conduit palatin,
qui se prolonge par une scissure sur la voûte
du palais, jusqu'au trou incisif.

Le bord qui sépare ces trois portions est
mince, échancré dans sa partie inférieure,
et présente à sa partie supérieure, une crête
élevée et raboteuse, dont l'extrémité est formée par l'apophyse sous-sphénoïdale, et qu'on
nomme crête *sphéno-palatine*.

La face interne du palatin renferme, dans
les grands quadrupèdes, des sinus palatins.

Bords. Ils sont plus ou moins denticulés,
et s'unissent, d'une manière serrée, avec les
os environnans.

Connexions. Elles se soudent de bonne
heure, et ont lieu avec le palatin opposé, le
grand sus-maxillaire, le sphénoïde, le vomer
et le ptérygoïdien.

Variétés. Le palatin offre, dans le *cochon*,
à côté de l'apophyse palatine, une grosse protubérance qui sert à l'implantation du muscle
sphéno - maxillaire, et qui, dans les autres
quadrupèdes, se trouve sur le bord alvéolaire
au-dessus de la dernière dent molaire du grand
sus-maxillaire.

Ces os présentent aussi quelques variétés dans leur forme ; ils sont longs et étroits dans les monodactyles, larges dans les didactyles où l'ouverture gutturale qu'ils constituent se prolonge en conduit.

§. VII. *Du Ptérygoïdien*

CARACTÈRE. Très-petit os pair, un peu alongé, situé sur le palatin au côté interne de l'apophyse sous-sphénoïdale, et destiné à présenter une troklée pour la branche externe du muscle stylo-staphylin. On peut reconnoître dans cet os, deux faces, deux bords et deux extrémités. Mais de toutes ces parties, l'extrémité inférieure est la seule qui mérite d'être remarquée, parce qu'elle porte une éminence nommée *apophyse ptérygoïde*, qui constitue la troklée dans laquelle glisse le tendon de la branche externe du muscle stylo-staphylin (1).

______

(1) Cet os n'est rigoureusement qu'une appendice ou épiphyse du palatin sur lequel il s'articule ; néanmoins, comme, dans les grands quadrupèdes, il reste long-temps sans se souder avec l'os sur lequel il est comme appliqué, nous avons jugé plus convenable de le considérer comme un os distinct.

S. VIII. *Des Cornets.*

CARACTÈRE. Os irréguliers, lamineux, di-
verticulés, au nombre de deux de chaque côté,
posés l'un au-dessus de l'autre sur les parois
latérales et externes de la cavité nasale, s'é-
tendant depuis la base de l'ethmoïde jusqu'à
l'orifice externe du nez, et distingués, en
raison de leur situation, en cornet supérieur
ou sous-ethmoïdal, en cornet inférieur ou
sus-maxillaire.

Chaque cornet est formé d'une grande lame
mince, feutrée, roulée en cornet, laquelle
détermine la conformation générale de l'os,
et offre dans son intérieur des sinus formés par
des lamines feutrées, très-minces.

DIVISION. On reconnoît, dans chaque cornet,
deux extrémités, dont une supérieure et l'autre
inférieure ; deux bords, un libre et l'autre
fixe ; deux surfaces, dont une externe et
l'autre interne.

Extrémités. La supérieure constitue la base
de chaque cornet, et dans le cornet supérieur, elle se prolonge en appendice jusqu'à
l'ethmoïde.

L'extrémité inférieure se termine en pointe
pourvue de deux appendices cartilagineuses,
dont une pour chaque lèvre du nez.

Bords. Dans le cornet supérieur le bord libre est inférieur, tandis que dans l'autre cornet il est supérieur. Ces deux bords répondent à une gouttière profonde, qui, par son extrémité supérieure, communique dans les sinus et se propage dans l'intérieur des deux cornets. C'est par ces bords libres que la surface externe de chaque cornet se réfléchit dans l'intérieur, et communique avec la surface interne.

Connexions. Elles se soudent de bonne heure et se font par engrenures. Le cornet sous-ethmoïdal s'articule avec l'ethmoïde, le nasal et le grand sus-maxillaire ; le cornet inférieur avec le grand sus-maxillaire.

Variétés. Dans les *monodactyles,* le cornet supérieur est le plus grand.

Dans les *didactyles,* c'est au contraire le cornet sus-maxillaire qui est le plus grand ; le cornet sous-ethmoïdal est mince et n'est point replié sur lui-même, de sorte qu'il ne sert essentiellement qu'à la formation des sinus ; dans ces mêmes quadrupèdes, la dernière cellule ethmoïdale, très-grande, tient lieu d'un troisième cornet, et elle couvre les ouvertures qui communiquent dans les sinus.

§. IX. *Du Vomer.*

CARACTÈRE. Os impair, alongé, mince, situé dans les cavités du nez sous la cloison médiane qu'il soutient, et s'étendant depuis le sphénoïde, sur le plan médian des grands sus-maxillaires, jusqu'au niveau des ouvertures incisives.

DIVISION. Deux *faces* latérales, lisses et tapissées par la membrane nasale ; deux *extrémités*, dont la supérieure plus large s'articule avec le sphénoïde et les palatins ; deux *bords*, dont l'antérieur creusé en gouttière reçoit le bord postérieur de la cloison cartilagineuse du nez et donne passage à des vaisseaux et à des nerfs ; le bord postérieur, libre dans sa partie supérieure, réunit les deux ouvertures nasales, et dans le reste de son étendue il s'unit avec les grands sus-maxillaires.

CONNEXIONS. Elles se font avec le sphénoïde, les palatins et les grands sus-maxillaires ; elles ont lieu aussi avec la cloison cartilagineuse du nez, qui, dans la vieillesse, s'ossifie en partie, et se soude avec le vomer.

VARIÉTÉS. Elles sont peu importantes et résident dans la longueur et la forme de cet os, qui est d'autant plus long qu'il est plus étroit.

De

De la Mâchoire inférieure.

Articulée avec le temporal d'une manière mobile, pouvant s'écarter, se rapprocher de la supérieure, et exécuter des mouvemens latéraux plus ou moins étendus et variés, la mâchoire inférieure est composée d'un seul os appelé *maxillaire*.

Du Maxillaire.

CARACTÈRE. Os impair, symétrique, paraboliforme, aplati et alongé, bifurqué en arrière et en haut jusqu'aux temporaux avec lesquels il s'articule.

DIVISION. Un corps ou partie moyenne, et deux branches.

1°. La partie moyenne est inférieure, soutient et réunit les deux branches, porte les dents incisives avec la lèvre inférieure, et offre deux faces, dont une externe et l'autre interne ; un bord alvéolaire.

Faces. L'externe convexe d'un côté à l'autre et constituant la base du menton, est connue sous le nom de surface mentonnière, et présente un sillon médian, qui est la trace de la réunion des deux pièces dont est composé cet os dans le très-jeune âge, et qu'on désigne par l'expression de symphyse du menton ; en haut et à

M

la réunion de chaque branche, s'observe un rétrécissement appelé col, sur chaque côté duquel se trouve le trou mentonnier, qui est l'o-
rifice inférieur du conduit maxillaire.

La face interne lisse, légèrement concave,
soutient le frein de la langue, et offre entre la
réunion des deux branches, une ligne plus ou
moins raboteuse, appelée *surface génienne*, et
destinée à donner implantation à des muscles.

Le bord alvéolaire offre des cavités pour
les dents incisives et les angulaires, et présente de chaque côté deux *espaces inter-den-
taires*, dont le plus grand est entre l'angulaire
et la première molaire.

2°. Les branches distinguées en droite et
en gauche sont alongées, aplaties, bifaciées,
courbées en haut à leur extrémité supérieure
jusques contre les temporaux. Elles laissent
entr'elles un intervalle de figure parabolique,
nommé, *espace inter-maxillaire*, et offrent
chacune deux extrémités, dont une supérieure
et l'autre inférieure ; deux faces distinguées
en externe et en interne ; deux bords, l'un
antérieur et l'autre postérieur.

Extrémités. La supérieure est arquée, et se
termine par deux éminences dont la plus longue, qui est aplatie, raboteuse et inférieure, est

nommée *apophyse coronoïde*. L'autre éminence lisse, polie, convexe de devant en arrière, incrustée d'une lame cartilagineuse, est appelée *condyle maxillaire* , et s'articule avec un pareil condyle du temporal. Ces deux éminences sont séparées par une échancrure semilunaire , nommée corono-condylienne.

L'extrémité inférieure s'unit avec celle du côté opposé.

Faces. L'externe est garnie de tubercules dans sa partie supérieure , tandis qu'elle est lisse et polie inférieurement.

La face interne forme les parois du canal glossien , et est divisée en deux portions , dont la supérieure concave et raboteuse présente un trou qui est l'orifice supérieur du conduit maxillaire qui aboutit au trou mentonnier. La portion inférieure lisse, polie, offre, le long du bord alvéolaire , une ligne appelée *myléene* , qui donne attache au muscle mylo-hyoïdien.

Bords. L'antérieur offre, dans sa partie inférieure, des alvéoles pour les dents molaires, et, dans sa partie supérieure, il est arque , large, épais et raboteux.

Le bord postérieur est divisé vers son milieu par une scissure, en deux parties distinctes par leur forme et leurs usages ; l'une supérieure

M 2

convexe, épaisse, raboteuse, constitue la
tubérosité maxillaire ; l'autre qui est inférieure, droite et arrondie, donne implantation à un muscle.

CONNEXIONS. Elles sont de plusieurs sortes,
et se font avec les dents et le temporal. L'articulation avec les dents a lieu par gomphose
et est immobile, serrée ; tandis que l'articulation maxillo-temporale qui se fait par charnière, permet tous les mouvemens que la mâchoire exécute sous la supérieure. Cette dernière articulation a deux ligamens capsulaires
et un cartilage fibreux qui est intermédiaire,
sépare les deux condyles adaptés l'un sur
l'autre, et offre à chacun une cavité.

VARIÉTÉS. *Jeune âge.* Le maxillaire est de
deux pièces, qui, dans les didactyles, restent
séparées toute la vie.

Dans les grands quadrupèdes, le bord postérieur du condyle porte une cavité semi-lunaire, et se meut sur l'apophyse mammiforme,
qui est au-dessus du condyle du temporal.

Dans les *didactyles,* l'articulation maxillo-
temporale est plus libre, et permet des mouvemens plus étendus.

Cochon. Le conduit maxillaire s'ouvre au-
dessus du menton par deux trous ; sur les

côtés de la surface génienne, l'on observe deux autres trous, qui donnent passage aux vaisseaux qui pénètrent dans l'intérieur de l'os.

Carnivores. Il existe aussi deux trous mentonniers ; et l'on remarque au - dessous de chaque condyle une apophyse élevée et raboteuse.

Des Dents.

CARACTÈRE. Petits os, très-durs, oblongs, enchâssés par une de leurs extrémités dans les alvéoles des os maxillaires, et ayant l'autre partie libre et à nu, hors de l'alvéole. Rangées en nombre pair de chaque côté, les dents forment par leur partie libre une arcade opposée dans chaque mâchoire, servent à pincer, à inciser et à mâcher les alimens.

DIVISION. Les dents se distinguent par les noms numériques, en procédant de bas en haut et de devant en arrière ; leur nombre est de quarante à quarante-quatre dans les monodactyles et les tétradactyles (1), la moitié pour chaque mâchoire ; l'on en compte trente-deux dans les didactyles, savoir, vingt pour la mâchoire inférieure, et douze pour la supérieure.

____

(1) On ne trouve ordinairement que vingt-huit à trente dents dans le chat.

M 3

On divise ordinairement les dents en trois
ordres : les incisives, les angulaires ou crochets, et les molaires ou mâchelières. Dans
chaque arcade, les incisives sont les plus antérieures, au nombre de six dans les monodactyles et les tétradactyles, et de huit à la mâchoire
inférieure des didactyles qui n'en ont point à la
mâchoire supérieure. Les deux premières incisives, l'une de chaque côté, portent le nom de
pinces ; les suivantes s'appellent mitoyennes,
et les deux dernières se nomment coins.

Les angulaires, quand elles existent (1),
sont constamment au nombre de deux à chaque
mâchoire ; chacune est implantée et isolée dans
l'espace interdentaire qu'elle divise inégalement, puisqu'elle est toujours plus près de la
dent du coin que de la première molaire.

Les dents molaires généralement plus grosses, au nombre de six principales de chaque
côté, et que l'on divise en trois avant-molaires et trois arrière-molaires (2), sont en-

____

(1) Plusieurs quadrupèdes en sont dépourvus.

(2) Dans le chat, il n'y a que trois principales molaires de chaque côté.

Dans la plupart des animaux domestiques, il existe
une petite molaire placée en avant et contre la première
avant-molaire. Cette dent, dont l'usage chez les mono-

foncées dans la bouche, terminent l'arcade dentaire, et constituent les tables entre lesquelles les alimens sont mâchés.

Les dents se distinguent encore, d'après leur mode de persistence, en dents caduques, que l'on nomme communément dents de lait; dents de remplacement, connues généralement sous le nom de dents d'adulte; et en dents permanentes, que l'on appelle aussi dents d'adulte.

L'on reconnoît dans chaque dent une *partie libre*, et une *partie enchâssée* qu'on nomme *racine*.

La *partie libre* que l'on désigne communément par les noms de corps, de tête, de couronne (1), est embrassée à sa base par la gencive qui y adhère fortement, et offre, à cette même base, une dépression circulaire, plus ou moins sensible, recouverte par la gencive, et que l'on nomme collet (2). Cette

---

dactyles n'est pas connu, est désignée sous le nom de *petite molaire*, ou *molaire supplémentaire*.

(1) Ces dénominations ne peuvent pas s'appliquer aux dents des monodactyles, à cause de leur grande usure, de leur accroissement et leur pousse continuelle hors des alvéoles.

(2) Beaucoup de quadrupèdes ont leurs dents dépourvues de collet.

M 4

partie libre, plus dure que celle qui est contenue dans l'alvéole, varie de forme, de couleur et de longueur dans les différentes espèces de dents, ainsi qu'aux diverses époques de la vie. Elle est aplatie de dehors en dedans dans les pinces, pyramiforme et arquée dans les angulaires, plus grosse et quadrilatère dans les molaires. Lorsque les dents n'ont pas encore éprouvé d'usure, la partie libre des pinces se termine en devant, en formant un bord tranchant, qui, dans quelques quadrupèdes, est denticulé et s'aplatit par l'usure; ou bien ces dents sont rondes et se terminent en pointe.

Les angulaires avant l'usure ont leur partie libre terminée en pointe; et à cette époque, chaque rangée de molaires constitue une table plus ou moins large, tuberculeuse et garnie de pointes irrégulières, qui, dans quelques quadrupèdes, disparoissent par l'usure.

La *partie enchâssée* ou la *racine*, qui devient successivement libre à mesure que la gencive et les bords alvéolaires s'usent, et qu'elle-même est poussée au-dehors, est contenue dans l'alvéole qu'elle remplit très-exactement, et où elle tient plus ou moins fortement sans autre continuité avec l'os maxillaire, que par les vaisseaux et les nerfs qui se rendent dans l'intérieur de la dent. La racine des incisives et des angulaires est unicuspide (1) et plus ou moins arquée en arrière, tandis que celle des molaires, qui est beaucoup plus grosse, est ordinairement multicuspide (2).

ORGANISATION. Les dents sont essentiellement composées de deux substances, savoir, la substance *éburnée* (3) et la substance *osseuse*. La substance éburnée, très-dense, plus dure et beaucoup plus blanche, paroît être formée la première, et occupe la partie libre, qu'avant l'usure elle constitue essentiellement. Cette substance se réfléchit dans l'intérieur de la dent, au milieu de la substance osseuse ; de manière que si l'on brise ou que l'on scie une dent, l'on remarque qu'elle forme des replis, des prolongemens qui pénètrent la substance osseuse, et s'étendent vers l'extrémité de la racine. Cette disposition dépend du mode de développement des dents qui, dans le principe,

(1) Du mot *cuspis*, pointe.

(2) Dans les monodactyles, les pointes ou radicules que l'on observe à l'extrémité de la racine, ne deviennent bien apparentes qu'à l'àge de six ans, et augmentent ensuite jusqu'à ce que la dent tombe.

(3) Du mot *ebur*, ivoire, qui est de la nature de l'ivoire.

offrent un mucus contenu dans une capsule celluleuse, repliée, réfléchie en dedans, mais qui finit par se solidifier.

La substance osseuse, qui, quoique moins dure que la précédente, offre cependant beaucoup de densité, est jaunâtre et occupe la racine qu'elle forme essentiellement. Elle est répandue entre les replis des prolongemens de la substance éburnée et s'use beaucoup plus promptement.

Chaque dent porte dans son intérieur une cavité plus ou moins diverticulée, suivant la grosseur et la longueur de la dent. Cette cavité qui s'ouvre à l'extrémité de chaque radicule, diminue à mesure que la dent est chassée au-dehors, contient une substance molasse, blanchâtre, que l'on nomme *pulpe de la dent.* Cette substance pulpeuse dont on ignore le mode d'organisation, mais qui est douée d'une très-grande sensibilité, et qui est enveloppée d'une membrane, constitue le foyer central de vitalité et de nutrition de la dent ; elle reçoit par les trous qui sont à l'extrémité des radicules, des vaisseaux et des nerfs qui, arrivés dans la pulpe, s'unissent, s'associent.

Les dents se développent dans l'intérieur des os maxillaires, croissent et se font jour à travers l'os dont elles écartent les tables ; elles usent, percent la gencive, et sortent toujours en nombre pair. L'éruption des dents de la mâchoire inférieure précède toujours, d'un temps plus ou moins long, la sortie des dents correspondantes de la mâchoire supérieure. Les caduques paroissent toujours les premières ; plusieurs sortent avant la naissance ; leur éruption est en général plus précoce dans les petits quadrupèdes où l'accroissement du corps est plus prompt. Les dents de remplacement se forment ordinairement derrière et sous les caduques. A mesure qu'elles croissent, elles usent la racine de ces dernières et finissent par la détruire presqu'entièrement ; de manière que, lorsque la dent caduque se détache, elle ne forme plus qu'une portion de dent plus ou moins aplatie que l'on nomme tronçon (1).

Variétés. *Dans les monodactyles,* les dents sont généralement plus longues, plus grosses, et les incisives sont séparées des molaires par un long intervalle, qui est divisé par l'angulaire en grand et petit espace interdentaire. La partie libre des dents qui est dépourvue de collet à sa base, est enveloppée

____

(1) Dans quelques quadrupèdes, comme le cochon, les dents de remplacement se forment à côté des caduques.

d'une couche de matière qui est jaunâtre sur
les faces des incisives et des angulaires, noirâtre sur les surfaces des molaires et la table
des incisives. Cette substance qui s'observe
dans tous les herbivores, et dont on trouve
quelque trace dans les molaires et les angulaires des omnivores, occupe le rang d'une
troisième substance nommée corticale (1). Elle
forme une couche extérieure qui, après avoir
tapissé la partie libre de la dent, se replie du
côté de la table, s'enfonce plus ou moins
profondément dans l'intérieur entre les replis
de la substance éburnée, et constitue les sillons noirs que l'on observe à la table des incisives et des molaires; les incisives forment à
chaque mâchoire une table qui devient uniforme par l'usure, avant laquelle le bord externe de cette table est tranchant et est beaucoup plus élevé que l'interne; la table de chaque
incisive présente une cavité au fond de laquelle
est, pour ainsi dire, accumulé le cortex, qui
la rend noire et lui a fait donner le nom vul-
gaire de germe de féve.

La partie libre des angulaires est pyrami-

____

(1) Cette substance, nommée *corticale* par M. *Tenon*,
est appelée *cement* par d'autres.

forme, ne dépasse pas le niveau des coins, et s'use en frottant contre l'angulaire de l'arcade opposée (1).

Outre les six molaires principales, l'on trouve, dans presque tous les monodactyles, une molaire supplémentaire, qui est implantée contre la première avant-molaire, mais qui ne s'élève presque jamais au niveau de la table des grosses. La partie libre des grandes molaires offre sur ses faces latérales de grandes cannelures qui se prolongent en long jusqu'à l'extrémité de la partie enchâssée; elle présente une table parsemée de sillons, disposés obliquement de haut en bas en zigzag. Les uns formés par le cortex ou par la substance osseuse se détruisent beaucoup plus promptement que les autres, qui formés par la substance charnue, sont blancs, plus résistans, plus élevés, et rendent cette table plus ou moins tuberculée. Les tables de toutes les molaires d'un même côté sont rangées sur un même plan, qui, dans l'arcade dentaire inférieure, constitue une coupe oblique de dedans en dehors; de manière que le bord interne de cette table est plus élevé que l'externe; tandis que le contraire

____

(1) Ces dents existent rarement dans les femelles, et ces angulifères sont appelées jumens *bréhaignes*.

a lieu dans la mâchoire supérieure dont la coupe est moins oblique. Les molaires de l'arcade supérieure sont à peu près d'un tiers plus larges que les molaires de l'autre mâchoire, et elles sont aussi plus écartées de celles du côté opposé. De cette disposition très-remarquable, il résulte que, dans tous les mouvemens latéraux, les rangées molaires sont les seules qui frottent et qui agissent, les rangées incisives étant pour ainsi dire trop courtes, pour se trouver au niveau des molaires ; ces dernières ne portent l'une sur l'autre et n'agissent que lorsque la mâchoire inférieure est ramenée directement contre la supérieure : de manière que, pendant la mastication, les rangées molaires sont les seules en activité ; les incisives ne se touchent point, et ne servent qu'à pincer, et à saisir les alimens. La racine des molaires est très-grosse, croît toujours en longueur, devient radiculée vers cinq à six ans, époque où la dent cesse de s'enfoncer dans l'alvéole et où elle commence à en être expulsée (1).

Les dents des monodactyles offrent des changemens continuels, soit dans leur usure qui est très-grande, soit dans leur forme, leur

____

(1) Voyez les *Mémoires de M. Tenon.*

couleur et leur direction. Il seroit trop long d'énumérer ici toutes ces variétés, dont les plus importantes pour la connoissance de l'âge n'ont point échappé à la sagacité de ceux qui se sont occupés de l'âge du cheval ; elles forment un des articles essentiels de la connoissance extérieure des animaux domestiques, et sont développées d'une manière à ne rien laisser désirer.

Je terminerai la différence des dents chez ces quadrupèdes, par le tableau suivant de l'éruption de toutes leurs dents.

Éruption des dents des Monodactyles.

Noms des dents.	*Époque de sortie.*
1°. Les incisives des deux côtés ; savoir :	
Les pinces caduques. . . .	de 6 à 7 jours après la naissance.
Les mitoyennes caduques. .	de 24 à 30 jours.
Les coins caduques.	de 4 à 5 mois.
Les pinces de remplacement.	de $2\frac{1}{2}$ à 3 ans.
Les mitoyennes de remplacement.	de $3\frac{1}{2}$ à 4 ans.
Les coins de remplacement.	de $4\frac{1}{2}$ à 5 ans.
2°. Les angulaires permanentes.	de 4 ans et quelques mois.
3°. Les molaires de chaque côté ; savoir :	
La petite molaire permanente.	de 5 à 6 mois après la naissance.

Noms des dents.	*Époque de sortie.*
La première molaire caduque.	quelques jours avant ou après la naissance.
La seconde — —	comme la précédente.
La troisième — —	de 24 à 30 jours après la naissance.
La 1re. avant-molaire de remplacement.	de 2 à 2 ½ ans.
La seconde — —	*Idem.*
La troisième — —	à trois ans.
La 1re. arrière-molaire permanente.	de 10 à 11 mois.
La seconde — —	de 1 ½ à 2 ans.
La troisième — —	de 5 ½ à six ans.

Didactyles. Les dents sont moins longues, moins grosses que celles des monodactyles, et leur partie libre est séparée de la racine par un collet qui revêt la gencive. Les incisives qui n'existent qu'à la mâchoire inférieure, et que l'on distingue en deux pinces, quatre mitoyennes et deux coins, sont maintenues dans leurs alvéoles d'une manière plus ou moins mobile. La partie libre de ces dents, peu épaisse et terminée endevant par un bord tranchant, offre sur sa table fort peu de cortex réfléchi. Les espaces interdentaires des didactyles sont toujours libres et dépourvus d'angulaires.

Les molaires qui viennentaprèsles incisives, et dont le nombre et la disposition des tables

sont

sont comme dans les monodactyles (1), portent un cortex épais, noir, qui, par la dessiccation, réfléchit une couleur d'azur. Leurs racines qui, après l'éruption, deviennent fissiles et multicuspides, sont beaucoup moins longues que dans les monodactyles, et n'éprouvent pas autant de changemens.

Quant à la sortie des dents des didactyles, elle est généralement plus précoce dans le mouton ; aussi l'agneau naît-il avec la deuxième et troisième avant - molaire, souvent avec toutes les incisives caduques, et quelquefois même avec la première avant-molaire ; tandis qu'il n'en est pas de même dans le veau qui, le plus ordinairement, naît sans dents incisives.

Éruption des dents des Didactyles.

Noms des dents.	*Époque de sortie.*
1°. Les incisives des deux côtés ; savoir :	
Les pinces caduques.	quelques jours avant ou après la naissance.
Les premières mitoyennes caduques.	de 8 à 10 jours après la naissance.

---

(1) Dans le mouton, il n'y a point de molaire supplémentaire ; souvent on ne trouve que cinq molaires de chaque côté.

N

Noms des dents.	*Époque de sortie.*
Les secondes mitoyennes —	de 20 à 21 jours.
Les coins —	de 23 à 24 jours.
Les pinces remplaçantes. . .	de 18 à 20 mois et quelque-fois 2 ans.
Les premières mitoyennes —	de 2 $\frac{1}{2}$ à 3 ans.
Les secondes mitoyennes —	de 3 $\frac{1}{2}$ à 4 ans.
Les coins —	de 4 à 4 $\frac{1}{2}$ ans.

2°. Les molaires de chaque côté ; savoir :

La 1re. avant-molaire caduque.	quelques jours après la naissance.
La seconde — —	quelques jours avant la naissance.
La troisième — —	*Idem.*
La 1re. avant-molaire de remplacement.	de 1 à 1 $\frac{1}{2}$ an (1).
La seconde — —	de 2 $\frac{1}{2}$ à 3 ans.
La troisième — —	de 3 $\frac{1}{2}$ à 4 ans.
La 1re. arrière-molaire permanente.	d'un $\frac{1}{2}$ an.
La seconde — —	de 2 à 2 $\frac{1}{2}$ ans.
La dernière — —	de 4 $\frac{1}{2}$ à 5 ans.

Dans le cochon, les incisives de la mâchoire inférieure sont rondes, presque droites et beaucoup plus longues que les incisives supérieures qui sont courtes et aplaties. Les coins ne touchent pas les mitoyennes, ils en sont un peu écartés.

---

(1) Dans le mouton, cette dent ne sort qu'après les deux autres caduques.

Les angulaires, et sur-tout les inférieures, sont très-longues ; leur partie libre, arquée en arrière et en dehors, croise l'angulaire de la mâchoire opposée. Ces dents, ainsi que les incisives inférieures, sont des instrumens de défense pour ces animaux.

Les molaires, au nombre de sept de chaque côté, et dont la première est la petite molaire supplémentaire, augmentent successivement de grosseur depuis la première jusqu'à la dernière. Les trois avant-molaires ont leurs tables disposées en coupe très-oblique, de manière qu'un de leurs bords est très-élevé et tranchant. Dans l'arcade inférieure, c'est le bord interne qui est le plus élevé, tandis que c'est l'externe dans l'arcade supérieure. Ces trois arrière-molaires forment par leurs tables une surface tuberculeuse, destinée à broyer les alimens. La racine des grosses molaires est courte et multicuspide.

Dans le cochon, les dents se développent immédiatement sous la table osseuse du bord alvéolaire que recouvre la gencive ; elles font leur éruption avant d'avoir acquis beaucoup de dureté, de manière que la dent qui est nouvellement sortie offre de la densité par la partie libre, tandis qu'elle est encore molle dans la partie enchâssée (1). Les dents de remplacement se forment à côté et non dessous les dents caduques, comme chez les herbivores; à mesure qu'elles croissent et sortent, elles poussent en dehors la caduque, tandis que, chez les herbivores, celle-ci est soulevée et usée par la dent de remplacement.

On compte huit dents caduques à chaque mâchoire du cochon, savoir : les six incisives et les deux angulaires. Ces dents sortent presque toutes avant la naissance ou paroissent immédiatement après. Le cochon en naissant porte aussi à chaque mâchoire six dents molaires.

Dans les carnivores, comme le chien, les dents sont très-blanches, pourvues d'un collet et paroissent être plus denses et plus résistantes à l'usure. Les incisives, dont la partie libre est terminée par un bord denticulé, augmentent de grosseur depuis les pinces jusqu'aux coins qui surpassent de beaucoup en grandeur les autres incisives, et qui, dans la mâchoire supérieure, se prolongent en pointe, croisent les angulaires inférieures, et constituent une seconde angulaire de chaque côté.

---

(1) Cette marche de la nature fait que le cochon est peu exposé aux maladies qui proviennent de la dentition.

Les angulaires, qui sont les dents les plus longues, ont leur partie libre, pyramidale, un peu
courbée en arrière et en dehors, et terminée en
pointe ; dans le rapprochement des mâchoires,
elles se croisent en passant l'une contre l'autre ;
l'angulaire inférieure se prolonge en devant
de la supérieure et contre le coin , de manière
que ces dents , ainsi que les coins supérieurs ,
saisissent les corps en les pénétrant , en les tra-
versant , les déchirent , et sont les instrumens
au moyen desquels le chien exécute la morsure.

Les molaires, dont le nombre est le même
que dans les omnivores (1) , augmentent de
grosseur jusqu'à la première arrière-molaire
et diminuent jusqu'à la dernière. Dans la mâchoire inférieure l'on ne compte qu'une grosse
molaire de chaque côté , tandis qu'il y en
a deux dans la mâchoire supérieure , et ces
deux dents sont les deux premières arrière-
molaires ; la première de ces grosses dents
forme une table large et tubéreuse. En général , la table des molaires du chien est garnie

---

(1) Dans le chien d'un certain âge , l'on trouve rarement le même nombre de dents ; il lui manque toujours
quelques petites molaires, et sur-tout dans la mâchoire
supérieure.

de pointes irrégulières plus ou moins longues,
et dont les denticules supérieures croisent les
inférieures, quand les deux mâchoires sont
appliquées l'une contre l'autre. L'on observe
cependant que les deux dernières molaires de
chaque côté constituent une table inégalement
plate, et à laquelle participe un peu la grosse
molaire inférieure.

Cette disposition des molaires indique le
mode de mastication dans les carnivores, qui
brisent, écrasent et déchirent leurs alimens ;
tandis que les herbivores ne font que couper
ou écraser ; et les omnivores tenant, par la
disposition de leurs dents, le milieu entre les
carnivores et les herbivores, mâchent leurs
alimens, soit en les coupant, soit en les déchirant ou bien en les écrasant ; aussi ces
derniers ont-ils la faculté de mâcher les végétaux aussi bien que les chairs.

Le chien naît avec quatorze dents caduques (1) pour chaque mâchoire, savoir : six
incisives, deux angulaires, trois molaires ; ces
dents tombent et sont remplacées dans l'ordre

____

(1) Le chat porte en naissant, à chaque mâchoire,
six incisives, deux angulaires et quatre molaires caduques ; ces dents caduques sortent à peu près dans le
même ordre que chez le chien.

suivant : vers trois à quatre mois, les pinces de remplacement chassent les caduques et font leur éruption ; à six à sept mois, les mitoyennes caduques sont expulsées par les dents de remplacement. Deux mois après l'éruption de ces dernières, c'est-à-dire vers huit à neuf mois, les coins de remplacement sortent ; quelques jours après les angulaires de remplacement paroissent en dehors, au côté interne de l'angulaire caduque, qui est déviée en dehors et finit par tomber. La sortie des trois molaires rampantes est très-précoce, et s'achève en même temps que les angulaires.

De l'Hyoïde.

CARACTÈRE. L'on comprend sous la dénomination d'*hyoïde*, un assemblage de plusieurs pièces osseuses, articulées les unes à la suite des autres, disposées entr'elles de manière à former des angles, attachées à la partie tubéreuse du temporal, et destinées à soutenir la base de la langue, ainsi que le larynx, et à aider leurs mouvemens.

DIVISION. On distingue dans l'hyoïde un corps ou partie moyenne, et des branches.

Corps. Cette première pièce qui est impaire, inférieure et disposée en fourche,

N 4

embrasse le cartilage thyroïde, donne attache aux fibres musculaires de la base de la langue, soutient et réunit les branches inférieures. Le corps de l'hyoïde offre deux branches prolongées en arrière sur le bord supérieur du cartilage thyroïde, et que l'on désigne sous le nom de cornes ; dans les grands quadrupèdes, ce corps est pourvu antérieurement d'une appendice médiane, qui s'enfonce dans le tissu de la base de la langue et donne implantation à plusieurs muscles. Vers le milieu du bord supérieur de cette première pièce, se remarque de chaque côté une éminence diarthrodiale, condyliforme, destinée à l'articulation de la branche la plus inférieure.

Branches. Désignées aussi par l'expression grecque de *kératoïdes*, et disposées régulièrement de chaque côté du corps, à la suite l'une de l'autre, ces branches sont au nombre de six dans les didactyles et les tétradactyles, et de quatre dans les monodactyles. On les distingue en grandes et petites branches ; les premières toujours au nombre de deux, une de chaque côté, sont supérieures et s'articulent avec le prolongement hyoïdien du temporal ; les petites continues entre le corps et les grandes branches, sont au nombre de deux dans les monodactyles, de quatre dans les autres quadrupèdes, forment avec le corps une petite articulation ligamenteuse dont la nature est du genre des articulations par genou, tandis que toutes les autres articulations sont de continuité, et ont lieu par des ligamens plus ou moins longs et flexibles.

Variétés. Dans le jeune âge, le corps est composé de trois pièces qui, dans le bœuf, se soudent très-tard.

L'appendice antérieure du corps est longue et trifaciée dans les monodactyles, courte et mammiforme dans le bœuf. Dans ces quadrupèdes, l'extrémité supérieure de chaque grande branche porte une tubérosité qui est en arrière, et un peu au-dessous l'attache de la grande branche au temporal.

Section III.

Du Bassin ou Extrémité pelvienne du tronc.

Le bassin qui termine l'abdomen, et sert de base aux membres postérieurs, est composé de quatre os (1), dont les principaux sont unis ensemble par des articulations car-

______

(1) Nous ne comptons les os de la queue que pour un seul.

tilagineuses , ligamenteuses , serrées , immobiles. Les os qui , par leur assemblage , forment une grande cavité que l'on nomme pelvienne , sont : deux coxaux , un sacrum et un
prolongement coccygien.

§. I. *Du Coxal.*

CARACTÈRE. Très - grand os pair , aplati ,
alongé , courbé selon sa longueur, en sens
différens , formant du côté interne la cavité
pelvienne , du côté externe la hanche, la
croupe , le sommet de la fesse, le pubis ,
et offrant dans sa plus grande convexité une
cavité articulaire qui sert de base à l'os de
la cuisse.

DIVISION. Trois régions , dont une, supérieure et antérieure , est nommée l'ilium ou
la région iliale ; l'autre , inférieure et antérieure , est dite le pubis ou la région pubienne ;
la troisième , postérieure , qu'on appelle iskiale ou l'iskium.

Ilium. Cette première région, triangulaire,
bifaciée , forme essentiellement la base de la
hanche et de la croupe , et offre deux faces ,
dont une externe et l'autre interne ; trois
bords, un lombaire, un iskiatique, et l'autre

iliaque ; trois angles, dont deux antérieurs et un postérieur.

La face externe, concave d'un côté à l'autre, forme une fosse plus ou moins raboteuse, appelée *iliale*. La face interne convexe constitue l'entrée du bassin, s'articule supérieurement avec le sacrum, et présente, dans le reste de son étendue, une surface raboteuse, parsemée de quelques scissures.

Le bord lombaire, épais et raboteux, donne implantation au muscle ilio-spinal. L'iskiatique, inégalement mince, donne attache au ligament sacro-iskiatique. Le bord iliaque arrondi offre quelques scissures.

Les deux angles antérieurs sont épais et raboteux ; l'externe, beaucoup plus gros et alongé, constitue l'angle de la hanche, et l'interne forme l'angle de la croupe. L'angle postérieur se prolonge dans la fosse propre à recevoir l'os de la cuisse : cette cavité, dite *cotyloïde*, située dans la plus grande convexité du coxal et dans la réunion des trois régions de cet os, ayant son ouverture en bas, est profonde, incrustée d'une lame cartilagineuse, et sert d'axe et d'appui à l'os de la cuisse ; ses bords élevés sont garnis d'une lèvre circulaire ligamento-cartilagineuse ;

son fond présente une fossette raboteuse, dans laquelle s'attache le ligament coxo-fémoral ; au-dessus de la cavité cotyloïde, l'on voit une crête élevée, raboteuse, destinée à l'implantation d'un muscle.

Pubis. Cette portion, qui est triangulaire, offre deux faces, dont une externe et l'autre interne ; deux bords remarquables, dont un antérieur et l'autre interne.

Sur la face externe l'on remarque une grande ouverture ovalaire, appelée *trou sous-pubien*, et au pourtour des empreintes musculaires. La face interne lisse, un peu concave, concourt à former les parois inférieures de la cavité pelvienne.

Le bord antérieur, appelé abdominal, est épais, raboteux, et présente en dehors une coulisse dans laquelle passe un ligament qui vient du pourtour de la symphyse pubienne et va s'insérer à la tête du fémur (1).

Le bord interne s'articule avec celui du côté opposé au moyen d'un cartilage qui constitue la symphyse pubienne.

----

(1) Dans les grands quadrupèdes ce ligament pénètre dans la cavité cotyloïde, en passant par un trou qui est au-dessus de la lèvre cartilagineuse de cette cavité.

Iskium. Trilatère et bifaciée, cette région présente deux faces, dont une externe et l'autre interne ; trois bords, dont un externe, un postérieur et un interne.

La face externe un peu convexe porte quelques empreintes musculaires, et l'interne lisse, polie et concave, forme la partie postérieure des parois inférieures de la cavité pelvienne.

Le bord externe ou iskiatique échancré et arrondi du côté de la cavité cotyloïde, se termine postérieurement par une grosse tubérosité raboteuse qui constitue le sommet ou l'angle de la fesse, et qu'on nomme *tubérosité iskiale.* Le bord postérieur, épais et raboteux, constitue la crête *iskiale*, et le bord interne s'articule avec celui du côté opposé au moyen d'un cartilage qui concourt à former la symphyse du bassin.

Connexions. Le coxal s'articule avec le sacrum, le coxal opposé et le fémur ; l'union du coxal avec le sacrum se fait au moyen d'une substance ligamento-cartilagineuse, qui fixe ces deux os d'une manière très-serrée, et ne permet que de légers mouvemens, qui cependant sont très-fréquens et subsistent toute la vie ; celle des deux os coxaux, nommée symphyse *pubio-iskiale*, est immobile, et formée par un cartilage qui finit par s'ossifier (1). .

Variétés. Dans le *jeune âge*, le coxal est s
petit et peu développé ; il est composé de trois e
pièces qui se soudent de bonne heure, et qui i
constituent l'étendue des trois régions que s
l'on distingue à cet os.

Dans le *chien* et le *cochon*, cet os est étroit,
de manière que le bassin a peu de profondeur ; au contraire, dans les *didactyles*, il
est large et long, et donne une grande étendue
à la cavité pelvienne.

§. II. *Du Sacrum.*

Caractère. Os impair, large, d'une figure
triangulaire, soutenu entre les deux coxaux
à la partie supérieure du bassin, faisant continuité avec le rachis et postérieurement avec
la queue, creusé dans toute sa longeur, et
percé sur ses deux faces de plusieurs trous
pour le passage des nerfs.

Division. Deux faces, une externe et l'autre
interne ; trois bords, dont un antérieur et

---

(1) L'ossification de ce cartilage est plus précoce dans
les grands quadrupèdes ; elle est plus tardive dans les
femelles qui commencent à porter avant la soudure des
deux coxaux ; elle subsiste presque toujours dans la
brebis.

deux latéraux ; trois angles, deux antérieurs et un postérieur ; un canal intérieur.

Faces. L'externe, supérieure, est hérissée d'éminences, dont les unes médianes, longues, un peu courbées en arrière, et plus ou moins séparées les unes des autres par leur extrémité, forment continuité avec l'épine du rachis ; d'autres éminences peu élevées sont disposées régulièrement de chaque côté de l'épine sus - sacrée, et offrent à côté les trous sus-sacrés, qui, de même que les éminences, sont au nombre de cinq dans presque tous les quadrupèdes.

La face interne ou pelvienne est lisse, polie, légèrement concave, forme les parois supérieures du bassin, et présente de chaque côté cinq trous sous-sacrés qui sont plus grands que les sus-sacrés.

Bords. L'antérieur s'articule avec la dernière vertèbre des lombes par plusieurs points de contact, au moyen de ligamens et d'une substance ligamento-cartilagineuse, et forme avec cette dernière vertèbre un angle obtus et rentrant ; les deux bords latéraux sont garnis d'éminences peu élevées et raboteuses.

Angles. Chaque angle antérieur, plus ou moins long, suivant la largeur du bassin,

offre en dessus une surface articulaire inclinée obliquement en arrière et destinée à recevoir le coxal ; l'angle postérieur forme l'extrémité postérieure du sacrum et se continue
avec la queue.

Canal intérieur . Ce canal, qui est une continuité du canal rachidien, et qui, de chaque
côté, est percé d'une double rangée de trous,
que nous avons distingués en sus-sacrés et
sous-sacrés, diminue très - promptement de
diamètre, de manière qu'à l'origine de la
queue il est très-petit.

CONNEXIONS. Elles sont serrées, ligamenteuses, cartilagineuses, et ont lieu avec le
rachis, le prolongement coccygien et les deux
coxaux.

VARIÉTÉS. Dans le *jeune âge*, le sacrum
est composé de cinq pièces qui ressemblent
aux vertèbres, et qui se soudent de bonne
heure.

Didactyles. Le sacrum est beaucoup plus
grand et courbé de manière qu'il est concave
du côté du bassin.

Dans les petits quadrupèdes, l'épine sus-
sacrée est peu élevée, tandis que dans les
grands quadrupèdes elle est longue, saillante,
et forme l'épine de la croupe.

ς. III.

§. III. *Du Coccyx.*

On comprend sous cette dénomination un assemblage de plusieurs pièces osseuses, apposées à l'extrémité du sacrum, articulées les unes avec les autres par le moyen d'une substance ligamento-cartilagineuse intermédiaire. Ces pièces qui, par leur forme, ont quelque ressemblance avec les vertèbres, vont toujours en décroissant, et constituent la base de la queue.

Chacune de ces pièces osseuses est désignée sous le nom d'os coccygien. Leur nombre est variable ; souvent on en trouve seize, dix-huit, quelquefois vingt, vingt-quatre ; mais comme elles ne forment pas une partie essentielle de l'organisation, il suffit d'en considérer l'ensemble et de l'indiquer sous le titre générique de coccyx, ou prolongement coccygien.

DEUXIÈME DIVISION.

Des Membres.

Les membres, au nombre de quatre, sont distingués, d'après leur position, en deux postérieurs ou *abdominaux*, et deux antérieurs ou *thoraciques* ; ils soutiennent et transportent le tronc, et sont composés chacun d'une

série d'os contigus , unis par des articulations
ligamenteuses, qui permettent des mouvemens
en différens sens , et plus ou moins étendus.

Première Section.

Des Membres postérieurs ou abdominaux.

Ces membres, qu'on appelle communément
extrémités postérieures, sont annexés au bassin et supportent la partie postérieure du
tronc. Ils sont divisés , dans toute leur étendue, chacun en quatre portions distinctes par
leur forme, le mode de leur articulation , le
degré de leur mobilité, savoir : la hanche , la
cuisse, la jambe et le pied.

Article premier.

De la Hanche.

Cette partie, qui sert de base au mouvement
de la cuisse et fixe le membre au bassin, est
formée par une grande portion de la face
externe du coxal , dont nous avons donné la
description , à l'article des os du bassin.

Article II.

De la Cuisse.

Cette deuxième partie porte le bassin, et
est composée d'un seul os nommé fémur.

Du Fémur.

CARACTÈRE. Très-grand os long, cylindroïde, très-fort, pourvu de grosses éminences à ses extrémités, incliné un peu obliquement en avant sur la jambe, et formant la base de la cuisse.

DIVISION. Un corps ou partie moyenne, et deux extrémités, dont une supérieure et l'autre inférieure.

Corps. Ce corps, chez les petits quadrupèdes, est un peu courbé de devant en arrière; il est garni, dans toute son étendue, d'empreintes musculaires qui sont plus élevées sur la face postérieure; il offre, sur le côté externe, un trou nourricier qui est incliné de bas en haut.

Extrémités. La supérieure, qui s'articule avec le coxal par genou et donne implantation aux muscles qui font tourner la cuisse sur son axe, porte trois éminences remarquables, savoir, une *tête*, et deux tubérosités, dont une externe appelée *trokanter*, et une interne nommée *trokantin*. 1°. La tête destinée à s'articuler avec le coxal est interne, grosse, incrustée d'une lame cartilagineuse, et présente du côté interne une petite fosse raboteuse pour l'implantation d'un fort ligament

qui la fixe dans la cavité cotyloïde ; 2º. le trokanter, très-grosse éminence raboteuse et étendue, offre un sommet, une convexité, une
fosse et une crête sous-trokantérienne ; et ces
parties sont d'autant plus distinctes, que les
muscles auxquels elles donnent attache sont
plus forts ; 3º. le trokantin, situé du côté interne et en bas de la tête, est une tubérosité
raboteuse, peu élevée.

L'extrémité inférieure s'appuie sur le tibia ;
elle offre trois grosses éminences articulaires,
dont une antérieure trokléiforme, ayant son
bord interne épais et beaucoup plus élevé que
l'externe (1), s'articule avec la rotule. Les
deux autres éminences, postérieures, arrondies et incrustées de même d'un cartilage, sont
appelées *condyles* qu'on distingue en externe
et en interne, et qui sont séparés l'un de l'autre
par une fosse profonde, raboteuse, qui donne
attache aux forts ligamens qui fixent le tibia
avec ces condyles. Le pourtour de ces trois
éminences articulaires est tubéreux, et donne
attache à des muscles et à des ligamens. Au-
dessus du condyle externe, s'observe une fosse

____

(1) Cette disposition remarquable donne lieu aux luxa-
tions de la rotule toujours en dehors.

plus ou moins profonde , raboteuse , destinée à donner implantation à des muscles.

Connexions. Le fémur s'articule par genou avec le coxal, sur lequel il se meut par le moyen de sa tête qui est reçue dans la cavité cotyloïde de l'os de la hanche. Cette articulation femoro-coxale est affermie par trois ligamens dont un capsulaire, lâche et étendu ; les deux autres, forts, arrondis, implantés dans la fosse que présente la tête du femur, s'insèrent, l'un dans le fond de la cavité cotyloïde, et l'autre au bord abdominal du pubis.

Variétés. Dans les jeunes sujets , le fémur offre plusieurs épiphyses.

Monodactyles. Les diverses parties du trokanter sont très-prononcées , bien distinctes ; la crête sous-trokantérienne se termine par une tubérosité élevée et courbée en avant. En général, on remarque que les éminences qui donnent attache aux muscles, sont non seulement plus élevées, mais qu'elles se propagent davantage sur le corps de l'os. Cette disposition indique une très-grande force musculaire dans la cuisse des monodactyles.

Chez les *tétradactyles,* on trouve sur le côté de chaque condyle un petit osselet arrondi , sésamoïde.

Article III.

De la Jambe.

La jambe est composée de trois os très-différens par leur forme et leur volume, savoir : le tibia, la rotule et le péroné.

§. I. *Du Tibia.*

Caractère. Os long, grand, volumineux, cylindroïde, très-fort, trifacié dans sa partie supérieure, incliné obliquement en arrière et en sens opposé au fémur, situé entre ce dernier et les os du jarret, et formant essentiellement la base de la jambe.

Division. Un corps, et deux extrémités, dont une supérieure et l'autre inférieure.

Corps. Plus gros et trifacié dans sa partie supérieure, il est aplati de devant en arrière dans sa partie inférieure. Sa surface antérieure offre supérieurement une crête raboteuse, nommée *tibiale*, laquelle se prolonge jusque vers le milieu de l'os, et présente du côté externe une large coulisse, et sur l'autre côté quelques aspérités. Sa surface postérieure, aplatie et pourvue d'empreintes musculaires, porte supérieurement un trou nourricier qui pénètre dans l'os de haut en bas.

Extrémités. La supérieure ou fémorale se termine par une surface articulaire, incrustée d'un cartilage ; divisée par une échancrure raboteuse en deux parties latérales, ovalaires, destinées à s'articuler, l'une avec le condyle externe du fémur, l'autre avec le condyle interne, au moyen d'un cartilage fibreux, intermédiaire. Sur les côtés de cette surface articulaire, l'on remarque trois tubérosités, dont une externe qui s'articule avec le péroné ; une autre interne qui est la plus petite ; et une troisième qui est antérieure, la plus grosse, et se prolonge jusque vers le milieu de l'os par la crête tibiale dont elle constitue la base. Entre les tubérosités externe et antérieure, on remarque, dans les grands quadrupèdes, une coulisse large et profonde qui donne passage au tendon d'un des muscles fléchisseurs du canon.

L'extrémité inférieure s'appuie sur le jarret et offre une double troklée pour s'articuler avec l'astragal, et, sur chaque côté, une tubérosité dont l'externe porte une petite coulisse.

Connexions. Elles ont lieu de diverses manières avec les autres os de la jambe, avec le fémur et avec l'astragal.

Nous n'exposerons ici que l'articulation

O 4

tibio-fémorale, parcequ'elle est le centre du mouvement du tibia qui se fléchit en arrière et fait son extension en avant sur le fémur. Cette articulation ligamenteuse, cartilagineuse, très-composée, est formée par quatre éminences adaptées deux à deux, et offre deux ligamens capsulaires, deux ligamens latéraux, trois ligamens inter-articulaires, et de chaque côté un cartilage fibreux, intermédiaire, percé dans le milieu, et dont les deux surfaces concaves reçoivent les éminences, et en opèrent l'emboîtement.

Variétés. Dans les très-jeunes sujets, le tibia offre une épiphyse à chacune de ses extrémités, et cet os est d'autant plus gros que le péroné est plus petit.

§. II. *De la Rotule.*

Caractère. Os court, épais, formant la base du grasset, soutenu et glissant sur l'éminence antérieure de l'extrémité tibiale du fémur, et destiné essentiellement aux mouvemens de la jambe.

Division. Deux surfaces dont une externe, inégale, raboteuse, qui donne attache à des muscles et à des ligamens; l'autre interne, articulaire, incrustée d'un cartilage, est disposée de manière à s'emboîter avec l'éminence trokléiforme du fémur.

CONNEXIONS. La rotule est maintenue sur le fémur par de très-forts ligamens et de très-forts muscles. Les ligamens s'attachent à la tubérosité antérieure du tibia et sur les côtés de l'éminence trokléiforme, tandis que les muscles viennent de la face antérieure du fémur. Il faut aussi ajouter que l'articulation fémoro-rotulienne est entourée d'un grand ligament capsulaire très-lâche, qui n'a aucune communication avec les deux capsules de l'articulation fémoro-tibiale.

§. III. *Du Péroné*.

CARACTÈRE. Os long, grêle, placé sur le côté externe du tibia, et dont la grosseur et la longueur varient dans toutes les classes de quadrupèdes.

DIVISION. Deux parties, dont une supérieure et l'autre inférieure.

La partie supérieure, terminée par une éminence en forme de tête, est fixée sur la tubérosité externe du tibia ; l'inférieure se prolonge, soit par sa longueur, soit par le moyen d'un ligament, jusque sur les os du jarret.

CONNEXIONS. Le péroné est attaché par son

extrémité supérieure au tibia, au moyen d'un ligament court qui le fixe, d'une manière immobile. Par son extrémité inférieure, il s'appuie sur les os du jarret, ou bien s'y prolonge au moyen d'un ligament.

VARIÉTÉS. *Didactyles*. Cet os est remplacé par un ligament ; il est très-grêle dans les monodactyles, où il n'a, à peu près, que le tiers de la longueur du tibia.

ARTICLE IV.

Du Pied.

Le pied, ou partie qui termine le membre postérieur, s'étend depuis la jambe jusqu'au sol sur lequel il prend son appui, offre, chez les divers quadrupèdes domestiques, des variétés très-remarquables dans la forme, la longueur, la largeur, l'inclinaison et la division de ses parties ; on remarque qu'il est d'autant plus long, plus arrondi, qu'il est moins divisé, et que sa surface plantaire comprend une moindre étendue.

Formé par une série d'os dont les uns courts, petits, épais, sont unis par des articulations qui ont peu de mobilité, tandis que les autres plus longs sont soutenus par des articulations moins serrées et plus mobiles, le pied des quadrupèdes domestiques peut se diviser de même que celui de l'homme, en *tarse*, *métatarse* et *doigts*. La première de ces régions, dans les animaux qui nous occupent, constitue le jarret, la seconde le canon, et la troisième comprend de même le doigt ou la *région digitée*.

Du Jarret.

Cette première partie du pied, dont la face antérieure est distinguée par l'expression de prétarsienne (1), est formée de plusieurs os courts, désignés par l'expression générique d'os *tarsiens*, et qui, dans leur ensemble, constituent le centre des mouvemens du canon sur la jambe.

Os tarsiens.

CARACTÈRE. Os courts, unis entr'eux par de forts ligamens qui ne leur permettent que peu de mouvement, et distingués les uns des autres par leur forme, leur volume, leur position et leur usage.

---

(1) Il en est de même pour la face antérieure des autres régions qui portent la préposition *pré*, et cette distinction étoit nécessaire pour la méthode nominale des muscles.

Division. On distingue ces os par les noms
numériques de premier, second, etc., en procédant de devant en arrière et de haut en bas,
et l'on en compte ordinairement six dans les
monodactyles, cinq dans les didactyles, et
huit dans les tétradactyles (1).

Le premier, qu'on nomme l'*astragal*, est
gros, épais, constitue l'articulation par charnière parfaite du jarret avec la jambe, au
moyen d'une surface en forme de troklée, et
s'unit avec le second, le troisième et le cinquième.

Le second, qu'on nomme le *calcaneum*,
alongé et le plus grand, forme en arrière
et sur le côté externe une apophyse très-sail-
lante qui constitue la pointe du jarret, et il
s'articule avec l'astragal, et avec un ou deux
des autres os.

Les autres tarsiens, situés sous les deux
précédens, sont beaucoup plus petits; et dans
les monodactyles, le troisième et le quatrième
aplatis sont situés l'un sur l'autre; tandis que
les deux derniers, d'une forme irrégulière,
sont posés sur les côtés; le plus gros est latéral

______

(1) Ce nombre est variable, car souvent l'on en trouve
sept dans les monodactyles, et six dans les didactyles.

externe , et le plus petit occupe la face interne et postérieure.

Connexions. Ces os sont fixés entr'eux , au tibia , ainsi qu'aux métatarsiens , par de forts ligamens. Les principaux mouvemens de cette articulation s'exécutent sur le tibia ; ils ont lieu par charnière et ceux de flexion se font en avant. Les autres points articulaires sont très-serrés , et ont peu de mouvement.

Variétés. Elles sont peu nombreuses et peu importantes ; les plus remarquables s'observent dans l'astragal des monodactyles qui n'a qu'une troklée pour son articulation avec le tibia , tandis que , dans les autres quadrupèdes , il porte deux troklées , dont la plus profonde s'articule avec ce dernier os.

Du Canon.

Cette deuxième région , est la partie la plus longue du pied , et est formée d'un ou de plusieurs os connus sous le nom d'os métatarsiens , qu'on distingue par des dénominations numériques en comptant de dedans en dehors , ou bien en raison de leur grandeur respective , chez quelques quadrupèdes , en grands et petits métatarsiens.

Os métatarsiens.

CARACTÈRE. Os longs, cylindriques, situés les uns à côté des autres, et formant la base du canon.

DIVISION. On reconnoît, dans chaque métatarsien, un corps ou partie moyenne, et deux extrémités, dont une supérieure et l'autre inférieure.

Corps. Lisse et arrondi à sa surface antérieure, il est un peu aplati et pourvu de légères empreintes musculaires à sa face postérieure, qui offre dans le milieu un trou nourricier.

Extrémités. La supérieure ou tarsienne se termine par une surface articulaire, planiforme et incrustée d'un cartilage. Elle s'articule avec les os du jarret, et offre à sa partie antérieure une tubérosité. Il faut aussi remarquer que chaque métatarsien latéral porte en dehors une petite tubérosité pour l'implantation de fibres charnues, ligamenteuses, et de l'autre côté une facette, pour s'articuler avec le métatarsien voisin.

L'extrémité inférieure se termine par une surface articulaire convexe de devant en arrière, et divisée par une éminence en deux convexités condyliformes, dont l'une est externe et l'autre interne.

(223)

Connexions. Les métatarsiens s'articulent entr'eux, avec les tarsiens, avec les phalangiens, avec les grands sésamoïdes ; ils se meuvent sur le jarret ; chez les petits quadrupèdes (comme le chat), ils exécutent sur eux-mêmes quelques légers mouvemens.

Variétés. *Monodactyles.* Trois métatarsiens, dont un grand et deux petits, latéraux, nommés *péronés*, qui, par leur extrémité inférieure, ne se prolongent pas autant que le grand, et se terminent par une petite tubérosité arrondie, détachée du tarsien principal, et désignée sous le nom de bouton du péroné.

Didactyles. Le canon est composé d'un seul métatarsien qui, dans le jeune âge, est formé de deux pièces qui se soudent par la suite, mais portent à l'extérieur une dépression, indice de leur séparation, et offrent dans leur intérieur un reste de la cloison qui séparoit les deux cavités médullaires. Cet os est remarquable par son extrémité inférieure, dont la surface articulaire est séparée en deux portions par une échancrure profonde, qui termine la division du doigt.

Dans les *tétradactyles*, les métatarsiens latéraux sont moins longs que les moyens.

Doigts (1).

Cette dernière région, plus ou moins longue et plus ou moins divisée, sert de type pour la classification des quadrupèdes domestiques en *monodactyles*, *didactyles* et *tétradactyles*.

Chaque doigt, entouré à son extrémité d'un seul ongle corné, épais, est composé de six os qu'on doit distinguer en deux ordres, dont trois plus longs, articulés à l'extrémité les uns des autres, forment la continuité de la longueur du membre, et sont désignés collectivement sous le nom de *phalangiens*; les trois autres plus petits, situés à la flexion des articulations et sous les tendons, sont appelés *os sésamoïdes*.

1°. *Des Phalangiens.*

CARACTÈRE. Os courts, articulés à la suite l'un de l'autre, et distingués en premier, second et troisième.

Le premier, le plus long des trois, tient à un métatarsien, constitue la région du pied qui, dans les grands quadrupèdes, est appelée le *pâturon*, et présente à son extrémité supé-

***

(1) *Digitus* des Latins; *dactilos* des Grecs.

rieure

rieure une surface articulaire, trokléiforme sur la circonférence de laquelle sont des éminences raboteuses. Son extrémité inférieure se termine par une éminence articulaire, condyliforme ; elle porte, sur ses côtés, des inégalités pour l'attache des ligamens.

Le second phalangien trapéziforme, contigu au précédent, constitue, dans le cheval, la base de la couronne ; il offre, à sa partie supérieure, une surface articulaire, concave, et destinée à s'emboîter avec le premier phalangien ; sa partie inférieure porte une éminence articulaire et condyliforme ; sa face postérieure, ainsi que ses côtés, sont pourvus de quelques aspérités plus ou moins grosses, pour l'attache des ligamens et des muscles.

Le dernier phalangien, ou l'os du sabot, est spongieux, poreux, a une conformation analogue à la corne qu'il porte, et présente trois surfaces distinctes, dont une supérieure, une antérieure et l'autre inférieure. La surface supérieure articulaire offre une cavité profonde, bornée en devant par un prolongement, et en arrière par le petit sésamoïde, et s'emboîte avec le deuxième phalangien ; la surface antérieure, convexe d'un côté à l'autre, recouverte par la muraille du sabot, est

P

poreuse, criblée de trous, et est traversée par
deux scissures latérales, une de chaque côté,
qui se réunissent antérieurement ; la surface inférieure qui, dans les grands quadrupèdes, forme à elle seule toute la plante du pied,
est plane, recouverte par la sole du sabot, et est
divisée dans son milieu par une ligne circulaire
qui donne implantation au tendon du grand
fléchisseur, et en arrière de laquelle se trouvent
deux trous qui pénètrent dans l'intérieur
de l'os.

2º. Des Sésamoïdes.

CARACTÈRE. Courts, irrégulièrement arrondis, ces trois os sont destinés à éloigner les
tendons des centres mobiles, et sont distingués en deux grands et un petit.

Les deux premiers, fixés l'un contre l'autre,
et maintenus par de très-forts ligamens sur la
face postérieure de l'articulation du premier
phalangien avec le métatarsien, concourent
à former cette articulation ; ils constituent par
leur face externe une grande coulisse, dans
laquelle passent et glissent les tendons des
deux grands fléchisseurs du doigt ; tandis que,
par leur face interne, ils concourent à former
les gorges articulaires qui reçoivent le métatarsien.

Le petit sésamoïde, un peu alongé d'un côté à l'autre et aplati sur deux sens, est fixé à la partie postérieure de la surface articulaire de l'os du sabot, concourt par sa face interne à completter l'articulation des deux derniers phalangiens, et forme par sa face externe une coulisse sur laquelle passe le tendon du muscle tibio-phalangien.

CONNEXIONS des os de chaque doigt. Les trois articulations que constituent ces os, se font par charnière dans le même sens, et sont formées chacune d'un ligament capsulaire, de deux forts ligamens latéraux ; elles sont aussi affermies par les tendons qui s'épanouissent sur leurs faces, soit phalangienne, soit pré-phalangienne.

VARIÉTÉS. *Monodactyles*. Le dernier pha-langien porte sur ses parties latérales et un peu postérieure, deux prolongemens cartila-gineux. Ces cartilages latéraux larges, à bords minces et courbés en dedans, s'élèvent jus-qu'au niveau de l'articulation du premier avec le deuxième phalangien, et s'ossifient plus ou moins avec l'âge.

Dans les *tétradactyles irréguliers*, le petit sésamoïde est soudé avec le dernier phalangien.

Bœuf. Au niveau des grands sésamoïdes

et sur les tendons, on trouve un autre petit sésamoïde arrondi, qui forme la base d'un prolongement corné, dactyliforme, appelé *l'ergot*.

SECTION II.

Des Membres antérieurs ou thoraciques.

Ces membres, qu'on appelle communément *extrémités antérieures*, sont apposés sur le thorax, l'un à droite et l'autre à gauche, sont composés chacun d'un même nombre d'os disposés régulièrement et unis par des articulations lâches et ligamenteuses. On divise chaque membre thoracique en quatre parties, distinctes par leur forme, le mode de leur articulation, le degré de leur mobilité, savoir : l'épaule, le bras, l'avant-bras et le pied.

Article premier.

De l'Épaule.

Fixée sur le thorax, servant de base et de centre aux mouvemens du bras, l'épaule n'est formée que d'un seul os nommé *scapulum*.

Du Scapulum.

Caractère. Os large, triangulaire, aplati et alongé, posé sur le thorax dans une direction oblique de haut en bas et de derrière en avant, articulé avec l'os du bras, et formant la base de l'épaule.

DIVISION. Deux faces, l'une externe et l'autre interne ; deux extrémités, l'une supérieure et l'autre inférieure ; deux bords, dont un antérieur et un postérieur.

Faces. L'externe, qu'on désigne plus particulièrement sous le nom de face sus-scapulaire, offre deux grandes fosses, longues, parallèles, d'une inégale grandeur ; ces fosses, que l'on distingue en *sus-acromienne* et *sous-acromienne,* sont séparées dans toute leur étendue par une éminence longue, élevée, à bord épais, nommé *acromion.* Cette apophyse est plus élevée dans les petits quadrupèdes domestiques, où elle porte à son extrémité inférieure un prolongement ; tandis qu'elle l'est moins dans les monodactyles, chez lesquels, au lieu de prolongement inférieur, elle offre, vers son milieu, une tubérosité un peu courbée en arrière. L'on trouve dans la fosse sous-acromienne un trou nourricier dirigé de haut en bas.

La face interne dite sous-scapulaire présente une large fosse nommée *sous-scapulaire,* et au-dessus de celle-ci une surface raboteuse,

P 3

destinée à l'implantation du muscle costo-sous-scapulaire.

Extrémités. La supérieure ou dorsale est pourvue d'un cartilage dont le bord mince est courbé en dedans ; ce cartilage petit, **et ne** formant pour ainsi-dire qu'une lèvre **dans les** tétradactyles, est large et évasé dans les grands quadrupèdes.

L'extrémité inférieure ou humérale se termine par une cavité articulaire, arrondie, peu profonde, incrustée d'un cartilage, échancrée du côté interne, nommée *glénoïde*, et servant de centre aux mouvemens du bras. En avant de la cavité glénoïde, se remarque une grosse éminence raboteuse, appelée *apophyse coracoïde*, et sur laquelle l'on distingue une tubérosité et un prolongement. A la base de cette même cavité, l'on observe un rétrécissement appelé col du scapulum.

Bords. L'antérieur, mince et raboteux, se termine à son extrémité supérieure par une tubérosité qui constitue l'angle cervical du scapulum. Le bord postérieur, dont l'extrémité supérieure constitue l'angle dorsal du scapulum, est épais, arrondi du côté interne, et garni de quelques scissures vers sa partie inférieure.

Connexions. Le scapulum est fixé sur le thorax par le moyen de plusieurs muscles, dont le principal est le costo-sous-scapulaire. Dans les monodactyles, on trouve de plus deux ligamens qui entourent le muscle dorso-sous-scapulaire, et concourent à attacher le scapulum au sommet du dos.

Variétés. Dans les très-jeunes sujets, l'apophyse coracoïde forme épiphyse, et dans la vieillesse le cartilage du scapulum s'ossifie en partie.

Dans les grands quadrupèdes le scapulum est plus long, moins large, et a le col plus détaché.

Chez les *tétradactyles*, entre le prolongement trachélien du sternum et le scapulum, et au milieu du muscle mastoïdo-huméral, on trouve un petit osselet *claviculaire*, qui, dans le chat, est grêle et courbé en forme d's; tandis qu'il est mince, très-petit et plat, dans le chien et le cochon.

Article II.

Du Bras.

Court dans les grands animaux et fixé, ainsi que l'épaule, sur le thorax, le bras est situé entre l'épaule et l'avant-bras, correspond à la

cuisse, et est composé d'un seul os nommé
humérus.

De l'Humérus.

CARACTÈRE. Grand os long, cylindroïde,
gros à ses extrémités, situé obliquement en
sens opposé au scapulum, avec lequel il forme
postérieurement un grand angle, déterminant
la base du bras.

DIVISION. Un corps et deux extrémités, savoir, une supérieure et une autre inférieure.

Corps. Déprimé sur le côté externe, il paroît comme tordu et présente une large gouttière qui s'étend obliquement de haut en bas
et qui loge le muscle huméro-cubital. La face
interne, pourvue d'empreintes musculaires,
porte une petite tubérosité, et antérieurement,
un trou nourricier dirigé de haut en bas.

Extrémités. La supérieure offre trois éminences distinctes qui présentent la même disposition que celles de l'extrémité coxale du fémur,
et ont essentiellement les mêmes usages; l'éminence articulaire porte le nom de tête, et les
deux tubérosités, par analogie à celles du fémur, sont appelées l'une *trochiter*, et l'autre
trochin. Dans le trochiter, qui est la tubérosité externe et qui correspond au trokanter, on

remarque un sommet, une convexité, et une crête qui, de même que celle du trokanter des monodactyles, se termine par une tubérosité courbée en arrière. La tête très-évasée, presque pas détachée de l'os et incrustée d'un cartilage, est beaucoup plus grosse et plus étendue que n'est grande la cavité glénoïde du scapulum, dans laquelle cette tête glisse et se meut en liberté. Sur la partie antérieure de cette extrémité supérieure et entre les deux tubérosités, se voit une coulisse profonde, qui est double dans les monodactyles.

L'extrémité inférieure s'articule avec l'os de l'avant-bras et porte deux éminences articulaires lisses, distinctes par leur forme et leur position, savoir, un *condyle* interne et une *troklée* qui est externe. Au-dessus de ces éminences articulaires s'observent deux tubérosités latérales, séparées par une fosse profonde qui est destinée à recevoir l'olécrane dans certains mouvemens d'extension de l'avant-bras sur le bras, et dont l'interne plus grosse et se prolongeant en haut par une crête, est désignée sous le nom d'*épicondyle*, tandis que l'externe porte le nom d'*épitroklée*.

Connexions. Articulé par genou avec le scapulum au moyen d'un très-grand ligament

capsulaire, l'humérus se meut sur l'os de
l'épaule et exécute des mouvemens libres en
tous sens, mais qui, dans les grands quadrupèdes, se trouvent d'autant plus bornés, que
le bras est plus fixé au thorax.

Variétés. Dans le jeune âge, l'humérus
porte plusieurs épiphyses. Cet os est très-court
dans les grands quadrupèdes, et d'autant plus
long chez les petits quadrupèdes, qu'ils ont le
bras moins fixé au thorax.

Article III.

De l'Avant-Bras.

L'avant-bras qui, dans les grands quadrupèdes, est la première partie qui se détache
et se prolonge du thorax, correspond à la
jambe par sa forme, sa situation, le mode
de ses articulations, mais il en diffère par sa
composition dans les grands animaux, où il
n'est formé que d'un seul os nommé *cubitus*.

Du Cubitus.

Caractère. Grand os long, cylindroïde,
courbé en arrière dans sa longueur, aplati à
sa face postérieure, portant à son extrémité
supérieure une grande apophyse saillante. Incliné un peu obliquement de devant en arrière

et en sens opposé à l'humérus, le cubitus dé-termine l'étendue et la base du bras.

DIVISION. Un corps ou partie moyenne, et deux extrémités, dont une supérieure et l'autre inférieure.

Corps. Il est un peu aplati de devant en arrière. Sa surface antérieure lisse, polie, un peu convexe d'un côté à l'autre, est re-couverte par quelques muscles qui glissent dessus, et y forment, par leur action répétée, une dépression sensible. La surface posté-rieure, raboteuse, donne implantation à des muscles, et présente, vers sa partie supé-rieure, un trou nourricier.

Extrémités. La supérieure ou humérale s'ar-ticule avec l'humérus, et porte, à sa partie postérieure, une grande apophyse nommée *olécrane*, qui constitue le coude, et dont l'ex-trémité grosse et raboteuse donne attache à des muscles; en avant, se voit la surface arti-culaire, formée postérieurement par l'olé-crane, incrustée d'un cartilage et divisée en deux parties, dont l'externe est trokléiforme et l'interne glénoïdale; sur chaque côté de cette surface articulaire se trouve une tubéro-sité, dont l'externe est plus grosse et donne attache à des muscles.

L'extrémité inférieure , terminée par une surface articulaire convexe de devant en arrière et incrustée d'un cartilage , offre sur ses côtés deux tubérosités dont l'externe porte une petite coulisse ; et à sa partie antérieure se trouvent trois coulisses dont l'interne, qui est la plus petite, se contourne obliquement en dedans.

CONNEXIONS. Elles se font avec l'humérus et la première rangée des os du genou ; l'articulation cubito-humérale , qui constitue la jointure par charnière de l'avant-bras avec le bras , porte un ligament capsulaire , est affermie par deux forts ligamens latéraux dont un externe et l'autre interne , et est disposée de manière que l'avant-bras opère son extension en arrière et sa flexion en avant.

VARIÉTÉS. Dans le jeune âge , l'olécrane forme, le long de la partie postérieure de l'os , une épiphyse, qui reste d'autant plus séparée et est d'autant plus longue et plus volumineuse que les animaux ont le pied plus court et plus divisé. Ainsi , dans les monodactyles , cette épiphyse , terminée inférieurement en pointe , ne se prolonge à peu près que jusqu'au tiers inférieur de l'os principal auquel elle se soude intimement , excepté à sa partie supérieure où

il reste un écartement par où passent des vaisseaux et des nerfs. Dans les autres quadrupèdes, elle s'étend comme l'os principal jusqu'aux os du genou; mais dans le chat elle
constitue un os distinct qui forme le cubitus;
de manière que l'avant-bras de ce tétradactyle
comprend deux os bien distincts, savoir,
un cubitus et un radius qui, comme dans
l'homme, se meut sur le cubitus.

Article IV.

Du Pied.

Cette quatrième division du membre thoracique qui correspond à la main de l'homme,
ne diffère ni pour l'usage, ni pour la forme,
ni essentiellement pour la composition de la
partie qui termine le membre abdominal :
aussi conserve-t-elle le même nom, seulement
on la désigne par le terme de *pied antérieur*
ou *pied de devant*. Ses régions, qui portent
aussi les mêmes dénominations que celles du
pied postérieur, excepté la première qu'on
nomme le *genou*, répondent au carpe, au méta-
carpe et aux doigts de l'homme, et les os qui les
forment tirent leurs dénominations des os de
l'homme.

Du Genou.

Il répond au jarret, et est formé de six
sept petits os courts, que l'on désigne collectivement sous le nom d'os *carpiens.*

Os carpiens.

CARACTÈRE. Courts, épais, posés sur deux
rangées et unis par des articulations serrées
peu mobiles, ces os, au nombre de sept principaux dans les monodactyles, le cochon, et
de six dans les autres quadrupèdes, se distinguent par les noms numériques, en procédant de haut en bas et de dehors en dedans.

DIVISION. Deux rangées, dont une supérieure et l'autre inférieure.

La rangée supérieure ou cubitale comprend
quatre os, dont trois fixés l'un à côté de
l'autre, et distingués en premier, second et
troisième, constituent cette rangée ; tandis
que le quatrième, hors de rang, situé sur le
côté externe, est désigné sous le nom d'os
suscarpien. Le premier de ces os qui est
externe, le plus petit et irrégulièrement arrondi, s'articule par sa partie postérieure avec
le suscarpien. Le second, placé au milieu et
le moyen en grosseur, a, ainsi que le troisième, qui est le plus grand, une forme

(239)

très-irrégulière ; enfin le quatrième , nommé improprement os crochu , forme sur le côté externe de la face postérieure de cette première rangée , une éminence saillante tuberculeuse , aplatie de dehors en dedans , plus ou moins prolongée en haut et qui correspond au calcanéum.

La rangée inférieure est formée , dans les grands quadrupèdes, de trois os unis l'un à côté de l'autre , inégalement aplatis sur plusieurs sens. Le premier est externe et le plus petit ; le second est placé au milieu et est le plus gros ; enfin le troisième est interne et le moyen en grosseur.

Connexions. Ces os s'articulent entr'eux, avec le cubitus, et avec les métacarpiens, par de forts ligamens , épais , courts , et qui ne permettent que des mouvemens bornés , dont ceux de flexion se font en arrière, et ceux d'extension en avant sur le cubitus.

Variétés. *Monodactyles.* On trouve quelquefois, à la face postérieure de la rangée inférieure, deux très-petits osselets (le plus souvent un seul) arrondis, appelés *pisiformes.*

Didactyles. Le côté externe des deux rangées est formé par le même os qui s'étend depuis le cubitus jusqu'au métacarpien externe.

Du Canon.

Cette deuxième partie est formée d'un ou plusieurs os longs, appelés *métacarpiens*, qui ne diffèrent des métatarsiens que parce qu'ils sont moins cylindriques, moins longs, et un peu aplatis de devant en arrière. Ainsi nous renvoyons pour ces os, à l'exposition que nous en avons faite à l'article du pied postérieur.

Doigts (1).

Cette dernière région est semblable à celle du pied postérieur, les os sont absolument les mêmes, elle n'en diffère qu'en ce qu'elle est un peu plus large que dans les tétradactyles irréguliers ; elle est pourvue de cinq doigts, dont le pouce n'a, comme celui de l'homme, que deux phalangiens.

---

(1) *Dactylos.*

TROISIÈME PARTIE.
SARCOLOGIE.

La Sarcologie comprend l'étude de plusieurs sortes de parties qui ont des caractères communs de mollesse, de flexibilité, mais qui diffèrent essentiellement par leur forme, leur texture, leur disposition, leur action et leurs usages.

Elle se divise en trois parties : la première est la *Myologie* ; la deuxième, la *Splanchnologie* (1) ; et la troisième, qui comprend l'examen des enveloppes du corps, est appelée *Dermologie*.

____

(1) Comme, d'après le plan que nous nous sommes formé, nous comprenons dans la splanchnologie, non seulement l'étude des viscères, mais encore la considération des parties qui y sont liées d'une manière immédiate et en reçoivent leurs propriétés, nous rapporterons à cette branche de la sarcologie l'exposition des nerfs qui sont une dépendance de l'encéphale ou de son prolongement rachidien, ainsi que celle des artères, des veines et des lymphatiques, qui, par leur disposition, ont des rapports intimes avec le cœur, organe central de la circulation.

Q

MYOLOGIE.

La myologie est cette partie de la sarcologie qui a pour objet l'étude, la connoissance des muscles.

ARTICLE PREMIER.

Généralités.

Les muscles (1) sont des organes fibreux, rouges ou rougeâtres, très-contractiles, de formes variées, par-fois enveloppés d'une membrane, pourvus le plus souvent de tendons et d'aponévroses, contenant beaucoup de vaisseaux, de nerfs, de tissu cellulaire. Instrumens des grands mouvemens des animaux, les muscles sont distincts de toutes les autres parties par leur couleur, le mode de leur organisation, leurs propriétés.

§. I. COULEUR. Rouge ou rougeâtre, très-vive dans le plus grand nombre des muscles, sur-tout dans ceux qui sont beaucoup exercés, obscure et pâle dans ceux qui se contractent moins souvent, elle dépend essentiellement du sang et varie suivant la quantité et la nature de ce fluide. Dans les animaux forts et vigou-

______

(1) Du G., *mys*, *myon*, organe de mouvement.

reux, les muscles sont fermes et plus rouges que dans les animaux foibles où ils sont quelquefois blanchâtres. Pendant la vie ils perdent leur couleur rouge par une compression long-temps continuée, comme on le voit dans les monodactyles, chez lesquels le licou, la sangle et autres liens, finissent souvent par altérer et blanchir les portions musculeuses, sur lesquelles ces parties sont appliquées ; ils la perdent aussi dans la paralysie, dans l'hydropisie ; on la leur enlève après la mort, par la macération, les lotions, et on l'augmente par des injections colorées et très-tenues.

§. II. ORGANISATION. On trouve dans les muscles une disposition fibreuse qui leur est propre, des tendons, des aponévroses ; et de même que dans les autres parties, on y remarque aussi du tissu cellulaire, des vaisseaux et des nerfs.

Fibres. La fibre du muscle est longue, fine, déliée, tomenteuse, disposée en faisceaux, composés eux-mêmes d'autres faisceaux plus petits, qu'on peut encore diviser et subdiviser jusqu'à une extrême ténuité, puisque, d'après les recherches microscopiques de *Leeuwenhoeck*, la fibre, aussi déliée que le cheveu le plus fin, contient encore cent fibrilles.

Contournée en forme de tire-bouchon, elle offre sur sa longueur des plis, des espèces de rides transversales, qu'on peut facilement observer sur les chairs palpitantes des animaux nouvellement tués, et qui sont sur-tout remarquables lors de leur contraction; on voit aussi d'une manière très-sensible cette disposition dans les muscles qui ont éprouvé la cuisson.

Dans le cadavre, la fibre du muscle se déchire avec facilité, tandis que pendant la vie elle se roidit, se contracte avec force; elle est généralement ferme dans les muscles pourvus de couches ou intersections tendineuses, comme l'ilio-spinal, l'ilio-rotulien; elle est lâche dans quelques muscles grêles, comme le sous-pubio-trokantérien, le sous-lombo-tibial.

Tendons. Composés de fibres blanches, luisantes, très-serrées, qui, par leur réunion, constituent un cordon plus ou moins long, généralement arrondi ou aplati, les tendons terminent le plus grand nombre des muscles, et servent à transmettre leur action sur les parties qu'ils sont destinés à mouvoir. Un grand nombre se prolonge dans leur épaisseur, y forme des lames plus ou moins étendues, et offre des implantations nombreuses à la fibre musculaire. Par-fois on les rencontre au milieu des muscles où ils forment, tantôt un cordon plus ou moins long qui sépare deux portions charnues, tantôt des bandes transversales ou intersections plus ou moins denses et serrées, qui concourent efficacement à augmenter la force, l'énergie de la contraction musculaire.

Aponévroses. Les aponévroses ou expansions larges, minces, membraniformes, d'un tissu dense et serré, se remarquent, de même que les tendons, aux extrémités, sur le bord des muscles, s'insèrent aux os, mais plus particulièrement aux parties molles, en formant quelquefois des gaînes, des brides plus ou moins résistantes. Dans quelques cas, elles se rencontrent au milieu des muscles qu'elles séparent en plusieurs portions charnues, et constituent une grande partie de leur étendue. On les remarque plus généralement dans les muscles larges, où elles présentent assez ordinairement des dentelures.

Tissu cellulaire. Très-abondant, plus ou moins lâche, le tissu cellulaire enveloppe la surface externe du muscle, se prolonge dans l'intérieur en entourant les vaisseaux et les nerfs qu'il accompagne, s'interpose entre tous

les faisceaux , toutes les fibres , leur sert d'u-
nion, de gaîne, et entretient une perspiration
continuelle et très-grande. Le tissu cellulaire
extérieur est répandu en grande quantité entre
les muscles, remplit leurs interstices, les unit
d'une manière assez lâche, pour que ces organes aient la liberté de se mouvoir les uns
sur les autres ; il forme à chaque muscle une
gaîne composée de lames, de lamines plus ou
moins fortes et serrées. Cette gaîne ou enveloppe est épaisse, très-résistante dans les muscles fermes et qui ont de gros tendons, comme
le tibio-phalangien, le fémoro-calcanien, l'ilio-
rotulien ; tandis qu'elle est mince, pellucide
dans les muscles suivans , savoir , l'hyo-
glosse, le kérato-glosse, l'atloïdo-sous-occipital , l'atloïdo-styloïdien.

Vaisseaux. En général ils sont très-nombreux et toujours relatifs à la grandeur de
chaque muscle , à l'étendue , à la fréquence ,
à la variété et à la force des mouvemens qu'il
peut exécuter.

Les artères aboutissent dans l'épaisseur des
muscles, tantôt par leur milieu, tantôt par
quelqu'autre point de leur surface, se dirigent
d'abord entre les interstices des grands faisceaux , donnent ensuite des ramifications col-

latérales entre les petits faisceaux, et pénètrent ainsi toute la substance du muscle par des divisions successives et innombrables.

Les veines très-valvuleuses, plus nombreuses que les artères, sont de deux ordres ; les unes accompagnent les artères et les suivent partout, d'autres s'élèvent des divers points de la surface du muscle, et sont isolées des artères : c'est ainsi que, dans les muscles situés sous la peau, l'on voit ces dernières veines se ramifier sur la surface externe de ces parties, y former des rameaux, des branches sous-cutanées plus ou moins grosses.

Les lymphatiques très-nombreux se rendent dans des ganglions situés au pourtour du muscle, et suivent le plus ordinairement le trajet des veines.

Nerfs. De même que les vaisseaux, les nerfs sont aussi très-nombreux ; ils pénètrent dans les muscles par plusieurs points de leur surface, suivent ordinairement les artères, se divisent et se subdivisent en formant des ramuscules mous, pulpeux, qui s'associent aux vaisseaux et les accompagnent dans leur trajet.

§. III. Propriétés. Ainsi que les autres parties, les muscles sont contractiles, suscep-

tibles d'opérer un mouvement de resserrement; mais, dans ces organes, cette propriété
est portée à un degré très-élevé; leur contraction est grande, prompte, s'exécute avec
force et énergie (1); elle est suivie d'un état
de relâchement qui est d'autant plus grand,
que la contraction musculaire a été plus forte,
plus prolongée. Ce dernier état opposé au précédent, nécessaire pour la réparation des
forces musculaires, constitue l'alongement du
muscle, tandis que la contraction en opère
le racourcissement, et déplace les parties les
moins résistantes auxquelles le muscle est
attaché.

La contraction ou force musculaire s'af-
foiblit par l'exercice long-temps continué, se
rétablit par le repos, sur-tout par le sommeil
et l'usage des bons alimens. Elle diminue
d'autant plus vite dans la vieillesse, que les
animaux ont été mal nourris, soumis à des
exercices forcés, qu'ils ont été élevés dans
des endroits bas, marécageux, qu'ils ont eu
des alimens essentiellement aqueux, et qu'ils

____

(1) Ce mode de contraction a été désigné par le professeur *Chaussier*, sous le titre de myotilité, ou irrita-
bilité Hallérienne.

sont doués d'un tempérament lâche et mou.
Tous les jeunes animaux ont besoin d'un
exercice modéré, pour le développement de
cette force musculaire ; ceux qui ne sont pas
assez exercés ou ceux qui le sont trop, restent
foibles toute la vie.

Les phénomènes de la contraction musculaire sont le racourcissement des fibres, le gonflement, le durcissement, la décoloration de
la partie, la plicature des vaisseaux et des
nerfs : dans le relâchement, au contraire, il
y a alongement, déplissement des fibres mo-
trices, des vaisseaux et des nerfs ; les vaisseaux n'étant plus comprimés, la circulation
y est plus active, plus développée, elle re-
donne la couleur du muscle qui devient alors
mou. A tous ces phénomènes il faut ajouter
la vitesse et la force avec laquelle la contraction musculaire s'exécute. La vitesse dans
certains mouvemens est si grande, et les
muscles dans leur contraction se succèdent
avec une telle rapidité, qu'il est impossible
de suivre les parties en mouvement, et qu'elles
échappent à tous les calculs.

Quant à la force musculaire, elle varie singulièrement suivant les espèces, les individus ;
elle dépend de la nature de la fibre motrice, de

la disposition respective des muscles entr'eux, et est beaucoup plus considérable qu'elle ne le paroît par ses effets.

Pour se faire une idée de l'étendue de cette force et juger approximativement de combien elle est supérieure aux effets qu'elle produit, il faut faire attention aux phénomènes suivans : 1°. Le muscle en se contractant agit autant sur le point qui reste fixe que sur celui qui obéit à son action et qui est entraîné ; il s'ensuit donc que la moitié de la force employée est de nul effet et se trouve perdue. 2°. La plupart des muscles s'attachent tout près du centre du mouvement, forment avec les os des angles très-aigus, des leviers de la troisième espèce ; il est bien démontré que de telles dispositions ne sont pas favorables à la force du muscle, et qu'au contraire elles l'affoiblissent et la diminuent d'autant plus. 3°. Lors de la contraction du muscle, une grande partie de la force est employée à surmonter le poids de la partie, à vaincre la résistance des muscles antagonistes, celle qui provient du frottement de quelques tendons contre les coulisses, ou contre les gaînes et les ligamens annulaires qui fixent ces tendons ; ces causes augmentent le nombre de celles qui concourent à la dispersion en pure perte de la force musculaire. 4°. Dans la distribution de ces forces musculaires, la Nature semble avoir négligé tous les avantages de la mécanique, puisque la plupart des muscles sont disposés de manière à ne pouvoir surmonter que de petites résistances, en employant de très-grandes forces.

Si à ces considérations on joint celles de la vitesse, de la sûreté, de la précision avec laquelle les muscles exécutent leurs mouvemens, on verra combien cette force est grande et surpasse les effets qu'elle produit. Mais l'épuisement successif de cette force par l'exercice, le besoin qu'ont les animaux de pouvoir profiter de tous les mouvemens possibles, de rappeler dans certaines circonstances un concours de mouvemens très-forts, nécessitoient cet excédent si considérable des forces musculaires, et prouvent que la Nature, toujours sage, sait se ménager des ressources.

Ces considérations, auxquelles on pourroit en ajouter bien d'autres, doivent suffisamment faire sentir combien s'éloignent de la vérité tous ceux qui ont cherché ou qui chercheront à expliquer le mouvement des animaux par des lois mécaniques : plus forte que tous nos raisonnemens, la Nature parvient à sa fin par des moyens plus ou moins variés et qui échappent à nos calculs (1).

Cette propriété inhérente aux muscles dépend essentiellement de l'influence nerveuse, puisqu'elle cesse par la ligature des nerfs, ainsi que par l'application des narcotiques ; elle tient aussi à la circulation, puisque, sans l'exercice de cette fonction, les parties perdent leur action, tombent dans l'atonie et meurent.

Nombre des Muscles.

Le nombre des muscles est un des points sur lequel les anatomistes ont le plus varié ; les uns ont multiplié les muscles de certaines parties, les autres en ont plus ou moins restreint le nombre, et tous ont négligé de poser préalablement les règles qui servoient de base à leur manière de considérer cet objet. Ainsi *Lafosse* a considéré le sous-cutané de la face comme formant deux muscles distincts, et en a aussi fait deux du muscle sous-cutané du thorax. *Bourgelat,* qui a omis de faire mention de plusieurs muscles dans le cheval,

____

(1) Des expériences faites à l'École Polytechnique sur la force des animaux ont été au-delà de tout calcul.

comme le lingual, etc., a divisé en quatre le muscle labial, en deux le stylo-maxillaire, et a décrit les cervico-acromien et dorso-acromien comme un seul et même muscle. *Vitet*, qui, sous la peau du bœuf et du cheval, nous a donné la myologie de l'homme, a distingué le sphéno-maxillaire en ptérygoïdien supérieur et en ptérygoïdien inférieur. Nous nous contenterons de ces exemples dont nous pourrions grossir le nombre, parce qu'ils doivent suffisamment faire sentir la nécessité d'établir des bases sûres et invariables pour déterminer le nombre des muscles.

Il est bien reconnu qu'une masse charnue, plus ou moins volumineuse, séparée des autres d'une manière bien sensible et formant un tout intimement uni sans interruption, constitue un seul et même muscle. C'est un point sur lequel tous les anatomistes s'accordent généralement; mais ils diffèrent singulièrement entr'eux par la manière de considérer certains muscles composés de plusieurs portions plus ou moins remarquables. Les uns ont décrit chacune d'elles comme des muscles distincts, tandis que les autres les ont regardées comme parties intégrantes d'un seul et même muscle.

En considérant, à l'exemple du professeur
Chaussier, comme formant un seul et même
muscle, toutes les portions musculaires dont
la disposition et l'usage sont essentiellement
les mêmes, nous aurons un principe fonda-
mental, invariable pour fixer le nombre des
muscles de chaque partie, et nous éviterons
le reproche de n'avoir pour guide que l'arbitraire.

Comme le nombre des muscles est toujours
relatif à l'étendue, à la force et à la variété
des mouvemens que les parties peuvent exécuter, ce nombre varie, non seulement dans
les différentes espèces d'animaux domestiques,
mais encore dans les individus de la même espèce, où l'on trouve souvent des petits muscles particuliers ou des portions musculaires
qui ne se remarquent pas ordinairement. Ces
exemples, qui sont très-fréquens, seront
rapportes dans le cours de cet ouvrage, et
nous les exposerons, non comme une disposition constante de l'organisation, mais comme
des cas particuliers et purement accidentels.

On distingue les muscles en pairs et impairs,
en congénères et antagonistes. On nomme
muscles *congénères* ceux qui concourent à
l'exécution d'un même mouvement, et l'on

donne le nom d'*antagonistes* à ceux qui exécutent des mouvemens opposés ; ainsi les
muscles fléchisseurs d'une partie sont congénères entr'eux et antagonistes des extenseurs.

Distribution des Muscles.

Les muscles sont dispersés dans toute l'é-
tendue du tronc et autour des membres ; apposés essentiellement sous la peau et sur la
surface externe du squelette, ils déterminent
les formes variées et particulières des parties ;
disposés par couches successives, ou posés les
uns à côté des autres, ils sont séparés par des
lames plus ou moins épaisses de tissu cellulaire ;
quelquefois ils sont tellement rapprochés, que
leurs fibres s'unissent, se confondent, et paroissent faire un tout continu. En général,
les muscles sont plus intimement unis dans la
vieillesse. Dans l'âne, par exemple, où le
tissu cellulaire a beaucoup de force, beaucoup
de densité, les muscles paroissent peu distincts,
ils tiennent ensemble d'une manière très-forte,
et leur dissection est plus difficile que celle des
muscles des autres quadrupèdes domestiques.

Dans certaines régions du corps, comme
sur le rachis et dans les parties supérieures des
membres où les mouvemens sont très-forts,

les muscles constituent des masses de chair
très-épaisses, de manière que les os qu'ils
recouvrent sont situés très-profondément; au
contraire, dans certaines parties, les couches
musculaires sont si minces, que la peau paroît
unie aux os dont les éminences forment des sail-
lies plus ou moins élevées.

Il est des muscles qui, entourés d'un tissu
cellulaire abondant, sont, pour ainsi dire,
libres dans toute leur étendue, glissent contre
les parties voisines, et ne sont fixés que par
leurs extrémités; tandis que d'autres, plus
fixes et moins libres, ont des attaches plus
ou moins multipliées, et des adhérences plus
ou moins intimes et étendues.

Le muscle est fixé par ses extrémités ou ses
bords, et a toujours deux points de son étendue par lesquels il est attaché; l'un de ces
points est toujours entraîné par l'action du
muscle, tandis que l'autre est fixe, plus ou
moins résistant. Le premier est désigné sous
le nom de point mobile, insertion ou terminaison, et le second sous celui de point fixe,
origine ou principe : mais il faut remarquer
que, dans quelques cas, suivant la situation
et l'attitude, le point qui est le plus ordinairement fixe, devient mobile, et obéit ainsi à

l'action

l'action du muscle, et que celui qui étoit mobile devient à son tour point fixe. Néanmoins ces deux points restent constamment les mêmes dans plusieurs muscles qui, des os, vont s'insérer dans les parties molles ; les muscles des oreilles, des yeux, des lèvres, du voile du palais, etc., en sont des exemples.

Formes des Muscles.

Les muscles ont des formes extrêmement variées ; il en est de gros et de grêles, d'épais et de minces, de grands, de moyens et de petits ; les uns aplatis, bifaciés, plus ou moins larges, quelquefois terminés par des bords denticulés, sont désignés par les expressions de *trapéziformes*, de *rhomboïdes*, de *quadrilatères*, suivant la disposition de leurs bords ; on les nomme *penniformes*, lorsqu'un tendon règne en long et ordinairement dans leur milieu, qu'il divise le muscle en deux parties latérales, et que la disposition des fibres charnues approche de celle des barbes d'une plume ; *flabelliformes*, quand les fibres partent d'un centre tendineux, et qu'elles se divergent en éventail.

D'autres, plus ou moins longs, cylindriques ou aplatis sur un, deux, trois sens, reçoivent

R

les noms de *cylindroïdes*, de *pyramiformes*,
de *bifaciés* ou *trifaciés*; on les appelle aussi
biceps ou *triceps*, suivant qu'ils ont une extrémité divisée en deux ou trois branches.
Quand ils sont séparés en deux par un tendon
placé ordinairement dans le milieu, ils sont
désignés par l'expression de *digastriques*.

Les uns et les autres sont divisés en simples
et en composés. Dans les premiers, toutes les
fibres, plus ou moins parallèles, s'étendent
d'une extrémité à l'autre, sans être interrompues par l'interposition de tendons ou
d'aponévroses; dans les muscles composés,
les fibres ont des directions différentes, et
sont séparées, soit par des couches, soit par
des intersections tendineuses ou aponévrotiques.

Dénomination des Muscles.

Fondée sur les attaches des muscles, chaque
dénomination, comme nous l'avons déjà dit
à l'article de la méthode, est composée de
deux mots dont le premier initial, terminé
en *o*, est tiré du point principal d'origine,
et l'autre, final, dérive de l'attache essentielle
d'insertion. Toutes les dénominations ainsi
formées, même dans les muscles qui ont plu-

sieurs sortes d'implantation , soit d'origine , soit d'insertion (car c'est constamment le point principal qui , de chaque côté , forme le principe radical du mot) , sont en quelque sorte une description abrégée de la partie, indiquent toujours les usages les plus fréquens du muscle , et rappellent les éminences principales et les plus remarquables des os. Cette méthode nominale n'a pas été appliquée généralement à tous les muscles. Il en est quelques-uns , mais c'est un très-petit nombre , auxquels nous laissons, comme l'a fait le professeur *Chaussier,* leurs anciennes dénominations ; soit parce qu'elles expriment d'une manière précise et exacte la disposition et l'usage de ces muscles , comme les dénominations de *droit supérieur, droit inférieur, droit externe , droit interne , le droit postérieur, grand oblique , petit oblique,* que nous conservons aux sept muscles qui , du fond de l'orbite , s'insèrent à la surface externe du bulbe de l'œil, dénominations qui, fondées sur l'origine et l'insertion , n'auroient pu être formées que par le concours de trois mots au moins ; soit parce que ces anciennes dénominations distinguent d'une manière frappante tout muscle qui , en raison de sa structure particulière et de ses propriétés , ne doit

pas être confondu avec les autres ; tel est le
diaphragme, si différent de tous les muscles
par son organisation, son action et son usage...

Classification des Muscles.

Il existe deux manières de classer les muscles ; l'une est tirée de leur situation respective, et l'autre est basée sur leurs usages. La première, la plus ancienne, qui est de *Galien*, est la plus naturelle et la plus avantageuse sous tous les rapports ; la seconde, bien différente de la première, a été établie par *Vesale*, qui rangea les muscles d'après les usages qu'il leur supposoit. Cette dernière méthode, qui est plus attrayante pour les commençans, a eu beaucoup de partisans ; et sa simplicité a servi longtemps de voile aux défauts qu'elle renferme.

Ruini, qui a composé son ouvrage d'après les principes de *Galien*, a décrit les muscles du cheval par situation et par nombre numérique de premier, deuxième, troisième, etc., tels enfin que la dissection les fait apercevoir. *Bourgelat, Lafosse, Vitet* et autres ont procédé à l'exposition des muscles, d'après la méthode de *Vesale*.

La classification fondée sur les usages est

arbitraire et hypothétique ; il est, en effet, beaucoup de muscles dont l'action s'étend en même temps sur plusieurs parties ; la plupart des muscles sont auxiliaires les uns des autres, et les mouvemens qu'ils exécutent sont si variés, qu'il est souvent impossible de connoître la partie sur laquelle chacun agit plus particulièrement : tandis que l'exposition des muscles, suivant l'ordre de leur situation, ne présente aucune idée fausse de leurs usages, rappelle sans cesse la disposition et la situation des parties qu'il est si important de connoître, pour les affections maladives et pour les opérations chirurgicales, et permet d'envisager les muscles, dans tous les quadrupèdes domestiques, d'une manière plus exacte.

Ces considérations, et d'autres semblables, nous ont portés à suivre la marche de *Ruini*, et à adopter la méthode de *Galien* dont nous faisons usage depuis lon-gtemps. Chaque jour, nous sommes à même d'en apprécier l'avantage sur celle de *Vesale*. Ainsi que les anatomistes qui s'occupent de la connoissance de l'organisation de l'homme, nous avons cherché à perfectionner cette méthode, en distinguant d'une manière précise les diverses régions du corps que nous avons réduites, chez tous les quadrupèdes domestiques, au plus petit nombre possible.

Article II.

Exposition particulière des Muscles.

En procédant suivant l'ordre des principales divisions du squelette, nous rangeons tous les muscles du corps en deux grandes classes, et nous les divisons en ceux qui appartiennent au tronc et en ceux qui appartiennent aux membres. Dans la description particulière de chacun de ces muscles, nous en ferons d'abord connoître le caractère qui comprendra aussi leur position. Nous indiquerons ensuite l'origine, l'insertion, l'usage et les différences essentielles, ainsi que les variétés importantes que le muscle peut présenter. Pour plus de précision et de facilité, nous exposerons dans un seul article le caractère, la position, l'origine, l'insertion et l'usage de tous les muscles qui, par leur disposition, ne sont pas d'une connoissance très-importante, et n'ont, pour ainsi dire, besoin que d'être indiqués.

PREMIÈRE DIVISION.

Muscles du tronc.

Ces muscles très-nombreux, de forme et de

grandeur variées, rangés, d'après leur position, en sept sections, sont recouverts par trois muscles sous-cutanés, dont l'un appartient essentiellement au thorax, l'autre au cou, et le troisième à la face.

PREMIÈRE SECTION.

Muscles sous-cutanés du tronc.

Ces muscles, qui constituent un ordre particulier, sont larges, étendus, charnus et aponévrotiques, généralement minces, adhérent intimement dans toute leur étendue à la face interne de la peau, sur laquelle ils exercent spécialement leur action qui se propage plus ou moins à d'autres parties.

§. I. *Le Sous-cutané du thorax et de l'abdomen.*

Caractère. Muscle très-large, aponévrotique sur ses bords, ayant sa portion charnue épaisse, formée de fibres obliques, et présentant vers sa partie antérieure quelques intersections aponévrotiques plus ou moins larges : situé immédiatement sous la peau, ce muscle s'étend essentiellement sur le thorax et l'abdomen, 1°. de haut en bas, depuis l'épine dorsale et lombaire jusqu'à la ligne médiane de l'abdomen , 2º. de devant en arrière, depuis l'angle scapulo - huméral , sur l'épaule , le bras , le thorax , etc., jusque sur la hanche , le long de la face interne de la cuisse.

ORIGINE. Il tire son origine de tous ses bords , par le moyen des aponévroses qu'ils portent ; ainsi il s'implante supérieurement, le long de l'épine du dos et des lombes, par une large aponévrose ; inférieurement à la ligne médiane de l'abdomen , par une aponévrose plus forte , mais moins large ; antérieurement par une aponévrose mince, sur les muscles de l'épaule et du bras ; postérieurement par une autre petite aponévrose , sur les muscles de la hanche , ainsi que sur ceux de la face interne de la cuisse.

INSERTION. Elle peut être considérée,comme ayant lieu à la peau , par le moyen d'un tissu cellulaire abondant, mais fin et serré.

USAGES. Il fait trémousser la peau , la débarrasse par-là des insectes qui l'incommodent; il agit aussi sur plusieurs autres parties, mais d'une manière moins marquée.

VARIÉTÉS. *Monodactyles.* La portion qui s'étend sur le membre antérieur , est composée de fibres dirigées de haut en bas, en sens contraire aux fibres du reste de son étendue , et offre plusieurs intersections aponévrotiques.

Dans les animaux qui urinent par bonds, ce muscle fournit une portion charnue qui, de l'extrémité postérieure de la ligne médiane de l'abdomen, embrasse le corps du penis.

§. II. *Le Sous-cutané du cou.*

CARACTÈRE. Le plus mince des trois sous-cutanés, et recouvert de fibres aponévrotiques, ce muscle offre une disposition particulière dans chaque espèce de quadrupèdes ; ainsi il est très-mince et essentiellement aponévrotique dans les grands animaux, tandis que, chez les tétradactyles, il est charnu et beaucoup plus épais.

ORIGINE. Il prend son origine, comme le précédent, par ses bords, qui sont aponévrotiques, et s'attache, soit au ligament cervical, soit aux muscles sur lesquels se perdent ses aponévroses ; il se continue antérieurement avec le sous-cutané de la face ; le long du plan médian de la face trachélienne, il se réunit avec le sous-cutané opposé.

INSERTION. Elle se fait à la peau, par toute la surface externe du muscle.

USAGES. Il agit sur la peau, comprime les muscles qu'il recouvre ; et, dans les petits quadrupèdes, il concourt aux mouvemens de la tête, du cou et des membres thoraciques.

VARIÉTÉS. *Monodactyles.* On ne trouve, pour ainsi dire, que la trace de ce muscle, qui est marquée par quelques fibres aponévrotiques transversales, mais qui se trouve remplacé, du côté de la face supérieure du cou, par la portion sternale du mastoïdo-huméral, et du côté de la face cervicale, par le muscle cervico-acromien.

Dans les petits quadrupèdes, il est épais, s'étend essentiellement sur la face cervicale du cou, et offre dans le cochon deux branches séparées, dont une s'attache au sternum, et l'autre au scapulum.

§. III. *Le Sous-cutané de la face.*

CARACTÈRE. Très-mince, mi-charnu, mi-aponévrotique, situé de chaque côté sur la joue, ce muscle s'étend depuis le cou, où il est réuni avec le muscle précédent, dans la cavité glossienne, sur la joue, jusqu'à la commissure des lèvres.

ORIGINE. Au pourtour du cou, dans la cavité glossienne, ainsi qu'à la crête zygomatique, par une aponévrose mince.

INSERTION. A la commissure des lèvres par

un prolongement charnu , il adhère aussi à la peau.

Usages. Il agit sur la peau des joues, mais plus particulièrement sur la commissure des lèvres qu'il relève.

Variétés. *Bœuf.* On trouve de plus un muscle sous-cutané frontal qui est charnu , s'implante le long du chignon, et s'étend inférieurement entre les orbites jusque sur le chanfrein , en fournissant par tous ses bords, des fibres aponévrotiques qui le fixent de tous côtés.

Ce muscle opère le froncement de la peau du front.

SECTION II.

Muscles de la tête.

Ces muscles très - nombreux ; la plupart grêles , minces, et situés les uns sur la surface antérieure de la tête , d'autres autour de l'articulation maxillo-temporale , le plus grand nombre posé dans la cavité glossienne , sont divisés en sept articles.

ARTICLE PREMIER.

Muscles de l'oreille.

Nous ne comprenons dans cet article que

les muscles propres aux mouvemens de la
partie externe de l'oreille, qu'on désigne aussi
par l'expression d'oricule, et qui est formée
essentiellement par le concours de trois cartilages, savoir : la *conque*, l'*annulaire*, le
scutiforme. Ces muscles petits, minces, la
plupart disposés par couches, au nombre de
dix, sont d'autant plus forts et plus épais,
que l'oreille est plus grande.

§. I. *Le Fronto-oriculaire.*

CARACTÈRE. Large, très-mince, mi-charnu
et mi-aponévrotique. Ce muscle est situé immédiatement sous la peau en avant de l'o-
reille, et sur le muscle temporo-maxillaire,
auquel il adhère d'une manière très-lâche.

ORIGINE. De toute la crête pariétale qui,
de l'occipital, se prolonge sur l'apophyse orbitaire.

INSERTION. Au scutiforme d'une part, et
par une autre portion au côté interne de la
face antérieure de la conque.

USAGES. Il dirige l'oreille en avant.

§. II. *Le Temporo-oriculaire.*

CARACTÈRE. Peu différent, mais beaucoup
moins large que le précédent, duquel il paroît

faire partie dans quelques quadrupèdes, comme les monodactyles, ce petit muscle s'étend depuis l'articulation maxillaire, jusqu'au côté externe de la base de la conque.

Origine. De l'apophyse zygomatique du temporal.

Insertion. Au côté externe de la base de la conque.

Usages. Il tire l'oreille en avant et en dehors.

Variétés. *Didactyles*. Épais et beaucoup plus fort que dans les autres quadrupèdes.

§. III. *Le Parotido-oriculaire.*

Caractère. Le plus long de tous, aponévrotique à son extrémité inférieure, devenant plus épais et moins large en s'approchant de son insertion, ce muscle est posé sur la parotide, et est recouvert par l'aponévrose du muscle sous-cutané de la face.

Origine. De la parotide et du pourtour de la cavité gutturale.

Insertion. Au côté externe de la base de la conque.

Usages. Il porte l'oreille en dehors.

§. IV. *Le Cervico - oriculaire externe.*
§. V. — — *mitoyen.*
§. VI. — — *interne.*

CARACTÈRES. Ces trois muscles, qui sont situés l'un sur l'autre à la face postérieure de l'oreille, et s'étendent du ligament cervical jusqu'à la conque, constituent chacun une bandelette mince et presqu'entièrement charnue.

ORIGINE. Ils s'implantent au ligament cervical près de l'occipital.

INSERTION. A la base de la conque, mais à des points différens; ainsi l'externe s'insère à la face interne de cette base, le mitoyen à la face postérieure, et l'interne, passant sous la parotide, gagne la courbure de la conque où il se termine.

USAGES. Dans leur action simultanée, ils tirent l'oreille en arrière et un peu en dedans. L'interne la fait tourner de dehors en dedans.

§. VII. *Le Parieto-oriculaire.*

CARACTÈRE. Grêle, un peu tendineux à son insertion, ce muscle est situé à la face interne de l'oreille sous le fronto-oriculaire, et s'étend de la crête du pariétal, à la face interne de la conque.

(271)

Origine. Il vient de la crête du pariétal,
près de la protubérance occipitale.

Insertion. A la face interne de la base de la
conque.

Usages. Il tire l'oreille en dedans et un peu
en avant.

§. VIII. *Le Scuto-oriculaire externe.*

Caractère. Nous comprenons sous ce titre
trois à quatre bandelettes charnues, qui, du
bord supérieur du cartilage scutiforme, vont
à la face antérieure de la base de la conque,
et s'insèrent, soit à côté, soit au-dessus l'une
de l'autre.

Usages. Il tire la conque en avant, lorsque
le scutiforme est tenu fixe.

§. IX. *Le Scuto-oriculaire interne.*

Caractère. Court, épais, et formé de deux
portions posées en travers l'une sur l'autre,
ce muscle est situé sous la courbure de la
conque, au milieu du tissu graisseux.

Origine. De la face interne du scutiforme.

Insertion. A la face postérieure de la base
de la conque, sous le cervico - oriculaire
mitoyen.

Usages. Il porte l'oreille en arrière, et
tire sa base en avant.

§. X. *Le Mastoïdo-oriculaire.*

CARACTÈRE. Ce muscle, qui est le plus grêle de tous, est situé sous la conque, contre le conduit auditif externe, et est composé de plusieurs faisceaux charnus qui sont recouverts par la graisse.

ORIGINE. Au côté interne de l'hiatus auditif.

INSERTION. A l'extrémité de la courbure de la conque.

USAGES. Il rapproche la conque de la surface mastoïdienne (1).

ARTICLE II.

Muscles des paupières et de l'œil.

Ces muscles petits sont, les uns propres aux paupières, et les autres au bulbe de l'œil. Les premiers minces sont au nombre de trois ; les autres grêles, cylindroïdes, et presque tous tendineux à leurs extrémités, sont renfermés dans l'orbite et servent aux mouvemens très-variés du bulbe de l'œil.

____

(1) Nous n'avons pas cru nécessaire d'exposer particulièrement quelques fibres charnues, courtes, dispersées sur la conque au-delà de l'insertion des muscles, et servant à roidir la conque lorsque l'animal prête attentivement l'oreille et la dirige du côté d'où vient le son.

§. I.

§. I. *Le Lacrymo-palpébral.*

CARACTÈRE. Expansion charnue, sous-cutanée, formée de fibres circulaires, et s'etendant sous toute la peau des paupières et du pourtour de l'angle lacrymal.

ORIGINE. De la portion chanfrine de l'os lacrymal.

INSERTION. A la peau des paupières et de l'angle nasal.

USAGES. Ce muscle resserre les paupières que, durant le sommeil, il tient appliquees l'une sur l'autre.

§. II. *Le Fronto-surcilier.*

CARACTÈRE. Ce muscle petit, pyramiforme et tendineux à son origine, paroît être une production ou branche du précédent, et est situé au-dessus des cils, du côté de l'angle temporal.

ORIGINE. De la surface frontale, par une aponévrose.

INSERTION. Il se réunit au muscle précédent.

USAGES. Il relève la paupière supérieure, du côté de l'angle temporal.

VARIÉTÉS. *Didactyles.* Ce muscle est confondu avec le sous-cutané du front.

S

§. III. *L'Orbito-palpébral.*

CARACTÈRE. Long , très grêle et tendineux à ses extrémités , ce muscle se porte du fond de l'orbite avec les quatre droits , et se prolonge jusqu'au bord de la paupière supérieure, en passant entre la glande lacrymale et la conjonctive.

ORIGINE. Du fond de l'orbite, par des fibres charnues et aponévrotiques.

INSERTION. A tout le bord de la paupière supérieure, par une expansion aponévrotique.

USAGES. Il relève également la paupière supérieure.

§. IV. *Le Droit supérieur.*
§. V. *Le — inférieur.*
§. VI. *Le — externe.*
§. VII. *Le — interne.*

CARACTÈRES. Ces quatre muscles , ainsi nommés parce qu'ils se portent en ligne droite du fond de l'orbite à la partie antérieure de la sclérotique en s'écartant les uns des autres , sont cylindroïdes, entourent la graisse qui est derrière le bulbe de l'œil , et forment avec les deux suivans , sur la face antérieure de la sclérotique , une expansion aponévrotique ,

désignée improprement sous le nom de *membrane albuginée*.

ORIGINE. Ils naissent ensemble du fond de
l'orbite, par des fibres charnues et aponévrotiques.

INSERTION. A la face antérieure de la sclérotique, chacun par un tendon aplati.

USAGES. Le supérieur relève le bulbe de
l'œil, l'inférieur l'abaisse, l'externe le tire en
dehors, l'interne le porte en dedans ; et ces
quatre muscles, dans leur action simultanée,
compriment le bulbe de l'œil et l'attirent dans
l'orbite.

§. VIII. *Le grand Oblique.*

Plus long que les précédens et situé au
côté interne de l'orbite, ce muscle vient du
fond de l'orbite avec les quatre droits, passe
dans la poulie cartilagineuse qui est près du
trou surcilier, puis se dirige obliquement de
bas en haut, gagne la face antérieure du bulbe
de l'œil en passant sous le tendon du droit
supérieur, et s'insère à la sclérotique, vers
le point de réunion du droit externe et du
droit supérieur.

USAGES. Il fait tourner le bulbe, de haut en
bas et de dehors en dedans.

§. IX. *Le petit Oblique.*

Beaucoup plus court que le précédent et s. situé vers l'angle nasal, le petit oblique prend son origine dans la fossette lacrymale, se dirige obliquement de dedans en dehors en passant par-dessus le tendon du droit inférieur, et se termine sur le côté externe de la face antérieure de la sclérotique.

Usages. Ainsi que le précédent, il fait tourner le bulbe de l'œil, mais dans un sens inverse.

§. X. *Le Droit postérieur.*

Caractère. Peu tendineux et situé derrière la sclérotique, entre les quatre droits et dans le tissu graisseux, ce muscle est composé de quatre portions cylindriques, qui entourent le nerf optique.

Origine. De la circonférence du trou optique, par des fibres charnues et aponévrotiques.

Insertion. A la face postérieure de la sclérotique, par des fibres charnues.

Usages. Ce muscle opère la rétraction du bulbe dans l'orbite ; il agit aussi sur la forme du bulbe, et concourt à le mettre en rapport avec la distance des objets que l'animal regarde.

Nota. Outre ces muscles propres à l'œil, on trouve constamment, dans les grands quadrupèdes, un petit faisceau charnu, distinct, situé dans le fond de l'orbite vers l'origine des quatre droits, et prolongé quelquefois dans le trou sus-sphénoïdal.

ARTICLE III.

Muscles des lèvres et des ailes du nez.

Ces muscles petits, presque tous réunis à leur insertion dans le tissu de ces parties qu'ils constituent essentiellement, sont, les uns, minces, longs et tendineux ; tandis que d'autres courts, peu ou presque point tendineux, sont épais, larges, et quelques-uns offrent divers prolongemens.

Ces muscles, au nombre de onze, de forme et de longueur variées, suivant leur position et les parties qu'ils meuvent, se distinguent ordinairement en muscles communs et en muscles propres ; on les divise aussi en huit muscles pairs et trois impairs que nous exposerons les derniers.

§. I. *Le Zygomato-labial.*

CARACTÈRE. Grêle, long et tendineux à son origine, il se prolonge depuis l'épine zygo-

S 3

matique jusqu'au - dessus de la commissure
des lèvres.

Origine. De l'épine zygomatique, par un
tendon.

Insertion. Auprès de la commissure des
lèvres.

Usages. Il concourt à relever la commissure des lèvres.

Variétés. Dans le *chien*, ce petit muscle,
beaucoup plus long, vient de la protubérance
occipitale.

§. II. *Le Lacrymo-labial.*

Très-petit muscle, posé en travers sous le
précédent, depuis l'angle nasal de l'œil jusqu'au milieu des joues ; dans quelques quadrupèdes, comme les monodactyles, on ne trouve
que quelques fibres charnues, minces, et
peu distinctes du zygomato-labial.

§. III. *L'Alvéolo-labial.*

Caractère. Prolongé le long des alvéoles
des dents molaires, sur la membrane buccale,
jusqu'à la commissure des lèvres, ce muscle
occupe l'intervalle des deux mâchoires, et est
composé de deux portions, dont l'externe
penniforme est très-adhérente à l'interne qui
est la plus longue, offre des intersections

tendineuses, et est implantée par sa face interne à la membrane de la bouche.

ORIGINE. Du bord alvéolaire des dents molaires, tant supérieures qu'inférieures ; et, par de fortes fibres tendineuses, il vient aussi de la crête qui est en bas et en avant de l'apophyse coronoïde.

INSERTION. D'une part, à la commissure des lèvres, puis aux espaces interdentaires, ainsi qu'à la surface externe de la membrane buccale.

USAGES. Il relève la commissure des lèvres, ramène les alimens sous les dents molaires pendant la mastication, et préserve la membrane de la bouche d'être pincée par les dents.

§. IV. *Le grand Sus-maxillo-labial.*

CARACTÈRE. Long, pyramiforme, et tendineux à sa partie inférieure, ce muscle est posé sur la face antérieure du bout de la tête, et s'étend obliquement du pourtour de l'angle nasal de l'œil jusqu'au milieu de la lèvre supérieure.

ORIGINE. Au-dessus de l'épine sus-maxillaire, par des fibres charnues.

INSERTION. Il se plonge par son tendon dans le milieu de la lèvre supérieure.

Usages. Il relève la lèvre supérieure.

Variétés. *Didactyles*. Ce muscle est gé-miné, moins long, et est situé plus sur le côté que dans les *monodactyles* où il passe sur le prolongement sus-nasal, se réunit avec celui du côté opposé, et s'épanouit ensuite dans le tissu de la lèvre.

§. V. *Le petit Sus-maxillo-labial.*

Caractère. Mince, plus ou moins long et large, un peu tortueux et bifurqué, ce muscle est posé sur le côté du nez, se prolonge sur le muscle précédent, ou bien il marche à côté, en se portant obliquement de haut en bas et de devant en arrière, vers la commissure des lèvres.

Origine. De la surface chanfrine du sus-maxillaire, près de son articulation avec le nasal et le lacrymal.

Insertion. Par une de ses branches, au-dessus de la commissure des lèvres, et par l'autre branche, à l'aile externe du nez.

Usages. Il concourt à relever la lèvre supé-rieure, ainsi que l'aile externe du nez

Variétés. *Tétradactyles*. Très-large et plus épais, ce muscle n'est pas bifurqué.

§. VI. *Le grand Sus-maxillo-nasal.*

CARACTÈRE. Petit, pyramiforme et tendineux à son origine, ce muscle s'étend au-dessus de l'aile externe du nez jusqu'à l'épine sus-maxillaire, et est recouvert par le précédent.

ORIGINE. En avant de l'épine sus-maxillaire.

INSERTION. Il s'épanouit pour se plonger dans toute l'aile externe du nez.

USAGES. Il écarte l'aile externe de l'interne, et concourt à dilater l'orifice externe du nez.

VARIÉTÉS. *Didactyles.* Court, géminé, il marche parallèlement avec le grand sus-maxillo-labial.

§. VII. *Le petit Sus-maxillo-nasal.*

Très-petit, court, épais, et situé profondément sous l'insertion des muscles précédens, à l'aile externe du nez, ce muscle vient du pourtour de l'articulation du petit sus-maxillaire avec le grand, va à la peau qui se replie dans le nez, et sert à la dilatation du nez.

§. VIII. *Le Maxillo-labial.*

CARACTÈRE. Situé le long du bord inférieur du muscle alvéolo-labial, auquel il est réuni par son extrémité supérieure, ce muscle est pyramiforme et tendineux à son extrémité inférieure.

ORIGINE. De l'os maxillaire avec l'alvéolo-labial.

INSERTION. Dans le milieu de la lèvre infé-rieure.

USAGES. Il relève la lèvre inférieure.

§. IX. *Le Mento-labial.*

CARACTÈRE. Gros faisceau charnu, impair, composé de fibres courtes, entrelacées, et mêlées d'un tissu graisseux; faisceau qui, situé dans le plan médian en arrière de la lèvre inférieure et immédiatement sous la peau, constitue la houpe du menton.

ORIGINE. De la surface mentonnière de l'os maxillaire.

INSERTION. A la face interne de la peau du menton, ainsi que dans le tissu de la lèvre inférieure.

USAGES. Il relève le menton, et concourt aux mouvemens de la lèvre inférieure.

VARIÉTÉS. Dans les petits quadrupèdes, ce muscle est peu saillant; il fait corps avec le tissu charnu qui constitue la lèvre inférieure.

§. X. *Le Labial.*

On comprend sous le nom de muscle labial, cette masse charnue, qui est disposée circulai-rement autour des lèvres dont elle constitue le corps ou la substance, et qui est composée de fibres courtes entrelacées en sens différens, mêlées d'une grande quantité de vaisseaux, de nerfs, de follicules muqueux et de tissu graisseux; ce muscle est attaché par des fibres charnues au bord alvéolaire des dents incisives, s'implante à la peau des lèvres; et dans son action qui est très-variée, il applique les deux lèvres l'une contre l'autre, en diminue l'étendue, ferme et resserre ainsi l'ouverture extérieure de la bouche.

§. XI. *Le Nasal.*

Posé et implanté sur les appendices cartilagineuses qui constituent la base des ailes du nez, ce muscle paroît être une production du précédent, duquel il est plus distinct dans les grands quadrupèdes que dans les petits. Ainsi que le labial, il s'insère à la peau qui tapisse les ailes du nez, écarte ces deux ailes l'une de l'autre, et offre divers prolongemens suivant l'organisation des ouvertures nasales. Dans les *monodactyles*, il présente des fibres plus ou moins courtes, qui s'étendent sur la fausse narine et le long du prolongement susnasal. Dans le *cochon*, il est très-épais, et entoure l'os du boutoir.

Article IV.

Muscles autour de l'articulation maxillo-temporale.

Ces muscles pairs et au nombre de quatre, se distinguent en rapprocheurs et en écarteurs de la mâchoire inférieure. Les premiers courts, épais, très-forts et plus gros dans les carnivores, sont situés autour de l'articulation ; un seul écarteur, plus ou moins long, gros et divisé, se prolonge de l'occipital au bord postérieur de l'os maxillaire.

§ I. *Le Temporo-maxillaire.*

Caractère. Ce muscle, qui est court, épais et composé de quelques lames et intersections tendineuses, occupe la fosse temporale, entoure l'apophyse coronoïde, et est recouvert par le muscle fronto-oriculaire.

Origine. De toute la fosse temporale et des empreintes musculaires dont est garnie la surface externe du pariétal, par des fibres charnues et tendineuses.

Insertion. A l'apophyse coronoïde, par des fibres tendineuses, épaisses et très-fortes.

Usages. Il concourt au rapprochement, et aux mouvemens latéraux de la mâchoire inférieure sur la supérieure.

Variétés. Dans les *carnivores*, ce muscle beaucoup plus épais, forme une éminence sphéroïdale, qui est très-grosse dans quelques races de chiens.

§. II. *Le Zygomato-maxillaire.*

Caractère. Court, épais et large, ce muscle est composé, comme le précédent, de lames et intersections tendineuses très fortes, dont quelques-unes ont une direction oblique ; il occupe la joue, s'étend depuis l'épine zygomatique sur le maxillaire jusqu'au bord postérieur de cet os ; il est recouvert par le sous-cutané de la face, par les rameaux nerveux du plexus sous-zygomatique ; et vers l'articulation maxillaire, il porte l'artère et la veine sous-zygomatique.

Origine. De toute la crête zygomatique, par des fibres charnues et tendineuses.

Insertion. A toute la surface externe de la moitié supérieure de la branche du maxillaire.

Usages. Comme le précédent, il rapproche la mâchoire inférieure de la supérieure, et concourt à ses mouvemens latéraux.

Variétés. Dans les *didactyles*, ce muscle est généralement moins fort, mais il a une direction plus oblique, pour l'exécution des mouvemens latéraux qui, dans les **ruminans**, sont plus étendus et plus fréquens.

§. III. *Le Sphéno-maxillaire.*

Caractère. Moins volumineux, mais de la même texture que le précédent, et situé à l'opposé dans la cavité glossienne, le sphéno-maxillaire offre une portion charnue, épaisse, et prolongée jusque contre l'articulation maxillo-temporale (1).

Origine. De l'apophyse sous-sphénoïdale et de la crête palatine, par de fortes fibres tendineuses et quelques charnues.

Insertion. A l'opposé du zygomato-maxillaire.

Usages. Il est le congénère des muscles précédens.

§. IV. *Le Stylo-maxillaire.*

Caractère. Ce muscle, qui est cylindroïde, plus ou moins gros et bifurqué du côté du maxillaire, est situé profondément en bas de l'oreille, sous la parotide et sur les grandes branches de l'hyoïde.

---

(1) C'est cette portion que plusieurs anatomistes distinguent sous le nom de muscle ptérygoïdien supérieur.

Origine. De l'apophyse styloïde de l'occipital.

Insertion. Par une de ses branches qui est
la plus courte et la plus grosse , à la tubérosité
maxillaire ; tandis que l'autre branche longue,
digastrique, gagne la cavité glossienne , passe
sous le corps de l'hyoïde auquel elle est fixée,
et va s'insérer par un tendon à la moitié inférieure du bord postérieur du maxillaire.

Usages. Il écarte la mâchoire inférieure de
la supérieure , et est l'antagoniste des muscles
précédens.

Variétés. Dans les *monodactyles* , la branche glossienne de ce muscle est digastrique et
coule dans un anneau que lui offre à son insertion le grand kérato-hyoïlien ; cette même
branche, dans les *didactyles* , est maintenue
sous le corps de l'hyoïde par une lame charnue, transversale, qui réunit les deux muscles.

Dans les *carnivores* , le stylo-maxillaire n'est
point divisé , mais il est beaucoup plus gros.

Article V.

Muscles de la langue.

Ces muscles sont au nombre de quatre : les
trois premiers, pairs , minces et plus ou moins

longs , prennent leur origine à des surfaces osseuses et s'insèrent à la langue, en épanouissant
et en entremêlant leurs fibres; le quatrième
impair , épais , d'une texture complexe, constitue le corps de la langue.

§. I. *Le Kérato-glosse.*

Caractère. Ce muscle , qui est long , étroit,
un peu aplati et tendineux à son origine ,
s'étend sur tout le côté de la langue, depuis sa
base jusqu'à sa pointe.

Origine. Des grandes branches de l'hyoïde ,
par un tendon aplati et mince.

Insertion. A la partie latérale et inférieure
de la langue jusqu'à sa pointe.

Usages. Il tire la langue en dedans de la
bouche , et la porte de côté.

§. II. *L'Hyo-glosse.*

Caractère. Ce muscle , entièrement charnu
et situé profondément à la base de la langue
sur le corps de l'hyoïde, est mince, court
et large.

Origine. Du corps de l'hyoïde.

Insertion. A la base de la langue.

Usages. Il tire la base de la langue en arrière.

§. III.

§. III. *Le Génio-glosse.*

CARACTÈRE. Ce muscle, qui est flabelliforme et tendineux à son origine, s'étend sous toute la langue de bas en haut, le long de la ligne médiane.

ORIGINE. De la surface génienne, par un fort tendon qui se propage au bord inférieur.

INSERTION. A la face inférieure de la langue, tout le long de la ligne médiane.

USAGES. Il tire la langue hors de la bouche, et concourt à la plier en bas.

§. IV. *Le Lingual.*

Faisceau musculeux, impair, situé entre les six muscles précédens, composé de fibres charnues, dirigées en sens différens, dont les unes sont longitudinales, d'autres transversales, et quelques autres plus ou moins obliques; faisceau qui n'a d'attache aux os que par quelques fibres implantées au corps de l'hyoïde, qui constitue la substance ou corps de la langue, et est l'agent des mouvemens variés que cet organe exécute sur lui-même.

ARTICLE VI.

Muscles de l'hyoïde.

Nous ne comprenons dans cet article, que

T

les petits muscles qui , attachés aux diverses
pièces de l'hyoïde , ne s'étendent pas au-delà
de la région gutturale.

Ces muscles , au nombre de cinq de chaque
côté , sont distincts les uns des autres par leur
forme , leurs attaches et leur direction.

§. I. *Le Mylo-hyoïdien.*

CARACTÈRE. Large muscle , très-mince , penniforme , situé sous la peau et les ganglions
lymphatiques sous-linguaux , qui est disposé
en manière de sangle , et soutient en masse la
langue et les muscles qui sont dessous.

ORIGINE. De la ligne myléenne.

INSERTION. Au corps de l'hyoïde.

USAGES. Il porte l'hyoïde en avant et **en**
haut , et concourt à appliquer la langue contre
le palais.

VARIÉTÉS. Dans les *monodactyles ,* ce muscle, près de la réunion des branches du maxillaire , offre une portion distincte et séparée
du muscle principal.

§. II. *Le Génio-hyoïdien.*

CARACTÈRE. Cylindroïde et tendineux à ses
extrémités, ce muscle est recouvert par le précédent et s'étend sous la langue , le long de
la ligne médiane.

Origine. De la surface génienne, par un tendon.

Insertion. Au corps de l'hyoïde.

Usages. Il tire l'hyoïde en avant.

§. III. *Le grand Kérato-hyoïdien.*

Caractère. Petit muscle, cylindroïde, tendineux à ses extrémités, et situé profondément le long du bord postérieur de la grande branche de l'hyoïde.

Origine. De la tubérosité qui est à la partie supérieure de la grande branche de l'hyoïde.

Insertion. Au corps de l'hyoïde, par un tendon qui, dans les monodactyles, est perforé, et constitue une coulisse dans laquelle passe la branche glossienne du stylo-maxillaire.

Usages. Il élève le corps de l'hyoïde.

§. IV. *Le petit Kérato-hyoïdien.*

Petit muscle court, aplati, mince, entièrement charnu, qui est situé derrière les petites branches, occupe l'intervalle triangulaire qui existe entre ces branches et le corps, s'implante aux petites branches d'une part, et de l'autre au corps, et concourt à mouvoir ces pièces les unes sur les autres.

§. V. *Le Stylo-hyoïdien.*

Autre petit muscle aplati, charnu et tendi--
neux, qui occupe l'intervalle de l'apophyse
styloïde de l'occipital à la grande branche de
l'hyoïde, s'attache à ces parties, élève la
grande branche, et n'existe que dans les
grands quadrupèdes.

Article VII.

Muscles du pharynx.

Ces muscles minces, aplatis et plus ou moins
larges, s'insèrent au pharynx dont ils forment
la membrane charnue, et diffèrent entr'eux
par leurs premières attaches.

§. I. *Le Ptérygo-pharyngien.*

Large expansion charnue, qui est située
sous le muscle sphéno-maxillaire, s'attache à
l'apophyse ptérygoïde, ainsi qu'à la crête palatine, et élève le pharynx.

Variétés. Dans les *monodactyles*, il enveloppe la poche gutturale.

§. II. *Le Kérato-pharyngien.*

Petit faisceau musculeux, oblong, qui, du
milieu de la face interne des grandes branches
de l'hyoïde où il prend son origine, va au
pharynx qu'il dilate.

Variétés. Très-souvent ce muscle est double.

§. III. *L'Hyo-pharyngien.*

§. IV. *Le Thyro-pharyngien.*

§. V. *Le Crico-pharyngien.*

Ces trois muscles minces , plats , situés derrière le larynx, l'un à la suite de l'autre , forment chacun une bandelette courte , et ne diffèrent entr'eux que par leur origine ; ils sont les constricteurs du pharynx , et poussent le bol alimentaire dans l'œsophage.

§. VI. *L'Arythéno-pharyngien.*

Très-petit faisceau musculeux , qui , du cartilage arythénoïde , va à l'œsophage qu'il élève un peu.

Article V I I I.

Muscles du larynx.

Le larynx est un organe composé de cartilages que , par rapport à leur forme et leur position , l'on nomme , d'après les Grecs , *cricoïde , thyroïde , arythénoïdes , épiglotte.*

Les muscles apposés sur ces cartilages qu'ils meuvent les uns sur les autres , sont très-petits et au nombre de sept, dont cinq pairs , et deux impairs.

T 3

§. I. *L'Hyo-thyroïdien.*

CARACTÈRE. Posé sur la partie latérale du larynx, ce muscle est aplati, mince, entièrement charnu, et le plus grand de tous.

ORIGINE. De la partie latérale du corps de l'hyoïde.

INSERTION. A la partie inférieure et latérale du cartilage thyroïde.

USAGES. Il élève le larynx et approche le cartilage thyroïde contre l'hyoïde.

§. II. *Le Crico-thyroïdien.*

Ce muscle très-court, et situé en bas du précédent sur le côté du cartilage cricoïde où il prend son origine, s'insère au bord inférieur du cartilage thyroïde, et abaisse ce cartilage sur le cricoïde.

§. III. *Le Crico-arythénoïdien postérieur.*

CARACTÈRE. Ce muscle, situé sur la face postérieure du cartilage cricoïde et sous l'origine de l'œsophage, est le plus épais, et porte beaucoup de fibres tendineuses.

ORIGINE. De la face postérieure du cricoïde.

INSERTION. A l'éminence de la base du cartilage arythénoïde.

USAGES. Il élève l'arythénoïde, et concourt à la dilatation de la glotte.

§. IV. *Le Crico-arythénoïdien latéral.*

Très-petit muscle qui est situé en dehors du précédent, sous l'extrémité du cartilage thyroïde, et qui s'insère aussi à la base du cartilage arythénoïde.

§. V. *Le Thyro-arythénoïdien.*

Caractère. Situé sous le cartilage thyroïde, ce muscle offre deux portions charnues, oblongues, qui enveloppent le ventricule latéral de la glotte.

Origine. De la partie antérieure de la face interne du thyroïde.

Insertion. A côté du précédent.

Usages. Il agit essentiellement pour la voix.

§. VI. *L'Arythénoïdien.*

Ce muscle, qui est impair, s'étend d'un cartilage arythénoïde à l'autre par des fibres qui s'entrelacent et se réunissent dans le milieu, au moyen d'un petit tendon.

§. VII. *L'Hyo-épiglottique.*

Caractère. Petit muscle oblong, impair, entouré d'une grande quantité de graisse, et posé derrière l'épiglotte.

Origine. Du milieu du corps de l'hyoïde.

Insertion. A la convexité de l'épiglotte.

Usages. Il élève l'épiglotte et concourt à la dilatation de la glotte.

Article IX.

Muscles du voile du palais.

Ces muscles minces, peu nombreux, et situés à la base du voile du palais, sont deux pairs et un impair.

§. I. *Le Stylo-staphylin.*

Caractère. Ce petit muscle, long et biceps, situé sur le conduit cartilagineux du tympan, est divisé, du côté du voile du palais, en deux branches, dont une externe, qui est la plus longue et digastrique, passe sur le muscle ptérygo-pharyngien, et glisse dans la coulisse qui est à l'extrémité de l'os ptérygoïdien ; après quoi, elle se recourbe et s'épanouit dans la base du voile du palais ; tandis que la branche interne, entièrement charnue, gagne le côté de la base du voile du palais, en passant sous le ptérygo-pharyngien.

Origine. De l'apophyse styloïde du temporal, par un tendon ; il s'attache aussi le long du conduit guttural du tympan.

Insertion. Au voile du palais, par ses deux branches.

Usages. Il élève, élargit, tend le voile du palais, et concourt aux mouvemens de la poche gutturale des monodactyles.

Variétés. *Monodactyles*. Il adhère à la poche gutturale.

§. II. *Le Palato-staphylin.*

Caractère. Bandelette large, mince, mi-charnue et mi-aponévrotique, qui se prolonge de la base du voile du palais jusque vers sa pointe.

Origine. Par un large tendon, du rebord du palatin qui soutient la partie inférieure de l'ouverture gutturale du tympan.

Insertion. Il se perd vers la pointe du voile du palais, par des fibres charnues.

Usages. Il élève le voile du palais.

§. III. *Le Staphylin.*

Caractère. Petit muscle impair, cylindroïde, qui s'étend dans le milieu du voile du palais et le long de la ligne médiane.

Origine. De la jonction des palatins, par un tendon.

Insertion. Dans le tissu folliculeux du voile du palais, par des fibres charnues.

Usages. Il relève le voile du palais.

Variétés. Dans les *monodactyles*, ce muscle est très-grêle, et est, pour ainsi dire, noyé dans le tissu folliculeux, de manière qu'il faut beaucoup de précaution pour l'isoler, quand on veut le disséquer.

SECTION III.

Muscles du cou.

Ces muscles nombreux, plus ou moins longs et gros, forment une masse charnue, apposée autour des vertèbres du cou, et se partagent en deux articles.

ARTICLE PREMIER.

Muscles de la face cervicale.

Ces muscles, au nombre de douze, apposés les uns sur les autres, et recouverts par la portion cervicale du muscle sous-cutané du cou, constituent une masse charnue séparée en deux par le ligament cervical.

Ce ligament très-étendu, très-large, jaunâtre, d'une texture particulière et très-élastique, est composé de deux portions géminées et réunies par leur bord supérieur. Le ligament cervical qui, chez les quadrupèdes, établit la continuité de l'épine du rachis, depuis le garot jusqu'à la tête, forme une cloison médiane qui sépare les muscles cervicaux, donne attache à quelques-uns de ces muscles, et soutient la tête et le cou. Considéré de derrière en avant, il prend son origine aux apophyses épineuses de la deuxième, troisième et quatrième vertèbres du dos, et forme continuité avec cet appareil ligamenteux qui s'étend en arrière et réunit les apophyses épineuses des vertèbres du dos, des lombes et même du sacrum. Du côté de son insertion, c'est-à-dire entre les muscles cervicaux, il offre deux parties dont une large, aplatie et disposée en cloison, s'insère aux apophyses épineuses de la cinquième, quatrième, troisième et deuxième vertèbres du cou (1); tandis que l'autre partie, épaisse, arrondie en forme de corde, constitue tout le bord supérieur du ligament, donne implantation à différens muscles, et vers la troisième vertèbre du cou se sépare de la portion diaphragmatique, passe sur les deux premières vertèbres sans s'y implanter, et va s'insérer à la tubérosité cervicale de l'occipital.

----

(1) Dans les monodactyles, l'on trouve entre les deux premières vertèbres un petit ligament qui est de la même nature.

Parmi les muscles cervicaux, les uns vont au membre antérieur ; d'autres, longs et forts, s'étendent depuis le dos, sur le cou, jusqu'à la tête où ils sont tendineux, et ont des attaches très-multipliées; les autres, profonds et courts, constituent différens faisceaux musculeux qui, plus ou moins grands et séparés, sont placés entre les éminences, les uns à la suite des autres, sur toute la face cervicale du cou.

Ces muscles offrent de grandes différences dans leur longeur, leur epaisseur et leur division, selon la longeur et la grosseur du cou de chaque espèce de quadrupèdes.

§. I. *Le Cervico-acromien.*

Caractère. Situé immédiatement sous la peau et au pourtour de l'angle cervical du scapulum, ce muscle est large, mince, et aponévrotique à son insertion.

Origine. Du bord supérieur du ligament cervical, par des fibres charnues et aponévrotiques.

Insertion. A l'acromion, par une large aponévrose qui s'étend aussi sur les autres muscles de l'épaule.

Usages. Il tire l'épaule en haut et en avant.

Variétés. Dans les grands quadrupèdes,

ce muscle est très-large et aponévrotique à ses bords. Dans les petits quadrupèdes, il est plus épais, entièrement charnu, et offre à son bord inférieur une bande charnue, étroite, qui est située sous le muscle mastoïdo-huméral, et qui s'étend de l'apophyse trachélienne de l'atloïde sur l'épaule, où elle dégénère en une aponévrose large et mince.

§. II. *Le Cervico-sous-scapulaire.*

Caractère. Ce muscle qui est épais, pyramiforme et entièrement charnu, est situé sous le bord supérieur du précédent, et s'étend depuis la tête, le long du bord supérieur du ligament cervical, jusqu'à l'angle cervical du scapulum.

Origine. Du bord supérieur du ligament cervical, au-dessous du précédent.

Insertion. A la face interne de l'angle cervical du scapulum.

Usages. Il tire l'angle cervical du scapulum en haut et en avant.

Variétés. Dans les tétradactyles, ce muscle s'attache à l'occipital.

§. III. *Le Cervico-trachélien.*

Caractère. Ce muscle large, épais, mêlé de fibres tendineuses et ayant son bord inférieur denticulé et tendineux, est posé obliquement sur toute la face cervicale du cou, et s'étend du bord supérieur du ligament cervical, aux apophyses trachéliennes des vertèbres du cou, jusqu'à l'apophyse mastoïde.

ORIGINE. Du bord supérieur du ligament cervical, par des fibres charnues et aponévrotiques ; il s'attache aussi aux apophyses épineuses de la deuxième et troisième vertèbres du cou.

INSERTION. Aux apophyses trachéliennes de toutes les vertèbres du cou, ainsi qu'à l'apophyse mastoïde, par autant de dentelures distinctes et tendineuses.

USAGES. Il étend la tête ainsi que le cou, et concourt à les faire tourner de côté.

VARIÉTÉS. Ce muscle, considéré dans tous les quadrupèdes domestiques, offre des différences dans ses attaches, sa forme et même sa disposition ; dans le *cochon*, il est composé de trois portions, dont une s'insère à la protubérance transversale de l'occipital, l'autre à l'apophyse mastoïde, et la troisième à l'apophyse trachélienne de l'atloïde.

§. IV. *Le Trachélo-sous-scapulaire.*

CARACTÈRE. Ce muscle fort, épais, large, triangulaire et denticulé à son bord inférieur, est situé profondément en avant de l'épaule, sous laquelle il se porte en se convergeant ; du côté de l'épaule, il est réuni avec le muscle costo-sous-scapulaire.

ORIGINE. Des apophyses trachéliennes des cinq à six dernières vertèbres du cou, par autant de dentelures mêlées de fibres tendineuses.

INSERTION. A la face interne du scapulum, près de l'angle cervical, par une portion charnue, épaisse, et recouverte de quelques fibres tendineuses.

USAGES. Il tire l'angle cervical du scapulum en bas et en avant, et concourt à rapprocher l'épaule contre le thorax.

§. V. *Le Dorso-mastoïdien.*

CARACTÈRES. Ce muscle qui est long, charnu et tendineux, est formé de deux portions géminées et denticulées ; il est situé profondément sur les apophyses articulaires des vertèbres du cou, sous les dentelures du précédent, et se prolonge jusqu'à la tête par un tendon.

ORIGINE. Des apophyses transverses des deux premières vertèbres du dos, par des tendons ; il s'attache aussi aux apophyses articulaires des six dernières vertèbres du cou, par autant de dentelures charnues et tendineuses.

INSERTION. A la tubérosité mastoïde, par un

tendon qui se réunit avec le tendon du muscle cervico-trachélien.

Usages. Il étend la tête ainsi que le cou, et concourt aux mouvemens latéraux de ces parties.

§. VI. *Le Dorso-occipital.*

Caractère. Ce muscle large, épais, très-fort, d'une texture complexe, et pourvu d'intersections tendineuses plus ou moins obliques, est le plus grand de tous les muscles cervicaux. Posé contre la portion diaphragmatique du ligament cervical auquel il adhère par un tissu cellulaire lâche et très - abondant, il se porte dans une direction droite de derrière en devant, gagne la tête au moyen d'un gros tendon, et a des implantations nombreuses et très fortes.

Origine. Des apophyses transverses et épineuses des quatre à cinq premières vertèbres du dos, par autant de tendons aplatis ; il s'attache de même aux apophyses articulaires des vertèbres du cou, excepté de la première et de la dernière.

Insertion. A la protubérance occipitale, par un gros tendon, contre l'insertion de la portion occipitale du ligament cervical.

Usages. Il est le principal agent de l'extension directe de la tête et du cou. Ce muscle

cle, ainsi que le précédent, concourt aux mouvemens du rachis; quand leurs points fixes sont antérieurs, ils sont alors les auxiliaires de cette masse musculeuse qui s'étend en arrière jusqu'à la croupe, et qui, dans les grands quadrupèdes, se continue avec les muscles croupiens, et même avec les muscles fessiers.

§. VII. *Le long Axoïdo-occipital.*

CARACTÈRE. Petit muscle oblong, aplati, situé sous le tendon d'insertion du muscle précédent.

ORIGINE. De l'apophyse épineuse de l'axoïde.

INSERTION. A l'occipital, sous le tendon du précédent, par des fibres tendineuses.

USAGES. Il concourt à l'extension de la tête sur la première vertèbre.

§. VIII. *Le court Axoïdo-occipital.*

Ce petit muscle cylindroïde, situé sous le précédent, mais un peu sur le côté, prend son origine à l'extrémité antérieure de l'apophyse épineuse de l'axoïde, et va s'insérer à l'occipital, au-dessous et à côté du muscle précédent duquel il est le congénère.

§. IX. *L'Atloïdo-occipital.*

Petit faisceau musculeux, court, mince, situé sur la face supérieure de l'articulation de l'occipital avec l'atloïde ; faisceau qui , du bord antérieur de l'atloïde, va s'insérer à l'occipital en passant sur le ligament capsulaire auquel il adhère intimement, et qu'il préserve d'être pincé dans les divers mouvemens d'extension de la tête sur la première vertèbre.

§. X. *L'Axoïdo-atloïdien.*

CARACTÈRE. Ce muscle court, mais très-épais et entièrement charnu , est situé sur le côté de l'articulation des deux premières vertèbres , au-dessous des tendons qui vont s'insérer à l'apophyse mastoïde, et à une direction oblique de derrière en avant et de dedans en dehors.

ORIGINE. Des parties latérales de l'apophyse épineuse de l'axoïde.

INSERTION. A la face supérieure de l'apophyse trachélienne de l'atloïde.

USAGES. Il fait tourner la tête sur l'axoïde.

§. XI. *L'Atloïdo-sous-mastoïdien.*

CARACTÈRE. Ce muscle très-court, épais, large et entièrement charnu , occupe l'intervalle qui se trouve entre la tubérosité mastoïde et l'apophyse trachélienne de l'atloïde , a une direction un peu oblique et dans le sens opposé au précédent.

Origine. Du bord antérieur de l'apophyse trachélienne de l'atloïde.

Insertion. Au-dessous de la tubérosité mastoïde, ainsi qu'à l'extrémité de la protubérance de l'occipital.

Usages. Il concourt à l'extension de la tête sur l'atloïde.

§. XII. *Les Inter-cervicaux.*

Faisceaux charnus, un peu tendineux, au nombre de cinq à six, prolongés entre les éminences des six dernières vertèbres auxquelles ils s'implantent, continus les uns aux autres, de manière qu'ils ne forment qu'une seule et même masse musculaire qui remplit les intervalles des éminences entr'elles ; faisceaux qui, appliqués immédiatement sur les vertèbres et ayant des attaches très-fortes et très - multipliées, opèrent l'extension d'une vertèbre sur l'autre.

ARTICLE II.

Muscles de la face trachélienne.

La plupart des muscles qui occupent cette face viennent du thorax, et se terminent ou à la tête, ou à l'hyoïde, ou au larynx. Les uns, posés en dehors de la trachée, sont longs, cylindroïdes, et tendineux à leur insertion ;

d'autres, situés sur le côté ou appliqués sur
les vertèbres, sont plus ou moins complexes,
et ont des attaches fortes et multipliées ; tous
ces muscles sont pairs, enveloppés par le
muscle sous-cutané du cou, et sont au nombre
de dix de chaque côté.

§. I. *Le Mastoïdo-huméral.*

CARACTÈRE. Ce muscle très-long, épais,
aplati et tendineux à ses extrémités, est situé
sur le côté de la face inférieure du cou, s'étend
depuis la tête, sur les apophyses trachéliennes
du cou, sur l'angle scapulo-huméral, jusqu'à
la partie inférieure du bras où il se termine.
L'on distingue à ce muscle trois portions,
dont deux parallèles et unies par un tissu cellulaire serré, ont à peu près la même grosseur
et la même longueur, et ne diffèrent essentiellement que par leurs attaches; tandis que la troisième plus petite, mince et sous forme de large
bande, vient du sternum, et se termine sur
la face externe des deux portions précédentes.

ORIGINE. De la tubérosité mastoïde, par un
fort tendon ; il vient aussi de la protubérance
de l'occipital, ainsi que du ligament cervical,
par une aponévrose mince et très-large; il
s'attache aussi par des dentelures tendineuses,

aux apophyses trachéliennes des premières vertèbres ; et par sa portion sternale, il a une implantation au prolongement trachélien du sternum.

Insertion. A la partie antérieure et inférieure du corps de l'humérus par un tendon ; et par une aponévrose, il se prolonge sur les muscles qui couvrent la face externe du bras.

Usages. Il porte le bras et même tout le membre en avant et en haut. Lorsque son point fixe, qui est très-variable, se trouve postérieur, alors ce muscle tire la tête et le cou en bas et de côté.

Variétés. Dans les *didactyles*, la portion sternale de ce muscle comprend plusieurs petits faisceaux charnus, oblongs. Vers son origine, ce muscle fournit un tendon qui va s'insérer au prolongement sous-occipital.

Dans le cochon, le mastoïdo-huméral n'offre point de portion sternale.

§. II. *Le Sterno-maxillaire.*

Caractère. Long, cylindroïde et tendineux à son insertion, ce muscle est situé en dedans du précédent, s'étend un peu obliquement de dedans en dehors, depuis le sternum, jusqu'au pourtour de l'articulation maxillo-temporale.

ORIGINE. Du prolongement trachélien du sternum, par des fibres charnues.

INSERTION. A l'apophyse mastoïde, par un fort tendon qui traverse la parotide.

USAGES. Il fléchit la tête.

VARIÉTÉS. Dans les *monodactyles*, ce muscle prend son insertion à l'os maxillaire, en bas de l'articulation de la mâchoire inférieure avec la supérieure.

Dans le *bœuf*, ce muscle est composé de deux portions géminées, dont une s'insère à la tubérosité maxillaire ; tandis que le tendon de l'autre portion se bifurque, une branche s'implante à l'apophyse mastoïde, l'autre se réunit avec une branche du tendon d'origine du muscle précédent, et va gagner le prolongement sous-occipital.

§. III. *Le Scapulo-hyoïdien.*

CARACTÈRE. Ce muscle, dont la forme et l'étendue varient dans les diverses classes de quadrupèdes, est long, tendineux à son extrémité d'origine, et est situé obliquement sous le précédent, de dehors en dedans, depuis le pourtour de l'épaule jusqu'au corps de l'hyoïde.

ORIGINE. De la face interne ou du pourtour du scapulum, par un tendon mince.

Insertion. Au milieu du corps de l'hyoïde, avec le scapulo-hyoïdien opposé, par des fibres charnues.

Usages. Il tire l'hyoïde en bas et en arrière.

Variétés. Dans les *monodactyles*, ce muscle est très-long, large, posé obliquement sous la grosse veine du cou qu'on nomme jugulaire ; il prend son origine au scapulum.

Dans les *didactyles*, il est grêle, cylindroïde, et tire son origine des apophyses trachéliennes de la quatrième et cinquième vertèbres.

Ce muscle n'existe pas dans les *tétradactyles irréguliers*.

§. IV. *Le Sterno-hyoïdien.*
§. V. *Le Sterno-thyroïdien.*

Caractère. Ces deux muscles qui sont grêles, longs, cylindroïdes, tendineux à leurs extrémités, s'étendent le long de la face inférieure de la trachée.

Origine. Du prolongement trachélien du sternum, par des fibres tendineuses et charnues.

Insertion. Le premier s'implante au corps de l'hyoïde, et le second au bord inférieur du cartilage thyroïde, chacun par un tendon.

Usages. Ils portent l'hyoïde et le larynx en bas.

Variétés. Dans les *monodactyles* et les *didactyles*, ces muscles portent le plus souvent un tendon dans leur milieu où ils sont réunis.

Dans le *cochon* où le larynx est très-long, le sterno-thyroïdien est double.

§. VI. *Le Trachélo-sous-occipital.*

Caractère. Ce muscle long, un peu aplati, de forme pyramidale, denticulé à son origine et tendineux à son insertion, est situé sous les deux premières vertèbres du cou, et s'étend obliquement de derrière en avant et de dehors en dedans.

Origine. Des apophyses trachéliennes des cinq à six vertèbres, à compter de la deuxième, par autant de dentelures en partie tendineuses.

Insertion. Au prolongement sous-occipital, par un gros tendon.

Usages. Il fléchit la tête.

§. VII. *L'Atloïdo-sous-occipital.*

Très-petit muscle oblong, cylindrique, entièrement charnu, situé très-profondément sous l'articulation atloïdo-occipitale, à côté de l'extrémité d'insertion du muscle précédent. Ce muscle, qui prend son origine au bord antérieur du corps de l'atloïde, s'insère au prolongement sous-occipital avec le précédent, et concourt à fléchir la tête sur la première vertèbre du cou.

§. VIII. *L'Atloïdo-styloïdien.*

Situé à côté du précédent, dont il ne diffère que parce qu'il est plus grêle et plus court, ce muscle vient avec lui de l'atloïde, s'insère à l'apophyse styloïde de l'occipital, et concourt à la flexion, soit directe, soit latérale de la tête.

§. IX. *Le Costo-trachélien.*

Caractère. Ce muscle, posé sur le côté de l'entrée de la cavité thoracique, est composé de plusieurs portions dont deux à trois, les plus grosses, et situées l'une au - dessus de l'autre, constituent une masse charnue qui occupe l'intervalle triangulaire qui est entre la première côte et les vertèbres du cou ; tandis que deux à trois autres portions grêles, cylindroïdes, et plus ou moins tendineuses, s'étendent en long sur les apophyses trachéliennes.

On remarque que ce muscle offre, dans son

milieu, une ouverture pour le passage des vaisseaux et des nerfs brachiaux, et qu'il est traversé, sur sa face externe, par deux à trois cordons nerveux qui composent le nerf dia-phragmatique.

Origine. Du bord antérieur de la première côte.

Insertion. Aux apophyses trachéliennes des six dernières vertèbres.

Usages. Il concourt à fléchir le cou, et à porter le thorax en avant et en haut dans les fortes inspirations.

Variétés. Dans quelques quadrupèdes, comme les *didactyles* et même le *cochon*, ce muscle offre une portion mince, qui s'étend sur les côtes entre le trachélo-sous-scapulaire et le costo-sous-scapulaire.

Dans le *cochon* où ce muscle est petit, l'on ne remarque pas d'ouverture pour les vaisseaux et les nerfs brachiaux qui passent au bord inférieur.

§. X. *Le Sous-dorso-atloïdien.*

Caractère. Très-compliqué, fort, en partie tendineux, posé immédiatement sur la face inférieure des cinq à six premières vertèbres du dos et de toutes celles du cou, ce muscle qui a des implantations très-fortes et très-multipliées, peut être considéré comme formé de deux portions, dont une sous-dorsale s'étend jusqu'à la sixième vertèbre du cou et constitue une masse charnue, tendineuse à ses extrémités; l'autre portion trachélienne est formée de faisceaux oblongs, plus ou moins gros, très-tendineux et disposés les uns à la suite des autres, obliquement de derrière en avant et de dedans en dehors le corps, sur des vertèbres du cou.

ORIGINE. De la face sous-dorsale des cinq à six premières vertèbres du dos ; le long du cou, il s'attache à toute la surface inférieure des vertèbres.

INSERTION. A la protubérance de l'atloïde, par un gros tendon qui se réunit avec celui du côté opposé.

USAGES. Il fléchit le cou dans tous ses points mobiles, en pliant chaque vertèbre l'une sur l'autre.

SECTION IV.

Muscles situés à la face dorsale et lombaire.

Ces muscles, disposés par couches, sont distingués en deux articles, par rapport à leur forme, et sur-tout à leur insertion.

ARTICLE PREMIER.

Muscles qui, de l'épine dorsale et lombaire, vont s'insérer au scapulum, à l'humérus ou aux côtes.

Ces muscles minces, larges, plus ou moins étendus et aponévrotiques du côté de leur origine, sont apposés les uns sur les autres, recouverts par le muscle sous-cutané du thorax et de l'abdomen, et sont au nombre de cinq de chaque côté.

§. I. *Le Dorso-acromien.*

CARACTÈRE. Trapéziforme et tendineux à son insertion, il s'étend obliquement de l'épine du dos, à partir de son sommet, sur l'extrémité supérieure du scapulum, jusquà l'acromion.

ORIGINE. De l'épine du dos, par une forte aponévrose.

INSERTION. A la tubérosité de l'acromion, par un fort tendon.

USAGES. Ce muscle élève l'épaule, en la portant en arrière.

VARIÉTÉS. Chez les petits quadrupèdes, comme le *chien*, ce muscle a plus d'épaisseur et de force.

§. II. *Le Dorso sous-scapulaire.*

Caractère. Quadrilatère et presqu'entièrement charnu, ce muscle est situé sous le cartilage du scapulum, se porte dans une direction droite de haut en bas, et offre à son bord postérieur plus d'épaisseur que dans le reste de son étendue.

Origine. Des parties latérales des apophyses épineuses qui constituent le sommet du dos.

Insertion. A toute la face interne du cartilage du scapulum.

Usages. Il porte l'épaule directement en haut.

Variétés. Dans les *tétradactyles*, ce muscle offre, à son bord postérieur, une portion longue, cylindroïde, qui concourt aux mouvemens plus étendus de l'épaule de ces animaux.

§. III. *Le Dorso-huméral.*

Caractère. Ce muscle fort étendu, trapéziforme, porte, du côté de son origine, une très-grande aponévrose, offre sur les côtes et le long du bord postérieur de l'épaule, une masse charnue, épaisse, se dirige obliquement de haut en bas et de derrière en avant, et gagne la face interne du bras au moyen d'un petit tendon.

Origine. De l'épine dorso-lombaire, à partir du sommet du dos, par son aponévrose.

Insertion. Par un tendon aplati et fort mince, à la tubérosité interne du corps de l'humérus.

Usages. Il porte le bras avec tout le reste du membre en haut et en arrière, et concourt à le faire tourner en dedans.

§. IV. *Le Dorso-costal.*

Ce muscle, dont la portion aponévrotique est mince et beaucoup plus étendue que la portion charnue qui en constitue le bord inférieur, qui est située sur les côtes, et qui est légèrement denticulée, vient de l'épine du dos en se dirigeant obliquement de devant en arrière, va s'insérer à la face externe des six à huit côtes du milieu, et concourt à l'inspiration en tirant les côtes en haut et en avant.

§. V. *Le Lombo-costal.*

Caractère. Peu différent, mais plus fort que le précédent en arrière duquel il est situé, il s'étend obliquement de derrière en avant et de haut en bas, croise le bord postérieur du muscle précédent, en passant par-dessous, et offre, à sa portion charnue, cinq à huit dentelures très-distinctes, et attachées au bord postérieur des dernières côtes.

ORIGINE. De l'épine lombaire, par son aponévrose.

INSERTION. Au bord postérieur des cinq à huit dernières côtes, par autant de dentelures essentiellement charnues.

USAGES. Il tire en haut les côtes postérieures, les porte en arrière, les écarte de celles de l'autre côté, et concourt à l'inspiration.

ARTICLE II.

Muscles qui s'étendent sur la face lombo-costale, et dont quelques-uns se propagent sur la face cervicale du cou.

Ces muscles, peu nombreux et situés au-dessous des précédens, occupent l'intervalle triangulaire formé par l'épine lombo-dorsale et la partie supérieure des côtes, et opèrent les mouvemens variés dont est susceptible le rachis.

§. I. *L'Ilio-spinal.*

CARACTÈRE. Ce muscle, qui est très-long, très-tendineux, gros, épais, un des plus forts et des plus composés de tout le corps, a des attaches très-fortes et très-multipliées, s'étend le long de la face lombaire et dorsale,

remplit cette espèce de canal triangulaire qui
est sur le côté de l'épine , et se prolonge sur
les vertèbres du cou.

On peut distinguer dans ce muscle deux
parties ; l'une postérieure , très - épaisse et
comprise jusque vers le milieu du dos, porte,
à sa face externe , une couche tendineuse
très-forte , qui s'implante à la crête lombaire,
à toute l'épine du même nom , et offre à la
fibre charnue des points très-multipliés d'implantation. La partie antérieure présente deux
branches principales , dont une interne large
se continue le long de l'épine dorsale , gagne
le cou , et se prolonge , par des faisceaux
réunis , sur les apophyses épineuses des vertèbres du cou jusqu'à l'axoïde ; tandis que la
branche externe , qui est pyramiforme , se
dirige en - dehors et en bas , gagne les apophyses trachéliennes des dernières vertèbres
du cou sur lesquelles elle se prolonge , au
moyen d'une portion large et pourvue de
faisceaux tendineux.

ORIGINE. De la crête lombaire de l'ilium
par des fibres charnues et tendineuses.

INSERTION. Dans tout son trajet, il prend
des attaches aux diverses parties qu'il recouvre ; ainsi , il s'implante, le long de l'épine
dorso-lombaire,

dorso-lombaire, aux apophyses transverses des vertèbres du dos et des lombes, au bord postérieur de chaque côte par autant de dentelures tendineuses, qui deviennent d'autant plus longues et plus petites qu'elles sont plus antérieures ; vers le cou, il s'insère, par une de ses branches, aux apophyses épineuses des six dernières vertèbres de cette région, par l'autre branche aux apophyses trachéliennes des quatre aux six dernières vertèbres, en fournissant à chacune un tendon aplati.

Usages. Ce muscle, dont l'action très-forte et très-variée est en raison des attaches, plie le dos et les lombes dans tous les sens, élève le devant du corps sur le derrière, ou le derrière sur le devant. Ses usages sont si variés et si étendus, que ce muscle peut être considéré comme l'agent central de la progression. En effet, l'on observe que, lorsque l'animal veut opérer un fort mouvement de progression, la force musculaire se concentre dans le rachis qui, par l'action des muscles ilio-spinaux, prend l'attitude convenable à l'exécution des mouvemens.

Variétés. Dans les grands quadrupèdes, tels que les *monodactyles* et les *didactyles*, ce muscle se continue postérieurement avec

le muscle grand ilio-trokantérien. Cette disposition , très-remarquable dans les monodactyles , explique la cause de la force dont
jouissent ces animaux dans leurs membres postérieurs , ainsi que dans le dos et les lombes.

Dans le *bœuf,* l'on trouve souvent un petit
muscle grêle et cylindroïde , qui s'étend le
long du bord des apophyses transverses , des
vertèbres des lombes , et va de l'os coxal à
la dernière côte.

§. II. *Les Transverso-épineux.*

CARACTÈRE. Faisceaux oblongs , très-tendineux , disposés obliquement de derrière en
avant, les uns à la suite des autres , sur l'épine
dorso-lombaire, et formant une couche musculeuse prolongée jusque vers les premières
vertèbres du dos.

ORIGINE. Chaque faisceau naît de l'apophyse transverse d'une vertèbre, par des fibres
charnues et tendineuses.

INSERTION. A l'extrémité de l'apophyse épineuse de la deuxième et quelquefois de la
quatrième vertèbre, qui précède celle où le
muscle a pris son origine.

USAGES. Ces muscles plient les vertèbres
antérieures sur les postérieures , et concou-

rent à courber le dos et à élever le devant
sur le derrière.

§. III. *Les Inter-épineux.*

Petits faisceaux fort courts, essentiellement
tendineux, et placés entre les apophyses épineuses qu'ils tiennent rapprochées.

SECTION V.

Muscles du thorax.

Ces muscles, fort nombreux, sont partagés
en deux articles, par rapport à leur position
et à leurs usages.

ARTICLE PREMIER.

*Muscles apposés sur le thorax, et dont le
plus grand nombre s'insère au membre
antérieur.*

Ces muscles sont au nombre de sept de
chaque côté du thorax, les quatre premiers,
forts, épais, et apposés les uns sur les autres,
occupent la région sterno-costale et vont se
terminer au membre ; parmi les trois autres
qui sont situés sur la région costale, un seul,
large et très-fort s'insère au scapulum, tandis
que les deux autres s'étendent sur les côtes
qu'ils meuvent.

§. I. *Le Sterno-aponévrotique.*

CARACTÈRE. Ce muscle qui est large, mince et situé immédiatement sous la peau, s'étend en ligne droite, du sternum à la face interne de la jonction du bras avec l'avant-bras, et offre deux parties, dont une charnue, et l'autre aponévrotique ; la première, formée de fibres parallèles, occupe l'espace du sternum au bras ; la partie aponévrotique, fort large et très-étendue, constitue une gaîne qui enveloppe l'avant-bras.

ORIGINE. De la moitié postérieure de la ligne médiane du sternum, par des fibres charnues.

INSERTION. A l'extrémité inférieure du bras, et il se continue sur l'avant-bras, par son aponévrose qui se confond avec une aponévrose du muscle sous-cutané du thorax.

USAGES. Il tire le membre en arrière et en dedans, mais son principal usage est de comprimer les muscles qu'il enveloppe.

VARIÉTÉS. Dans les *tétradactyles*, ce muscle est long, étroit, et n'a qu'une très-petite aponévrose qui s'insère à la face antérieure de l'humérus.

§. II. *Le Sterno-huméral.*

CARACTÈRE. Peu tendineux, gros, épais et

composé de deux portions qui vont en sens différent, ce muscle s'étend de la partie antérieure du sternum jusque vers le milieu du bras.

Origine. De la partie antérieure du sternum, par des fibres charnues.

Insertion. A la face antérieure de la partie inférieure du corps de l'humérus, par des fibres charnues et tendineuses.

Usages. Il tire le bras en dedans et en avant, et approche tout le membre contre le thorax.

§. III. *Le Costo-trochinien.*

Caractère. Grand, épais, presqu'entièrement charnu et pyramiforme, il est situé sous les muscles précédens entre le membre et le thorax, depuis le prolongement abdominal du sternum, jusqu'à l'angle scapulo-huméral.

Origine. Du cartilage des dernières côtes sternales, ainsi que des premières asternales, par des fibres charnues et tendineuses; il s'attache aussi au sternum, et s'implante au muscle sterno-pubien, par des fibres tendineuses, longues, et qui traversent les aponévroses des deux premiers muscles des parois inférieures de l'abdomen.

INSERTION. Au trochin ; il se prolonge au t trochiter, par des fibres aponévrotiques.

USAGES. Il tire en dedans et en arrière l'angle scapulo-huméral, et meut tout le membre.

§. IV. *Le Costo scapulaire.*

CARACTÈRE. Ce muscle qui a aussi une forme pyramidale, mais qui est moins gros que le précédent en avant duquel il est situé, se dirige du thorax à l'angle scapulo-huméral ; se prolonge le long du bord antérieur de l'épaule où il est maintenu par une aponévrose, et diminue de volume depuis son origine jusqu'à son insertion.

ORIGINE. Du cartilage des premières côtes sternales ; il s'attache aussi au sternum.

INSERTION. A la tubérosité de l'angle cervical du scapulum, et par une aponévrose il s'étend sur l'épaule.

USAGES. Il concourt avec le précédent à porter l'épaule en bas et le membre contre le thorax.

VARIÉTÉS. Dans les *didactyles* et les *tétradactyles irréguliers*, ce muscle manque, mais le sterno-trochinien est plus volumineux.

§. V. *Le Costo-sous-scapulaire.*

CARACTÈRE. Ce muscle, large, épais, très-tendineux, flabelliforme et denticulé à ses bords, est situé sous l'épaule ; toutes ses fibres dirigées de bas en haut vont, en se convergeant, s'insérer à la partie supérieure de la face sous-scapulaire.

Origine. De la surface externe des côtes sternales et des premières asternales, par autant de dentelures qui se confondent avec celles d'autres muscles.

Insertion. A la partie supérieure de la face sous-scapulaire.

Usages. Il tire l'épaule en bas contre le thorax, et concourt à fixer le membre au tronc.

Variétés. Dans les grands quadrupèdes, comme les *monodactyles*, ce muscle porte une couche tendineuse épaisse, et qui augmente de force en s'approchant du scapulum, et est séparée, à son insertion, de la portion charnue, par un tissu cellulaire lâche et abondant. Cette couche tendineuse peut être considérée comme un ligament qui fixe et maintient l'épaule contre le thorax.

§. VI. *Le Costo-sternal.*

Petite bande charnue et tendineuse, oblongue, posée en travers sur la partie inférieure

des premières côtes , prenant origine vers le
milieu de la première côte , se portant en bas
sur les quatre à cinq premières côtes , et
s'insérant au sternum par une aponévrose
qui se continue en arrière.

§. VII. *Le Trachélo-costal.*

CARACTÈRE. Ce muscle grêle , complexe ,
très - long et très - tendineux , traverse toutes
les côtes , et se porte le long du bord externe
du muscle ilio-spinal , auquel il adhère par un
tissu cellulaire serré.

Il est composé de deux plans de fibres, qui
constituent chacun une série de faisceaux
oblongs et terminés par des tendons. Dans le
plan externe , ces faisceaux sont dirigés de
derrière en avant, et leurs tendons sont d'autant plus longs et plus petits qu'ils sont plus
antérieurs ; tandis que tout le contraire a lieu
dans le plan interne.

ORIGINE. Des apophyses trachéliennes des
deux dernières vertèbres du cou, par chacun
un tendon.

INSERTION. Au bord antérieur des côtes ,
par les tendons du plan interne , dont le premier tendon s'attache à la troisième côte , et
puis successivement jusqu'à la dernière ; aux

apophyses transverses des deux premières vertèbres des lombes , ainsi qu'au bord postérieur
des côtes , par les tendons du plan externe
qui franchit les trois à quatre dernières côtes ,
sans leur fournir d'attaches.

Usages. Ce muscle contribue à élever les
côtes , et concourt à l'inspiration.

Article II.

Muscles qui forment les parois du thorax.

En comprenant sous deux titres tous les
intercostaux , et sous un seul les faisceaux
musculeux qui sont apposés à la face interne
de l'articulation des côtes avec le sternum ,
on ne compte que quatre muscles , dont trois
pairs , et un impair qui est le diaphragme.

§. I. *Le Diaphragme.*

Caractère. Large cloison , charnue dans
toute sa circonférence et aponévrotique dans
son centre , disposée obliquement de derrière
en avant et de haut en bas entre le thorax et
l'abdomen qu'elle sépare , et offrant deux
faces dont une antérieure *thoracique* qui est
convexe , et l'autre postérieure *abdominale*
qui est concave.

La partie charnue du diaphragme est denticulée, et présente, vers la région sous-lombaire, deux prolongemens d'un inégal volume, qu'on nomme les piliers du diaphragme; ces piliers, qui se continuent chacun par un tendon sous le corps des vertèbres des lombes, sont séparés l'un de l'autre par deux ouvertures remarquables; l'une de ces ouvertures, qui est supérieure et située sous le corps des vertèbres, donne passage à l'aorte postérieure, au canal thoracique et aux nerfs trisplanchniques; l'autre ouverture, plus large et située à l'extrémité inférieure des piliers (plus à gauche qu'à droite), laisse passer l'œsophage.

La partie aponévrotique, qui ressemble à la figure d'un cœur de carte, est formée de fibres dirigées en sens différens, et présente dans son milieu une ouverture ronde, qui donne passage à la veine-cave postérieure.

Origine. Du bord interne du prolongement abdominal du sternum, ainsi que de la face interne des cartilages qui constituent le cercle abdominal, par des dentelures charnues; il s'attache aussi au corps des vertèbres des lombes et des dernières du dos, par les tendons des piliers.

Insertion. Elle peut être considérée comme

ayant lieu au centre aponévrotique où les fibres charnues viennent se terminer.

USAGES. Il dilate, agrandit ou diminue le thorax et l'abdomen, selon qu'il se porte vers l'une ou l'autre de ces cavités.

§. II. *Les Inter-costaux externes.*
§. III. *Les Inter-costaux internes.*

Ces muscles constituent des bandes charnues qui sont appliquées deux à deux l'une sur l'autre dans les espaces inter-costaux, et qui s'étendent, s'attachent d'une côte à l'autre, de manière que chaque intervalle inter-costal est occupé par deux muscles dont un inter-costal externe, l'autre inter-costal interne, et qui, ayant leurs fibres obliques, se croisent en manière d'X. Chaque muscle inter-costal externe, qui a ses fibres obliques de haut en bas et de devant en arrière, offre, à son principe au dos, un gros faisceau charnu oblong, que l'on désigne sous le nom de muscles releveurs des côtes.

Ces muscles concourent puissamment à la respiration, en élevant la côte postérieure sur l'antérieure qui est toujours la plus fixe, et en rétrécissant les espaces inter-costaux.

§. IV. *Les Sterno-costaux.*

Faisceaux charnus, aplatis, courts, un peu tendineux, ayant diverses directions, réunis les uns à la suite des autres, de manière qu'ils forment une couche musculeuse, denticulée et appliquée à la face interne de l'articulation des côtes avec le sternum.

SECTION VI.

Muscles des parois de l'abdomen.

Ces muscles, en raison de leur position, se distinguent en trois articles. Ici nous n'exposerons que deux articles, parce que le diaphragme, qui constitue un article particulier, a été décrit avec les muscles qui forment les parois du thorax.

ARTICLE PREMIER.

Muscles qui constituent les parois inférieures de l'abdomen.

Ces muscles sont aplatis et au nombre de quatre de chaque côté : trois larges, très-étendus, dirigés dans un sens différent, charnus à leur bord externe et aponévrotiques au bord interne, se terminent à la ligne médiane de l'abdomen, où ils se croisent avec ceux du côté opposé ; le quatrième long, complexe et très-tendineux, s'étend le long de la ligne médiane de l'abdomen, entre les aponévroses des muscles précédens. Ces quatre muscles sont disposés de manière que la partie charnue de l'un correspond à l'aponévrose de l'autre, d'où il résulte que les parois inférieures de l'abdomen sont à peu près également charnues et épaisses partout, et que l'action de cette enveloppe musculaire est uniforme dans tous ses points.

Dans les grands quadrupèdes, où les viscères constituent un excès considérable de poids qui porte sur les parois inférieures, ces muscles abdominaux sont recouverts d'une très-large enveloppe, plus épaisse à la face inférieure, autour de la ligne médiane. Cette production jaunâtre, élastique, de la nature du ligament cervical, concourt à soutenir les viscères abdominaux.

§. I. *Le Costo-abdominal.*

Caractère. Ce muscle, qui est externe et le plus étendu, se porte obliquement depuis la surface externe des côtes postérieures, jusqu'à la ligne médiane de l'abdomen.

Sa portion charnue denticulée recouvre le cercle cartilagineux de l'abdomen, et se pro-

longe sur les apophyses transverses des vertèbres des lombes ; son aponévrose, très-forte
et très - large, s'étend sur toute la face inférieure de l'abdomen vers le bassin ; cette aponévrose se porte, en direction droite, depuis
les vertèbres des lombes jusqu'à la ligne médiane, passe devant la cuisse sans contracter
d'attaches, et constitue l'ouverture que l'on
appelle *arcade crurale*. Cette ouverture dans
les grands quadrupèdes, est recouverte par
une expansion aponévrotique qui vient des
parois de l'abdomen, gagne la cuisse et se
prolonge sur la face interne de la jambe. L'on
observe que, dans le mâle, l'aponévrose du
costo-abdominal offre, en avant du bord abdominal du pubis, une ouverture qui donne
passage au cordon spermatique, et que l'on
nomme *anneau spermatique*.

ORIGINE. De la face externe des côtes au-
dessus et en avant du cercle cartilagineux de
l'abdomen, par des dentelures charnues et
tendineuses, qui s'entrelacent avec les dentelures du costo-sous-scapulaire ; il s'attache
aussi à l'angle externe de l'ilium.

INSERTION. A la ligne médiane de l'abdomen,
ainsi qu'au bord abdominal du pubis.

USAGES. Il tire la ligne médiane de l'abdomen

» en haut et en avant, porte le bassin en avant,
» et quand son point fixe est postérieur, il baisse
« les côtes et concourt à l'expiration.

§. II. *L'Ilio-abdominal*.

CARACTÈRE. Moins grand que le précédent, ce muscle ne dépasse pas le cercle cartilagineux, et se dirige obliquement de derrière en avant et de haut en bas.

Sa partie charnue, épaisse et flabelliforme, s'étend sur le flanc et en avant de l'arcade crurale. Son aponévrose forme deux portions, dont une denticulée s'insère aux dernières côtes asternales; l'autre large, épaisse, croise l'aponévrose du muscle précédent, et gagne la ligne médiane de l'abdomen.

On peut distinguer dans ce muscle deux portions, dont une qui va aux côtes, est dite *costale*, et l'autre qui gagne la ligne médiane de l'abdomen, porte le nom de portion *abdominale*.

ORIGINE. De l'angle antérieur externe de l'ilium, par des fibres charnues et tendineuses.

INSERTION. A toute la ligne médiane de l'abdomen; et par quatre à cinq dentelures tendineuses, à la face interne du cartilage des quatre à cinq dernières côtes asternales.

Usages. Ce muscle soulève la ligne médiane de l'abdomen, en la tirant en arrière ; il concourt aussi à baisser les dernières côtes asternales.

Variétés. Dans les *monodactyles*, la portion costale de ce muscle constitue, dans certaines maladies, le *flanc cordé*.

Dans les *tétradactyles irréguliers*, l'aponévrose de ce muscle forme deux lames, entre lesquelles passe le muscle suivant.

§. III. *Le Sterno-pubien.*

Caractère. Ce muscle long, aplati, très-tendineux, d'une structure très - complexe, porte des intersections tendineuses, disposées transversalement en zigzag, d'autant moins fortes et d'autant plus écartées les unes des autres, qu'elles sont plus postérieures et que le muscle a plus d'épaisseur, s'étend en manière de sangle sous l'abdomen, le long de la ligne médiane, et offre à ses bords des fibres tendineuses qui le tiennent élargi.

Origine. Du sternum, de son prolongement, ainsi que du cartilage de plusieurs côtes sternales, par des fibres tendineuses.

Insertion. Au bord abdominal du pubis, par un gros tendon ; il s'attache aussi à la ligne médiane.

Usages.

Usages. Il soulève la ligne médiane de l'abdomen, en rapprochant le bassin du sternum ; il sert aussi à l'expiration.

Variétés. Dans les *monodactyles*, ce muscle, vers le prolongement abdominal du sternum, reçoit une production ligamenteuse, qui vient du cartilage des premières côtes asternales.

§. IV. *Le Lombo-abdominal.*

Caractère. Ce muscle, qui est le plus interne et le plus mince, occupe exactement toute l'étendue inférieure de l'abdomen, et se porte en direction droite de dehors en dedans.

Sa partie charnue étroite et denticulée en constitue tout le bord externe, et s'étend le long des apophyses transverses des vertèbres des lombes, sous le cercle cartilagineux de l'abdomen, jusqu'au prolongement abdominal du sternum ; la partie aponévrotique diminue d'épaisseur à mesure qu'elle augmente de largeur, depuis le sternum jusqu'au pubis.

Origine. Des apophyses transverses des vertèbres des lombes, ainsi que de la face interne de tout le cercle cartilagineux de l'abdomen, par des dentelures un peu tendineuses.

Y

Insertion. A la ligne médiane de l'abdomen.

Usages. Il soulève la ligne médiane de l'abdomen, en la portant de côté.

Article II.

Muscles qui concourent à former les parois supérieures de l'abdomen.

Ces muscles, au nombre de quatre de chaque côté, constituent une masse charnue, appliquée à la face inférieure des vertèbres des lombes et prolongée à l'entrée du bassin ; deux épais, forts, s'étendent hors de l'abdomen, et vont s'insérer à l'os de la cuisse.

§. I. *Le Sous-lombo-trokantinien.*

Caractère. Ce premier muscle qui est long, épais, tendineux à son insertion, s'étend sous toutes les apophyses transverses des vertèbres des lombes, passe par l'arcade crurale où il dégénère en une pointe pyramiforme qui se plonge dans le muscle iliaco-trokantinien.

Origine. De la face inférieure des vertèbres des lombes, ainsi que des deux dernières côtes.

Insertion. Au trokantin, par un gros tendon.

Usages. Il fléchit la cuisse.

§. II. *L'Iliaco-trokantinien.*

Caractère. Très - épais, court et trèscharnu, ce muscle occupe toute la surface iliaque, est situé profondément sous la pointe pyramiforme du muscle précédent, et se porte avec lui hors de l'abdomen.

ORIGINE. De toute la surface iliaque.

INSERTION. Au trokantin avec le muscle précédent, par un tendon qui leur est commun.

USAGES. Congénère du précédent, il concourt à la flexion de la cuisse.

§. III. *Le Sous-lombo-pubien.*

CARACTÈRE. Peu volumineux ; long, aplati, pyramiforme et très-tendineux, il s'étend le long du corps des vertèbres des lombes à côté du sous-lombo-trokantinien , jusqu'au bassin.

ORIGINE. Du corps des vertèbres des lombes, par des fibres charnues et tendineuses.

INSERTION. Au bord abdominal du pubis, par un fort tendon.

USAGES. Il porte le bassin en avant.

§. IV. *L'Ilio-costal.*

On comprend sous ce titre quelques faisceaux charnus et tendineux , oblongs, minces et aplatis, qui se prolongent depuis l'ilium où ils prennent leur origine , passent sous les apophyses transverses des vertèbres des lombes auxquelles ils s'attachent, et s'insèrent à la face interne des deux dernières côtes, près de leur articulation avec les vertèbres.

SECTION VII.

Muscles situés à la partie postérieure du bassin.

Ces muscles assez nombreux, petits et formés de faisceaux diversement arrangés, sont partagés en deux articles.

ARTICLE PREMIER.

Muscles de la queue ou du prolongement coccygien.

Ces muscles, au nombre de quatre de chaque côté, se prolongent du bassin sur les os coccygiens qu'ils enveloppent et auxquels ils s'attachent.

§. I. *Le Sacro-coccygien supérieur.*

§. II. *Le Sacro-coccygien inférieur.*

CARACTÈRE. Ces deux muscles, qui ne diffèrent essentiellement entr'eux que par leur position, sont formés chacun, d'une série de faisceaux longs, très-tendineux, conoïdes, et qui, disposés obliquement les uns à la suite et même au-dessus des autres, diminuent de volume depuis le sacrum jusqu'à l'extrémité

de la queue où ils se terminent par une grande
quantité de petits tendons.

ORIGINE. Du sacrum, par chacun un gros
faisceau charnu et tendineux, oblong et épais.
Le sacro-coccygien supérieur vient de la face
sus-sacrée, et l'autre de la face sous-sacrée.

INSERTION. Aux éminences latérales et internes des os coccygiens, par des tendons di-
vergens, forts et longs, ainsi que par des
fibres charnues qui s'implantent plus particulièrement entre les éminences.

USAGES. Ils élèvent ou abaissent la queue,
concourent à la porter de côté, suivant qu'ils
se contractent avec ou sans leurs congénères
de l'autre côté.

§. III. *Le Sacro-coccygien latéral.*

CARACTÈRE. Formé, comme les deux précédens, de faisceaux continus, mais moins
fort et moins épais qu'eux, ce muscle s'étend
sur le côté de la queue, fournit, comme
les deux autres, des branches divergentes
qui vont alternativement en haut et en bas.

ORIGINE. Du sacrum, par des fibres charnues et tendineuses.

INSERTION. Sur tout le côté de la queue.

USAGES. Il porte la queue de côté.

§. IV. *L'Iskio-coccygien.*

CARACTÈRE. Petite bande charnue, mince, tendineuse à ses extrémités, et qui s'étend du ligament iskiatique jusqu'au côté de la base de la queue.

ORIGINE. Il vient essentiellement du ligament iskiatique, par des fibres tendineuses; il s'attache aussi à l'iskium.

INSERTION. Sur le côté de la base de la queue, par un tendon.

USAGES. Il tire la base de la queue en bas.

ARTICLE II.

Muscles de l'anus et des organes génitaux.

1°. Dans le mâle.

Ces muscles minces, peu tendineux, sont au nombre de six, dont trois pairs et trois impairs.

§. I. *Le Coccygio-anal.*

Ce muscle impair, désigné par les Grecs sous le nom de *sphincter* de l'anus, à cause de la propriété qu'il a de resserrer cette ouverture, est composé de fibres charnues, disposées circulairement autour de l'anus. Il constitue une espèce d'anneau large, plus ou moins épais, implanté à la peau de l'anus et du pourtour du périnée, susceptible de se rétrécir et de se replier sur lui-même. Il porte de chaque côté une ou deux branches qui sont attachées à la base de la queue, et qui servent à relever l'anus.

§. II. *Le Sacro-anal.*

Ce muscle pair, oblong, aplati, se prolonge au-dessus de l'anus sur les parties latérales et internes du ligament sacro-iskiatique, et a la propriété de relever l'anus.

§. III. *L'Iskio-périnéal.*

Mince, pair, situé immédiatement sous la peau du périnée, l'iskio-perinéal vient par des faisceaux oblongs de l'iskium, et s'insère au pourtour du périnée.

§. IV. *L'Iskio-uréthral.*

Ce muscle mince, impair, composé de plusieurs branches ou prolongemens, s'attache à l'iskium par deux ou trois branches de chaque côté, et forme une enveloppe charnue qui embrasse la portion pelvienne de l'urèthre, les petites prostates ; ce muscle comprime ces parties, en les rapprochant de l'iskium.

§. V. *Le Périnéo-uréthral.*

CARACTÈRE. Ce cinquième muscle impair,

penniforme et très-long , enveloppe l'urèthre , depuis son bulbe jusqu'à la tête du pénis.

Origine. Du pourtour du périnée , par des faisceaux charnus.

Insertion. Aux bords de la gouttière du pénis , dans laquelle passe l'urèthre.

Usages. Il comprime l'urèthre, et pousse les liqueurs auxquelles ce canal donne passage , savoir , l'urine et le sperme.

§. VI. *L'Iskio-sous-pénien.*

Caractère. Ce muscle qui est pair , court , épais et assez tendineux , est appliqué sur la racine du pénis qu'il enveloppe.

Origine. De la crête de l'iskium , par des fibres charnues et tendineuses.

Insertion. A toute la surface externe des racines du pénis , par des fibres charnues.

Usages. Il concourt à l'érection , en comprimant les parties qu'il recouvre.

2º. Dans la femelle.

Peu différens de ceux du mâle , ces muscles sont deux pairs et deux impairs.

§. I. *Le Coccygio-anal.*

Même disposition que dans le mâle.

§. II. *L'Iskio-périnéal.*

Ce second muscle diffère peu de celui du mâle ; il est beaucoup plus petit, vient de l'iskium, enveloppe l'urèthre, et concourt à le soutenir.

§. III. *L'Iskio-clitorien.*

On comprend sous ce titre quelques petits faisceaux charnus, qui viennent de la crête de l'iskium, s'étendent sur le clitoris, et sont les érecteurs de cette partie.

§. IV. *Le Périnéo-clitorien.*

Ce dernier muscle composé de bandelettes charnues, répandues autour du périnée, forme, à chaque lèvre, une couche charnue qui se prolonge sur le clitoris ; il sert à resserrer la vulve, à comprimer le pénis lors de l'accouplement, et concourt à l'érection du clitoris.

DEUXIÈME DIVISION.

Muscles des Membres.

Moins nombreux, généralement plus longs que ceux du tronc, ces muscles, dans les parties supérieures des membres, sont épais, essentiellement charnus, plus nombreux que dans les parties inférieures où ils deviennent tendineux, et sont enveloppés de gaînes très-résistantes. Cette disposition est d'autant plus remarquable, que les animaux sont plus grands, plus forts, et qu'ils ont les membres plus longs.

De même que dans le tronc, on observe à chaque membre un muscle sous-cutané qui constitue une enveloppe essentiellement aponévrotique, mais dont la portion charnue s'implante à des parties dures.

Comme il n'y a qu'un seul muscle sous-cutané pour chaque membre, savoir, l'ilio-aponévrotique pour le membre postérieur, et le sterno - pubien pour l'antérieur, et que ce muscle ne s'étend pas sur tout le membre, nous n'avons pas jugé à propos d'en faire un article particulier; il nous a paru plus convenable de les exposer en même temps que les muscles sur lesquels est apposée leur portion charnue. Ainsi l'ilio aponévrotique sera décrit avec les muscles situés sur la face antérieure ou rotulienne de la cuisse, tandis que le sterno-pubien a été exposé avec les muscles de la région sterno-costale du thorax.

1°. *Muscles des membres abdominaux ou postérieurs.*

Ces muscles, dont la grosseur et l'étendue

offrent des différences très-remarquables et relatives à la longueur de l'extrémité du membre, sont rangés en quatre sections que nous avons disposées dans l'ordre suivant.

PREMIÈRE SECTION.

Muscles attachés sur la hanche et qui s'insèrent au fémur.

Ces muscles, au nombre de trois, forment une grosse masse charnue qui est apposée sur la région iliale depuis les lombes, l'angle de la croupe et de la hanche, jusqu'à l'os de la cuisse. Cette masse charnue, plus ou moins longue et proéminente, est en quelque sorte l'agent central et essentiel de la détente en arrière de tout le membre postérieur.

§. I. *Le grand Ilio-trokantérien.*

CARACTÈRE. Le plus gros, le plus fort de tous les muscles du corps, il constitue une masse charnue très-épaisse, très-rouge, qui occupe toute la surface externe de l'ilium, et qui, dans les grands quadrupèdes, offre, du côté des lombes, un prolongement pyramiforme qui se continue avec l'ilio-spinal. Ce muscle, dont la substance est traversée par quelques lames tendineuses, a des implantations nombreuses très-fortes, porte du côté du fémur deux gros tendons, au moyen desquels il s'attache au trokanter.

Origine. De toute la surface externe de l'ilium, par des fibres charnues et quelques tendineuses.

Insertion. Au trokanter, par deux gros tendons, dont l'un s'insère au sommet, l'autre, qui glisse sur la convexité, va s'attacher à la crête transversale qui est au-dessous de cette convexité.

Usages. Ce muscle est le principal extenseur de la cuisse; c'est aussi l'agent essentiel qui porte tout le membre en arrière et détermine la ruade. Lorsque son point fixe est au trokanter, il concourt à élever le tronc sur les membres postérieurs; aussi agit-il dans le saut, la ruade et la pésade, suivant que son point fixe est antérieur ou postérieur.

Variétés. Dans les *monodactyles* et les *didactyles*, ce muscle porte un prolongement lombaire, qui est pyramiforme, fait continuité avec l'ilio-spinal, sur la surface duquel il s'implante. Du côté du fémur, il offre une petite portion charnue, qui descend derrière le trokanter et va s'attacher, par un tendon, au-dessous de la crête trokantérienne. Dans les grands quadrupèdes , comme les *monodac-tyles* , il est généralement plus fort, plus étendu , a des attaches plus multipliées.

§. II. *Le moyen Ilio-trokantérien.*

CARACTÈRE. Ce muscle qui est tendineux à ses extrémités , qui a une grandeur et une forme variées , qui est biceps dans quelques quadrupèdes et cylindroïde dans d'autres , s'étend depuis l'angle de la hanche jusqu'à la crête du trokanter.

ORIGINE. De la tubérosité qui constitue l'angle de la hanche, par des fibres charnues et tendineuses.

INSERTION. A l'extrémité de la crête du tro-kanter, par un fort tendon.

USAGES. Il est congénère du précédent , et concourt à l'extension de la cuisse.

VARIÉTÉS. Dans les *monodactyles* et les *té-tradactyles irréguliers* , il est divisé en deux branches, dont une vient de l'angle de la croupe , et l'autre de l'angle de la hanche ; ces deux branches sont réunies par une forte aponévrose, qui recouvre le muscle précédent et lui offre des implantations ; de manière que, dans le cheval et autres monodactyles , ce muscle peut être considéré **comme un agent** compresseur qui soutient, augmente la force du grand ilio-trokantérien.

Dans les *didactyles* et le *cochon*, il est cylindroïde et se porte en ligne droite, le long du bord inférieur du muscle précédent, depuis l'angle de la hanche à la crête du trokanter.

§. III. *Le petit Ilio-trokantérien.*

CARACTÈRE. Court, mêlé de lames ou intersections tendineuses qui se portent suivant la direction des fibres charnues, le petit ilio-trokantérien est situé sous l'insertion du grand ilio - trokantérien , recouvre l'articulation coxo-fémorale, s'étend depuis la crête qui est au-dessus de la cavité cotyloïde, jusqu'au trokanter.

ORIGINE. De la crête et des empreintes musculaires qui sont près et au-dessus de la cavité cotyloïde, par des fibres charnues et tendineuses.

INSERTION. A la convexité du trokanter, par des fibres essentiellement tendineuses.

USAGES. Il concourt à élever la cuisse sur la hanche, et est le congénère des deux précédens.

VARIÉTÉS. Dans les *didactyles*, le petit

ilio - trok antérien est composé de plusieurs portions disposées les unes à côté des autres sur l'articulation du fémur avec le coxal.

SECTION II.

Muscles apposés autour du fémur.

Ces muscles très-nombreux, de forme et de grandeur variées, s'insèrent soit à l'os de la cuisse soit à ceux de la jambe, et se distinguent, en raison de leur situation, en trois articles.

ARTICLE PREMIER.

Muscles situés sur la face antérieure ou rotulienne du fémur.

Ces muscles sont au nombre de six, dont trois attachés sur toute la surface antérieure du fémur, sont peu distincts, vont se terminer à la rotule ; les autres viennent de l'ilium et ont diverses terminaisons.

§. I. *L'Ilio-aponévrotique.*

CARACTÈRE. Situé immédiatement sous la peau, s'étendant sur la cuisse depuis l'angle de la hanche jusque sur la jambe, l'ilio-aponévrotique forme une large expansion qui enveloppe la cuisse et se prolonge sur la

jambe ; il présente deux portions , l'une charnue, l'autre aponévrotique ; la première , flabelliforme , est attachée à l'angle de la hanche ; la portion aponévrotique , beaucoup
plus étendue , forme une très-grande enveloppe qui est apposée sur la surface antérieure
de la cuisse , et qui se continue sur la jambe.

Origine. De l'angle externe de l'ilium , par
des fibres charnues.

Insertion. Par son expansion aponévrotique , sur les muscles de la cuisse et de la
jambe ; il s'attache aussi à la rotule , ainsi
qu'à la crête du tibia.

Usages. Il soutient la contraction des muscles qu'il recouvre , les affermit dans leur action, et concourt à porter le membre en avant.

Variétés. Dans les *tétradactyles irréguliers ,* il est moins étendu ; on trouve de plus
une portion charnue , cylindroïde, située sur
l'ilio-aponévrotique , et qui prenant son origine à la tubérosité iliale externe va s'insérer
à la rotule.

§. II. *L'Ilio-rotulien.*

Caractère. D'une texture ferme , le plus
gros, le plus fort des six , l'ilio-rotulien est cylindrique , tendineux à ses extrémités , a sa
portion

portion charnue mêlée de fibres et de lames tendineuses, se porte depuis le bord de la cavité cotyloïde jusqu'à la rotule, sur le fémoro-rotulien antérieur, et entre les fémoro-rotuliens externe et interne.

ORIGINE. De l'ilium, près et en avant de la cavité cotyloïde, par un gros tendon bifurqué.

INSERTION. A la rotule, par un très-gros tendon.

USAGES. Il étend la jambe sur la cuisse, et concourt à l'attitude fixe du bassin sur le membre.

§. III. *Le Fémoro-rotulien externe.*

§. IV.   —   —   *interne.*

CARACTÈRE. Ces deux muscles, parfaitement semblables et ne différant que par la position, sont épais, forts, un peu aplatis, ont leur substance mêlée de quelques fibres tendineuses, et sont attachés sur les côtés du fémur.

ORIGINE. Des parties latérales du corps du fémur; l'externe s'implante sur le côté externe, et l'interne sur le côté opposé.

INSERTION. A la rotule, aux côtés du précédent.

Z

Usages. Ils concourent à l'extension de la jambe.

§. V. *Le Fémoro-rotulien antérieur.*

Caractère. Ce muscle, qui est situé le long de la partie antérieure du fémur, entre les deux précédens avec lesquels il paroît ne faire qu'une même masse, offre quelques fibres tendineuses, mais il est essentiellement charnu.

Origine. De la partie antérieure du corps du fémur, entre les deux précédens.

Insertion. A la rotule, au-dessous du tendon de l'ilio-rotulien.

Usages. Il concourt avec les deux précédens à étendre la jambe sur la cuisse.

§. VI. *L'Ilio-fémoral grêle.*

Très-petit muscle oblong, cylindroïde, tendineux à ses extrémités, qui est situé sur l'articulation fémoro-coxale, vient de l'ilium en avant et près de la cavité cotyloïde; souvent il prend son origine entre les branches du tendon de l'ilio-rotulien; il s'insère à la partie antérieure de l'extrémité supérieure du corps du fémur.

Ce petit muscle, qui concourt à faire tourner la cuisse sur son axe, lorsque le membre est détaché du sol et qu'il est tenu élevé, n'existe pas dans tous les quadrupèdes, mais on le trouve constamment dans les monodactyles.

ARTICLE II.

Muscles situés à la face postérieure du fémur.

Les muscles de cette région sont au nombre de quatre. Les trois premiers, longs, très-épais, posés l'un à côté de l'autre, vont s'attacher au tibia, et dans les grands quadrupèdes ils se prolongent supérieurement jusqu'au sommet de la croupe ; le quatrième, grêle, est situé très-profondément sous l'origine des trois premiers et s'insère au fémur.

§. I. *L'Iskio-tibial externe.*

CARACTÈRE. Très-grand muscle, long, très-épais, triceps inférieurement, occupant tout le côté externe de la face postérieure de la cuisse, et s'étendant depuis la pointe de la fesse jusqu'au milieu de la jambe.

ORIGINE. De la tubérosité de l'iskium, par des fibres charnues et tendineuses.

INSERTION. A la tubérosité externe, ainsi qu'à la crête du tibia ; il s'attache aussi à la rotule, et se continue inférieurement jusqu'au calcaneum, au moyen d'une forte aponévrose.

Usages. Il fléchit la jambe sur la cuisse, concourt à porter tout le membre en arrière et en dehors ; lorsque le point fixe de ce muscle est à la jambe, il aide à élever le tronc sur les membres.

Variétés. Dans les *monodactyles* et les *didactyles*, ce muscle se prolonge par une grosse portion charnue, pyramiforme, jusqu'à l'angle de la croupe, s'attache à cet angle, ainsi qu'à l'épine sus-sacrée, et fait continuité avec le grand ilio-trokantérien. En bas de la tubérosité iskiale, il fournit un fort tendon qui s'insère au corps du fémur.

§. II. *L'Iskio-tibial mitoyen.*

Caractère. Ce muscle, qui est aussi fort épais, fort long, mais moins volumineux que le précédent contre lequel il est situé, est biceps, et s'étend jusqu'à la face interne de la jambe.

Origine. De la tubérosité iskiale, à côté du précédent.

Insertion. A la crête du tibia, par une large et forte aponévrose.

Usages. Il est le congénère du muscle précédent, mais il peut concourir à faire tourner un peu la jambe sur la cuisse.

Variétés. Elles sont les mêmes que celles du précédent, mais il n'a point d'attache au fémur.

§. III. *L'Iskio-tibial interne.*

Caractère. Large et un peu plus volumineux que le précédent, il est situé à l'opposé du premier, occupe le côté interne de la face postérieure du fémur, et va se terminer au côté interne de l'articulation de la jambe avec la cuisse.

Origine. De la tubérosité, ainsi que de la crête de l'iskium, contre le précédent.

Insertion. A la tubérosité interne du tibia, ainsi qu'au condyle interne du fémur, par chacun un fort tendon.

Usages. Il est congénère des deux précédens, et concourt à l'extension de la cuisse.

Variétés. Elles sont les mêmes que celles du muscle précédent.

Ainsi, dans les grands quadrupèdes, les trois muscles iskio-tibiaux sont généralement plus gros, plus étendus ; ils ont des attaches plus fortes, plus multipliées, se continuent avec les muscles croupiens, les muscles spinaux ; ils établissent une distribution particulière de forces musculaires, plus grandes, plus soutenues.

§. IV. *L'Iskio-fémoral.*

CARACTÈRE. Grêle, cylindrique, entièrement charnu, et situé sous les précédens, il s'étend de l'iskium jusqu'au‑dessous du trokantin.

ORIGINE. Tout près et en avant de la crête iskiale.

INSERTION. Au pourtour du trokantin.

USAGES. Comme l'ilio-fémoral, grêle, il concourt à faire tourner la cuisse sur son axe, en la tirant en dedans et en arrière.

VARIÉTÉS. *Didactyles.* Composé de deux portions cylindroïdes, dont la plus longue s'insère au milieu de la face postérieure du corps du fémur.

ARTICLE III.

Muscles qui occupent la face interne du fémur.

Ces muscles apposés les uns sur les autres, de forme et de grandeur variées, d'autant plus longs qu'ils sont plus externes, s'insèrent les uns au tibia et les autres au fémur.

§. I. *Le Pubio-tibial.*

CARACTÈRE. Large, rhomboïde, il porte à son bord inférieur une forte aponévrose, occupe presque toute la face interne de la cuisse, et est situé immédiatement sous la peau.

ORIGINE. De la symphyse pubienne, par des fibres charnues et quelques tendineuses.

INSERTION. A la partie supérieure et interne du tibia, par une large aponévrose qui s'implante aussi à la crête du même os.

USAGES. Il tire la jambe et tout le membre en dedans.

§. II. *Le Sous-lombo-tibial.*

CARACTÈRE. Ce muscle qui est étroit, long, et dont les extrémités sont tendineuses, est situé le long du bord antérieur du muscle précédent, vient de la région sous-lombaire, passe par l'ouverture crurale, puis se dirige à côté du précédent jusqu'en bas de la rotule.

ORIGINE. Du corps des vertèbres des lombes, par un fort tendon bifurqué, et dont les branches embrassent le tendon du muscle sous-lombo-pubien.

INSERTION. A côté du précédent.

USAGES. Il porte la jambe en avant et en dedans, et rapproche les deux membres l'un de l'autre.

§. III. *Le Sus-pubio-fémoral.*

CARACTÈRE. Un peu tendineux, court,

mais épais et cylindroïde, il s'étend depuis le bord abdominal du pubis sous le pubio-tibial, jusqu'au-dessous du trokantin.

ORIGINE. Du bord abdominal du pubis, par un tendon bifurqué.

INSERTION. Auprès du trokantin, par des fibres charnues et tendineuses.

USAGES. Il tire la cuisse en dedans et un peu en avant.

VARIÉTÉS. Dans le *cochon*, ce muscle est composé de deux portions géminées, dont l'une s'insère en bas du trokantin, et l'autre va au condyle interne du fémur.

§. IV. *Le Pubio-fémoral.*

CARACTÈRE. Gros, épais, entièrement charnu et biceps à sa partie inférieure, le pubio-fé-moral est posé en long sur le fémur au-dessous du pubio-tibial, se prolonge par une de ses branches jusqu'au condyle interne du fémur, et occupe le milieu de la face interne de la cuisse.

ORIGINE. Près de la symphyse iskio-pubienne.

INSERTION. Au corps du fémur, par une de ses branches ; au condyle interne du même os, par la branche la plus longue.

Usages. Il porte la cuisse directement en dedans, et rapproche le membre de celui du côté opposé.

§. V. *Le Sous-pubio-trokantérien externe.*

Caractère. Petit muscle court, composé de plusieurs faisceaux oblongs, un peu tendineux et placés ou à côté ou au-dessus les uns des autres, s'étendant un peu obliquement depuis le trou sous-pubien jusque dans la fosse du trokanter.

Origine. De la circonférence externe du trou sous-pubien.

Insertion. Tous les faisceaux convergent et s'insèrent par des fibres tendineuses dans la fosse trokantérienne.

Usages. Il fait tourner la cuisse sur son axe.

Variétés. Dans les *monodactyles*, il est moins large, mais plus épais.

§. VI. *Le Sous-pubio-trokantérien interne.*

Peu différent pour sa composition, mais moins épais que le précédent à l'opposé duquel il prend son origine, ce muscle se contourne sur l'iskium derrière la cavité cotyloïde, y prend même quelques attaches, et va s'insérer dans la fosse trokantérienne en bas du précédent avec lequel il concourt à faire tourner la cuisse sur son axe.

§. VII. *Le Sacro-trokantérien.*

Grêle, oblong, en partie tendineux, le sacro - trokantérien est situé en dedans du bassin sous le sacrum, prend son origine au pourtour de l'articulation de cet os avec le coxal, se dirige de devant en arrière, gagne le muscle précédent à son contour, se réunit avec lui, et va s'insérer par un tendon dans la fosse du trokanter.

SECTION III.

Muscles qui entourent le tibia.

Ces muscles moins nombreux, mais généralement plus longs, plus fermes et plus tendineux que ceux de la cuisse, sont contenus dans une gaîne résistante, épaisse et formée par la superposition, par la réunion des aponévroses et des tendons de tous les muscles qui, du pourtour du bassin, se prolongent sur la jambe : on les divise en ceux qui sont apposés sur la face pré-tibiale, et en ceux qui se trouvent à la face poplitée de la jambe.

Article premier.

Muscles apposés sur la face antérieure ou pré-tibiale de la jambe.

Ces muscles, au nombre de quatre, sont charnus sur le tibia et tendineux dans le reste de leur étendue; ils offrent, chez les diverses espèces de quadrupèdes, des différences très-grandes dans leur division, leurs attaches; et ces différences sont relatives à la division de la région dactylienne, suivant qu'elle est ou unidigitée ou multidigitée.

§. I. *Le Tibio-pré-métatarsien.*

Caractère. Ce muscle qui est tendineux à ses extrémités, qui offre de grandes différences dans sa forme, sa composition, et même sa position, suivant les espèces d'animaux, s'étend le long de la face pré-tibiale, à côté du muscle fémoro-pré-phalangien.

Origine. De la tubérosité antérieure de l'extrémité supérieure du tibia; il s'attache aussi au condyle externe du fémur, par un tendon.

Insertion. A la tubérosité antérieure de l'extrémité supérieure de chaque métatarsien, par autant de branches tendineuses qui proviennent d'un tendon commun qui, en passant sur le jarret, est maintenu par un liga-ment annulaire.

Usages. Il fléchit le canon.

Variétés. *Monodactyles.* Ce muscle est situé sous le fémoro-pré-phalangien, et est formé de deux portions réunies, dont une tendineuse et l'autre charnue : la première a la forme d'une grosse et très-forte corde, qui se porte sur la portion charnue, lui offre des implantations, et s'attache supérieurement au condyle externe du fémur, et inférieure-ment aux deux péronés du canon, par chacune une branche. La portion charnue appliquée immédiatement sur le tibia, implantée à la partie supérieure de cet os, ainsi qu'à la face interne de la corde tendineuse par des fibres charnues, dégénère inférieurement en un fort tendon, qui passe entre les deux branches de la corde tendineuse, et va s'insérer à la tubérosité antérieure du grand métatarsien. Il résulte de cette disposition, que ce muscle peut être considéré comme une puissance en partie active et en partie mécanique. Lorsque le canon est fléchi sans déplacement de la jambe sur la cuisse, la portion charnue peut, par sa contraction seule, opérer ce mouvement ; mais, toutes les fois que la jambe est fléchie sur la cuisse, la corde tendineuse entraîne mécaniquement le canon en avant, et le fléchit ainsi sur la jambe.

Dans les *didactyles* et le *cochon*, il est composé de deux portions charnues, entre lesquelles passe le fémoro-pré-phalangien ; il est aussi pourvu d'une corde tendineuse, mais bien plus petite que celles des monodactyles.

Tétradactyles irréguliers. Ce muscle ne dépasse pas le tibia, il est essentiellement charnu, et s'insère, par un tendon, au métatarsien externe.

§. II. *Le Tibio-tarsien.*

Caractère. Moins gros que le précédent, il porte inférieurement un long tendon cylindrique, qui passe dans une coulisse profonde, et qui se contourne de devant en arrière sous le calcaneum, jusqu'à son insertion ; il est situé, comme le précédent, à côté du fémoro-pré-phalangien.

Origine. A côté du précédent, au pourtour de l'articulation du tibia avec son péroné.

Insertion. Au petit tarsien qui est placé du côté externe et sous le calcaneum.

Usages. Il est congènère avec le précédent.

Variétés. *Monodactyles.* Absent.

Tétradactyles. Ce muscle comprend deux portions, dont une externe et l'autre interne; la première est un peu plus forte, l'autre prend son origine le long du péroné.

§. III. *Le Fémoro-pré-phalangien.*

CARACTÈRE. Ce muscle qui est long, très-tendineux, présente deux parties, dont une charnue et l'autre tendineuse : la partie charnue s'étend sur tout le tibia, est située entre ou au-dessus des muscles précédens, a une forme pyramidale, et offre dans sa composition quelques fibres tendineuses. Le tendon, très-long et très-fort, est maintenu, vers son origine, sur l'extrémité inférieure du tibia, par un fort ligament annulaire; arrivé au jarret, il passe dans une coulisse; puis il se continue sur la face antérieure du canon, se divise en plusieurs branches suivant le nombre de doigts. La branche de chaque doigt s'étend jusqu'au dernier phalangien, s'élargit successivement jusqu'à sa terminaison, forme un épanouissement, qui reçoit des grands sésamoïdes deux brides ligamenteuses, une de chaque côté, et qui enveloppe, recouvre la face pré-phalangienne.

ORIGINE. De la cavité qui est entre le con-

dyle externe du fémur et l'éminence rotulienne, par des fibres charnues et tendineuses.

INSERTION. Au premier et au dernier phalangien de chaque doigt, par l'épanouissement
de son tendon qui adhère au ligament capsulaire des trois articulations formées par les
phalangiens.

USAGES. Il étend les doigts, et soutient les
ligamens capsulaires.

VARIÉTÉS. *Didactyles*. Ce muscle est formé
de deux portions géminées.

Dans le *cochon*, il comprend trois portions.

§. IV. *Le Péronéo-pré-phalangien*.

CARACTÈRE. Beaucoup plus petit , mais
ayant la même conformation , et essentiellement la même disposition que le fémoro-pré-
phalangien, il se dirige sur le côté externe
de ce muscle , jusqu'à sa terminaison.

ORIGINE. De l'extrémité supérieure du péroné ; il s'attache aussi au condyle externe
du fémur.

INSERTION. A l'extrémité supérieure du premier phalangien de chaque doigt , par autant
de tendons.

USAGES. Il concourt avec le muscle précédent à étendre les doigts.

Variétés. Dans le *cochon*, ce muscle ne s'attache qu'aux deux phalangiens du milieu. *Tétradactyles irréguliers*. Il est très-grêle.

Article II.

Muscles situés à la face postérieure ou poplitée de la jambe.

Ces muscles, unis en une masse charnue, sont au nombre de six; les deux premiers s'insèrent au calcaneum et étendent le jarret; les trois suivans se prolongent jusqu'à l'extrémité du pied et fléchissent les doigts; le dernier court, posé sur l'articulation tibio-fémorale, fait un peu tourner la jambe sur la cuisse.

§. I. *Le Bi-fémoro-calcanien.*

Caractère. Très-fort, composé de deux portions géminées et pyramiformes, ce muscle est charnu dans sa moitié supérieure, tandis qu'inférieurement il porte un très-gros tendon qui s'insère à l'extrémité du calcaneum. Il descend le long de la face postérieure du tibia sur le muscle tibio-phalangien, et est recouvert par l'extrémité des muscles fessiers, qui prennent leur origine à la tubérosité iskiale.

Origine. Des parties latérales de la fosse raboteuse

raboteuse qui est au-dessus du condyle externe du fémur, par deux forts tendons, un de chaque côté.

INSERTION. A la tubérosité qui est à l'extrémité supérieure du calcaneum.

USAGES. Ce muscle étend le jarret.

§. II. *Le Péronéo-calcanien.*

CARACTÈRE. muscle long, très-grêle, entièrement charnu, d'une texture molle, situé au côté externe du fémoro-calcanien avec lequel il se termine.

ORIGINE. De l'extrémité supérieure ou du pourtour du péroné du tibia.

INSERTION. Au calcaneum, en se confondant avec le tendon du muscle précédent.

USAGES. Il est congénère du précédent.

VARIÉTÉS. Ce muscle ne se trouve pas dans tous les quadrupèdes ; il n'existe pas chez les *didactyles*. Dans les *monodactyles*, il est très-petit, et ressemble à un faisceau charnu placé au milieu des aponévroses qui recouvrent les muscles.

§. III. *Le Fémoro-phalangien.*

CARACTÈRE. Très-long, essentiellement tendineux, très-résistant, ce muscle est situé, vers la jambe, au-dessous et entre les deux portions du bi-fémoro-calcanien où il est charnu; il dégénère ensuite en une très-grosse corde tendineuse qui se contourne sur le tendon du bi-fémoro-calcanien, passe par-dessus, se porte sur la tubérosité du calcaneum où elle s'élargit, et sur laquelle elle est maintenue par deux fortes attaches, une de chaque côté; puis ce tendon se prolonge sur la face postérieure du canon, où il se divise en autant de branches qu'il y a de doigts. La branche de chaque doigt va se terminer, par une bifurcation, au second phalangien; mais avant sa terminaison, elle passe dans la coulisse formée par les grands sésamoïdes et un ligament annulaire qui maintient les tendons qui glissent sur cette coulisse; en bas des sésamoïdes, ce tendon devient perforé pour s'engaîner avec le tendon du muscle suivant; puis il se divise pour s'insérer au second phalangien.

ORIGINE. De la fosse raboteuse qui est au-dessus du condyle externe du fémur et entre les deux branches tendineuses du bi-fémoro-calcanien, par un tendon.

INSERTION. Aux parties latérales du prolongement du second phalangien qui tient lieu

d'os sésamoïde, par deux branches tendineuses, une de chaque côté.

Usages. Il fléchit les doigts et concourt à
l'extension du jarret.

Variétés. *Monodactyles.* Ce muscle est
presqu'entièrement tendineux ; il forme essentiellement une corde tendineuse, très-forte,
très-résistante, qui, entre les deux portions
du bi-fémoro-calcanien, offre quelques fibres
charnues, et qui, sur le canon, est fortifiée
par un gros ligament qui vient des os du jarret, se réunit avec elle. Aussi, chez ces quadrupèdes, ce muscle peut-il être considéré
comme une sorte de puissance mécanique,
qui, dans le déplacement de l'os de la cuisse,
peut étendre le jarret et fléchir les doigts, et
qui résiste aux percussions, empêche que les
articulations ne soient forcées, soulage les
autres muscles et s'oppose à leur tiraillement.

Tétradactyles irréguliers. Derrière le canon, le tendon porte quelques fibres charnues.
Sur le même tendon et en bas du calcaneum,
on trouve un petit faisceau musculeux, posé
obliquement de dehors en dedans, qui prend
naissance sur le côté externe du jarret, et va
s'insérer à l'extrémité supérieure du métatarsien interne.

A a 2

§. IV. *Le Tibio-phalangien.*

CARACTÈRE. Ce muscle, qui est le principal agent de la flexion des doigts, est beaucoup plus gros que le précédent; comme lui il offre deux parties, dont une charnue et l'autre tendineuse. La partie charnue, située sous les muscles précédens et immédiatement sur le tibia, est composée de quatre à cinq portions plus ou moins grosses et tendineuses; la partie tendineuse qui commence vers l'extrémité inférieure de la jambe, se prolonge jusqu'au dernier phalangien. Ce tendon, très-gros, très-fort, glisse dans l'arcade tarsienne qui est à la face interne du calcaneum, descend le long de la face postérieure du canon, sous le tendon du muscle précédent, et fournit comme lui une branche pour chaque doigt. Cette branche se prolonge sous celle du fémoro-phalangien, passe dans l'anneau que cette dernière lui offre, glisse sur l'éminence postérieure du second phalangien, ainsi que sur le petit sésamoïde, et se termine au dernier phalangien.

De la disposition de ces tendons, il résulte que la face plantaire de chaque doigt porte deux tendons superposés, engaînés l'un dans l'autre, qui glissent sur les éminences de chaque articulation, sont fixés, affermis de tous côtés par des ligamens forts et nombreux.

Origine. Des empreintes musculaires dont est garnie la face postérieure du tibia; il s'attache aussi à la tubérosité externe du même os, ainsi qu'au péroné du tibia.

Insertion. Au rebord qui est à la face plantaire du dernier phalangien de chaque doigt.

Usages. Il fléchit les doigts.

Variétés. *Monodactyles.* Derrière le canon, le tendon de ce muscle reçoit une forte production ligamenteuse qui vient du jarret, fortifie ce tendon, résiste aux percussions qui, sans ce secours, auroient pu tirailler la portion charnue.

En haut des sésamoïdes et sur les parties latérales de ces deux tendons, se trouvent deux petits faisceaux musculeux, un de chaque côté, terminés par un tendon et désignés sous le nom de *muscles lombricaux;* ces petits muscles se rencontrent aussi dans les tétradactyles, mais ils ont une disposition différente.

§. V. *Le Péronéo-phalangien.*

Caractère. Grêle, moins long que les deux

précédens, charnu sur le tiers supérieur du tibia et tendineux dans le reste de sa longueur, il s'étend au côté interne du précédent, et se réunit avec lui en bas du jarret.

ORIGINE. De l'extrémité supérieure du péroné.

INSERTION. Au muscle précédent, en bas du jarret, par un tendon, qui, en se portant sur l'extrémité inférieure du tibia et sur le côté interne du jarret, passe et glisse dans une coulisse profonde.

USAGES. Il concourt avec les deux précédens à la flexion des doigts.

§. VI. *Le Fémoro-tibial oblique.*

CARACTÈRE. Ce muscle qui est court, épais, pyramiforme, mêlé de fibres tendineuses, est apposé à l'extrémité supérieure du tibia, sous l'origine des muscles qui s'attachent au-dessus des condyles du fémur, se contourne obliquement de dehors en dedans et de haut en bas, sur l'articulation fémoro-tibiale et sur l'extrémité supérieure du tibia.

ORIGINE. Du condyle externe du fémur, par un tendon.

INSERTION. Au côté interne du tibia, le long de la tubérosité.

Usages. Il fait tourner la jambe sur la cuisse, de dehors en dedans.

SECTION IV.

Muscles situés au pied postérieur.

Ces muscles, essentiellement tendineux, se distinguent en ceux qui occupent la face pré phalangienne, et en ceux qui se trouvent à la face plantaire. Les uns et les autres sont recouverts par les tendons des muscles qui de la jambe s'étendent jusqu'aux doigts. Les antérieurs sont les extenseurs ; tandis que les postérieurs fléchissent les doigts.

ARTICLE PREMIER.

Muscles situés sur la face pré-phalangienne du pied.

Cet article comprend, 1º. les tendons des muscles fémoro-pré-phalangien et péronéo-pré-phalangien que nous avons déjà exposés ; 2º. le petit muscle qui, du jarret, se réunit au tendon des précédens.

Le Tarso-pré-phalangien.

Petit faisceau charnu, oblong, situé sur le canon, au-dessous des tendons des extenseurs. Ce petit muscle prend naissance à l'astragal, se réunit au tendon des extenseurs vers la partie inférieure du canon, et concourt à l'extension des doigts, en tirant le tendon auquel il s'insère.

Dans les *tétradactyles irréguliers*, ce muscle est composé de trois faisceaux charnus.

ARTICLE II.

Muscles qui se trouvent à la face plantaire.

Les muscles de cette partie sont entièrement tendineux dans les grands quadrupèdes ; ils sont apposés les uns sur les autres, et sont d'autant plus divisés que la région dactylienne est plus ou moins digitée. L'on compte, parmi ces muscles, 1°. les tendons des fléchisseurs des doigts, savoir, le fémoro-phalangien, le tibio-phalangien et le péronéo-phalangien ; 2°. les petits muscles qui sont sous ces tendons et que nous exposons ci-après.

Le Tarso-phalangien.

CARACTÈRE. Ce muscle, qui est d'autant plus tendineux et plus résistant qu'il est moins divisé ou que le pied est plus long, se trouve derrière le canon, sous les tendons des fléchisseurs, s'étend jusqu'aux grands sésamoïdes, où il se divise en autant de branches qu'il y a de doigts.

Origine. De la face postérieure des os du jarret.

Insertion. Aux parties latérales des grands sésamoïdes, par une bifurcation tendineuse que forme chaque branche.

Usages. Il fléchit ou soutient la base des doigts.

Variétés. *Monodactyles*. Ce muscle entièrement tendineux résiste aux violentes percussions qui pourroient offenser les articulations et les forcer : son action est commune avec les tendons des deux gros fléchisseurs, qui sont le fémoro-phalangien et le tibio-phalangien.

Dans les *didactyles*, ce muscle est essentiellement tendineux, mais il porte quelques fibres charnues.

Particularités. Dans les *monodactyles*, on trouve, derrière chaque péroné, un très-petit muscle dont le tendon très-long va se perdre au pourtour de l'extrémité inférieure du péroné.

2°. *Muscles des membres thoraciques ou antérieurs*.

Généralement moins forts et moins nombreux que ceux des membres postérieurs, ces muscles forment quatre sections.

PREMIÈRE SECTION.

Muscles attachés au pourtour du scapulum.

Tous ces muscles se terminent à l'extrémité supérieure de l'humérus, et se distinguent en ceux qui occupent la face sus scapulaire, et en ceux qui sont à la face sous-scapulaire.

ARTICLE PREMIER.

Muscles situés sur la face externe ou sus-scapulaire de l'épaule.

Ces muscles, au nombre de quatre, épais, tendineux à leur extrémité inférieure, s'insèrent au trochiter, et sont recouverts, 1°. par le muscle sous-cutané du thorax, 2°. par les aponévroses ou les tendons de plusieurs autres muscles, dont les principaux sont le dorso-acromien, le cervico-acromien et le sterno-scapulaire.

§. I. *Le grand Scapulo-trochitérien.*

CARACTÈRE. Ce premier muscle très-tendineux, porte à son extrémité supérieure un large tendon qui s'étend sous le muscle sous-acromio-trochitérien, et offre des implantations à sa fibre charnue ; il est situé au niveau du bord postérieur du scapulum, et il recouvre

la plus grande partie du sous-acromio-trochitérien.

ORIGINE. De l'extrémité supérieure du scapulum, ainsi que de la partie supérieure de
l'acromion, par un fort tendon très-large.

INSERTION. A la crête du trochiter, par un
tendon moins fort que le précédent.

USAGES. Il sert au mouvement de semi-rotation du bras en dehors.

VARIÉTÉS. Dans les *monodactyles*, il s'attache, par une forte et large aponévrose, au
bord postérieur du scapulum.

§. II. *Le Sus-acromio-trochitérien.*

CARACTÈRE. Ce muscle, qui est gros, très-
épais et bifurqué à son extrémité inférieure,
porte, dans le corps de sa substance, des
lames tendineuses, et occupe toute la fosse
sus-acromienne.

ORIGINE. Dans toute l'étendue de la fosse
sus-acromienne, par des fibres charnues.

INSERTION. Au sommet du trochiter, par
une de ses branches; tandis que, par l'autre
branche, il s'attache au trochin.

USAGES. Il étend le bras sur l'épaule, et
concourt au mouvement de semi-rotation.

VARIÉTÉS. Chez les petits quadrupèdes, ce

muscle n'est pas bifurqué du côté de son insertion ; il ne s'attache qu'au sommet du trochiter qui est plus élevé. Aussi, dans ces
animaux, les mouvemens du bras sur l'épaule
sont-ils plus étendus.

§. III. *Le Sous-acromio-trochitérien.*

CARACTÈRE. Peu différent du précédent,
mais plus large et moins épais, ce muscle
remplit la fosse sous-acromienne, porte, à son
extrémité inférieure , un gros tendon qui
glisse sur la convexité du trochiter.

ORIGINE. De toute la surface de la fosse
sous-acromiènne , par des fibres charnues.

INSERTION. A la convexité du trochiter,
par un tendon ; il s'insère par un autre tendon
plus fort, qui glisse sur cette convexité , à la
crête qui est un peu plus bas.

USAGES. Il concourt au mouvement en avant
et de semi rotation du bras sur l'épaule.

VARIÉTÉS. Dans les *tétradactyles* où les
mouvemens du bras sur l'épaule sont plus
libres et plus étendus, ce muscle a plus d'é-
paisseur, et par conséquent plus de force.

§. IV. *Le petit Scapulo-trochitérien.*

CARACTÈRE. Ce muscle, le plus petit des
quatre, est situé le long du bord postérieur

du scapulum, est recouvert par la partie inférieure du grand scapulo-trochitérien, est
charnu et tendineux, et est composé de deux
portions superposées et plus ou moins réunies.

ORIGINE. Du bord postérieur du scapulum,
par un tendon large.

INSERTION. Au trochiter, au-dessous du
grand scapulo-trochitérien, par un tendon
épais.

USAGES. Il concourt au mouvement de
semi-rotation.

ARTICLE II.

*Muscles qui occupent la face interne ou
sous-scapulaire de l'épaule.*

Peu volumineux, mais très-tendineux, ces
muscles sont au nombre de trois ; ils servent
au mouvement de semi-rotation du bras sur
l'épaule.

§. I. *Le Sous-scapulo-trochinien.*

CARACTÈRE. Aplati, pyramiforme, mêlé de
fibres ou de lames tendineuses, ce muscle
porte un fort tendon à son extrémité inférieure, et remplit la fosse sous-scapulaire.

ORIGINE. De toute l'étendue de la fosse
sous-scapulaire, par des fibres charnues.

Insertion. Au trochin, par un gros tendon qui adhère au ligament capsulaire.

Usages. Il tire le bras en dedans, sert au mouvement de semi-rotation.

Variétés. Chez les *didactyles*, il est divisé en deux portions géminées.

§. II. *Le Scapulo-huméral.*

Caractère. Long, tendineux à ses extrémités, il est un peu aplati, s'étend à l'opposé du petit scapulo-trochitérien, le long du bord interne du scapulum.

Origine. De tout le bord postérieur du scapulum, par un large tendon qui est fort.

Insertion. A la tubérosité qui est à la face interne du corps de l'humérus, par un fort tendon.

Usages. Il tire le bras en arrière et en dedans, concourt au mouvement de flexion et de semi-rotation.

§. III. *Le Coraco-huméral.*

Caractère. Grêle, oblong, très-tendineux, il passe sur le côté interne de l'articulation scapulo-humérale, se porte depuis l'apophyse coracoïde jusqu'au milieu du corps de l'humérus.

Origine. Du prolongement de l'apophyse

coracoïde, par un long tendon qui, en passant sur l'articulation scapulo-humérale, glisse dans une coulisse.

Insertion. En bas du précédent, par des fibres charnues et tendineuses.

Usages. Il tire le bras en dedans et concourt à l'adduction.

SECTION II.

Muscles qui entourent l'humérus.

Ces muscles assez nombreux, gros, épais, essentiellement charnus, se distinguent en ceux qui occupent la face postérieure ou olécranienne du bras, et en ceux qui sont situés à la face antérieure ou pré-humérale.

ARTICLE PREMIER.

Muscles de la face postérieure ou olécranienne du bras.

Ces muscles, au nombre de cinq, de grandeur différente, s'insèrent tous à la tubérosité de l'olécrane et opèrent l'extension de l'avant-bras.

§. I. *Le long Scapulo-olécranien.*

Caractère. Ce muscle, long, un peu aplati, porte un petit tendon à son extrémité supérieure, fournit vers son insertion une portion charnue qui s'étend sur la face externe de l'avant-bras, et dégénère en une aponévrose mince ; le long scapulo-olécranien est appliqué sur le bord postérieur du grand scapulo-olécranien, depuis l'angle dorsal du scapulum jusqu'à l'olécrâne.

ORIGINE. De l'angle dorsal du scapulum, par un petit tendon.

INSERTION. A la tubérosité de l'olécrâne ; et par la portion charnue qui dégénère en une aponévrose, il se prolonge sur les muscles de l'avant-bras.

USAGES. Il opère l'extension de l'avant-bras.

§. II. *Le grand Scapulo-olécranien.*

CARACTÈRE. Grosse masse charnue, très-épaisse, triangulaire, divisée en deux portions, ayant son bord scapulaire mince et très-tendineux, portant à sa terminaison un gros tendon ; ce muscle est le plus volumineux des cinq, et occupe l'espace triangulaire qui résulte de l'inclinaison des os de l'épaule et du bras.

ORIGINE. De tout le bord postérieur du scapulum, entre le petit scapulo-trochitérien et le scapulo-huméral, par des fibres tendineuses.

INSERTION.

Insertion. A l'olécrane, par un gros tendon.

Usages. Ce muscle est le principal agent de l'extension de l'avant-bras.

§. III. *L'Huméro-olécranien externe.*

Caractère. Court, épais, entièrement charnu, rhomboïde, ce muscle est trifacié, occupe le côté externe du bras, et s'étend sur le bord huméral du muscle précédent.

Origine. Du côté externe et en bas de la tête de l'humérus, par un tendon mince.

Insertion. Sur le côté externe de l'olécrane.

Usages. Il est congénère des deux précédens.

§. IV. *L'Huméro-olécranien interne.*

Caractère. Petit, cylindroïde et entièrement charnu, ce muscle est situé à la face interne du grand scapulo-olécranien, se dirige comme le précédent, depuis l'os du bras jusqu'à l'olécrane.

Origine. De la tubérosité qui est à la face interne du corps de l'humérus, par un petit tendon aplati.

Insertion. A la face interne de la tubérosité de l'olécrane.

Usages. Il concourt avec les précédens à étendre l'avant-bras.

§. V. *Le petit Huméro-olécranien.*

Caractère. Petit muscle très-court, mais épais, entouré d'un tissu graisseux, abondant, situé entre le bord interne de l'olécrane et l'extrémité inférieure du corps de l'humérus.

Origine. De la partie inférieure du corps de l'humérus, le long de la crête de l'épitroklée.

Insertion. Au-dessous du grand scapulo-olécranien.

Usages. Il est congénère des précédens.

Article II.

Muscles situés à la face antérieure ou pré-humérale du bras.

Ces muscles ne sont qu'au nombre de deux ; ils s'insèrent à l'extrémité supérieure du cubitus, et fléchissent l'avant-bras sur le bras.

§. I. *Le Coraco-cubital.*

Caractère. Ce muscle très-tendineux, d'une texture ferme, long, cylindrique, ayant sa substance entremêlée de fibres ou de lames tendineuses, s'étend sur toute la face antérieure de l'humérus, sans s'y attacher ; il porte à son extrémité supérieure un gros tendon très-dense, qui glisse et est maintenu sur la coulisse qui sépare le trochiter d'avec le trochin. Ce tendon qui, dans les grands quadrupèdes, tient de la nature du cartilage, correspond, par sa disposition et essentiellement par ses usages, à la rotule ; la coulisse où il passe est entourée d'un ligament capsulaire, qui lui est commun avec l'articulation scapulo-humérale ; de manière que la synovie qui lubréfie cette coulisse, est la même que celle de l'articulation du bras avec l'épaule.

ORIGINE. De la tubérosité de l'apophyse coracoïde, par son gros tendon.

INSERTION. A la tubérosité qui est au côté interne de l'extrémité supérieure du cubitus, par un tendon moins fort que le précédent ; ce tendon d'insertion fournit une production tendineuse qui naît de sa surface externe, qui devient ensuite flabelliforme, se répand sur les muscles de la face antérieure de l'avant-bras, et se propage jusqu'au genou (1).

____

(1) C'est cette production tendineuse que certains praticiens coupent pour guérir les chevaux arqués, et même boultés. Cette opération, désignée par l'expression impropre d'*énerver*, consiste à saisir la base de la production tendineuse, pour la couper : on y parvient par une incision que l'on pratique au côté interne du pli du bras et de l'avant-bras.

Usages. Il fléchit l'avant-bras sur le bras.

Variétés. *Monodactyles.* Le tendon d'origine est plus épais, plus large et plus dense ; il porte extérieurement quelques fibres charnues, dont il paroît assez difficile de déterminer l'usage.

§. II. *L'Huméro-cubital.*

Caractère. Presqu'entièrement charnu et épais, ce muscle est couché sur le côté externe de l'humérus, se contourne dans la gouttière oblique que porte le corps de cet os, et va se terminer auprès du précédent.

Origine. En bas et tout près de la tête de l'humérus.

Insertion. Au-dessous et contre le précédent, par un petit tendon.

Usages. Il concourt à fléchir l'avant-bras, et est congénère du précédent.

Variétés. *Monodactyles.* Ce muscle est un peu plus fort et plus oblique.

SECTION III.

Muscles situés autour du cubitus.

Ces muscles, très-tendineux, se distinguent en deux articles.

Article premier.

Muscles apposés sur la face antérieure ou pré-cubitale de l'avant-bras.

Ces muscles, au nombre de quatre, sont contenus dans une gaîne commune qui augmente, soutient leur action. Deux de ces muscles se terminent au canon et en opèrent l'extension ; les deux autres se prolongent jusqu'au doigt, par des tendons qui passent dans des coulisses, et sont maintenus par des ligamens annulaires ; ces derniers opèrent l'extension des rayons du doigt.

§. I. *L'Épitroklo-pré-métacarpien.*

Caractère. Ce muscle fort, cylindroïde et épais, est apposé sur la face antérieure du cubitus, glisse dessus, et y produit par son action répétée une dépression sensible ; vers la partie inférieure de l'avant-bras, il dégénère en un tendon long, qui passe sous le muscle cubito-métacarpien oblique, puis gagne une coulisse où il glisse jusqu'à sa terminaison.

Origine. De l'épitroklée, par des fibres charnues et tendineuses ; delà il se contourne un peu de derrière en devant, pour gagner la face antérieure du cubitus.

B b 3

Insertion. A la partie antérieure d'un ou de plusieurs métacarpiens, près du genou.

Usages. Il opère l'extension du canon.

Variétés. *Monodactyles.* Une seule insertion au métacarpien principal.

Dans les *tétradactyles irréguliers*, il se termine aux deux métacarpiens voisins du pouce.

§. II. *Le Cubito-métacarpien oblique.*

Caractère. Ce petit muscle mince, aplati et essentiellement tendineux, se contourne obliquement sur la partie inférieure du cubitus, porte un long tendon qui passe pardessus le tendon du muscle précédent, gagne ensuite une coulisse où il glisse jusqu'à sa terminaison.

Origine. Il s'attache au côté externe de la partie moyenne et inférieure du cubitus, par des fibres charnues et tendineuses.

Insertion. A l'extrémité supérieure du métacarpien interne, par son tendon.

Usages. Il est congénère du précédent.

Variétés. Dans les *tétradactyles irréguliers*, ce petit muscle s'insère au métacarpien du pouce et en est l'extenseur.

§. III. *L'Épitroklo-pré-phalangien.*

CARACTÈRE. Ce muscle correspond au fémoro-pré-phalangien. Il n'en diffère ni par la forme, ni par l'usage, ni essentiellement par la composition ; comme lui, il comprend une partie charnue qui ne s'étend que jusque vers l'extrémité inférieure de l'avant-bras, une partie tendineuse plus longue qui se prolonge jusqu'au dernier phalangien, se divise en plusieurs branches, passe dans des coulisses, dans des anneaux ligamenteux qui la fixent, la maintiennent sur les articulations. Il s'étend depuis son origine, sur le cubitus, au côté externe de l'épitroklo-pré-métacarpien, puis se continue par son tendon, qui offre la même disposition que celui du fémoro-pré-phalangien, sur le genou, le canon.

ORIGINE. De l'épitroklée, par des fibres charnues et tendineuses.

INSERTION. Au premier et au dernier phalangien de chaque doigt, comme le fémoro-pré-phalangien.

USAGES. Il étend les doigts.

VARIÉTÉS. *Didactyles.* Ce muscle comprend une petite portion qui vient de la jonction de l'olécrane avec le cubitus.

Dans les *tétradactyles irréguliers*, il est formé de deux portions géminées.

§. IV. *Le Cubito-pré-phalangien.*

CARACTÈRE. Moins gros que le précédent, ce muscle répond au péronéo-pré-phalangien, offre la même disposition et a les mêmes usages ; il s'étend au côté externe du précédent, glisse dans une coulisse qui est à l'extrémité inférieure du cubitus sur le côté externe, et se propage jusqu'à la base des doigts.

ORIGINE. De la tubérosité externe de l'extrémité supérieure du cubitus.

INSERTION. Au premier phalangien de chaque doigt.

USAGES. Il est congénère du muscle précédent, et concourt à l'extension des doigts.

VARIÉTÉS *Didactyles.* Ce muscle comprend deux portions géminées, dont une prend son origine à l'épicondyle.

ARTICLE II.

Muscles apposés à la face postérieure de l'avant-bras.

Ces muscles, au nombre de cinq, sont très-tendineux, et sont disposés par couches ; ils fléchissent les divers rayons du pied où ils s'insèrent, et ils offrent la même disposition que ceux de la face antérieure de l'avant-bras.

§. I. *L'Épitroklo-suscarpien.*

CARACTÈRE. Long, aplati, peu épais, mi-charnu et mi-tendineux, ce muscle s'étend sur le côté externe de la face postérieure du cubitus.

ORIGINE. De l'épitroklée, par un tendon.

INSERTION. Au suscarpien, par un autre tendon.

USAGES. Il fléchit le canon sur l'avant-bras.

VARIÉTÉS. Dans les *monodactyles*, ce muscle fournit, vers son insertion au suscarpien, un tendon qui passe dans une coulisse, et va se terminer au péroné externe du canon.

Chez les *tétradactyles irréguliers*, ce muscle est situé sur le côté externe de l'avant-bras, et s'insère au métacarpien du même côté.

§. II. *L'Épicondylo-suscarpien.*

CARACTÈRE. Peu différent du précédent, un peu moins épais, il est situé et s'étend entre ce premier muscle et le suivant, le long de la face postérieure de l'avant-bras.

ORIGINE. De l'épicondyle, par un tendon; et par une petite portion, il vient aussi de l'olécrane.

(394)

INSERTION. A côté du précédent, par un
tendon.

USAGES. Il est congénère du précédent.

§. III. *L'Épicondylo-métacarpien.*

CARACTÈRE. Cylindroïde, plus petit et moins
tendineux que les deux précédens, l'épicondylo-métacarpien est situé au côté interne du
précédent, et s'étend avec lui, mais dans une
direction plus droite, jusqu'au pli du genou.

ORIGINE. De l'épicondyle, par un tendon.

INSERTION. Au côté interne du genou, par
un tendon cylindrique et qui, avant sa terminaison, glisse dans une coulisse profonde.

USAGES. Il concourt avec les deux précédens à la flexion du genou.

VARIÉTÉS. Dans les *tétradactyles irréguliers*, ce muscle, vers son origine, porte un
tendon bifurqué, qui s'insère aux deux métacarpiens voisins du pouce.

§. IV. *L'Épicondylo-phalangien.*

CARACTÈRE. Ce muscle, très-long, est recouvert par les trois précédens ; il correspond
au fémoro-phalangien, n'en diffère que par
sa portion charnue qui est plus grosse, moins
tendineuse, et qui s'étend sur tout le cubitus ;
tandis que son tendon, qui passe et glisse dans

l'arcade qui est à la face postérieure du genou, présente la même disposition que celui du fémoro-phalangien.

ORIGINE. De l'épicondyle, par des fibres essentiellement tendineuses.

INSERTION. Au second phalangien de chaque doigt, par deux branches tendineuses, une de chaque côté.

USAGES. Il opère la flexion des doigts.

VARIÉTÉS. Ce muscle offre les mêmes considérations que le fémoro-phalangien.

Dans le *bœuf*, il est composé de deux portions géminées.

§. V. *Le Cubito-phalangien.*

CARACTÈRE. Situé sous le précédent, mais beaucoup plus gros que lui, il répond au tibio-phalangien ; sa partie charnue est composée de quatre à cinq portions distinctes très-tendineuses, qui paroissent être autant de muscles particuliers, mais qui, à l'extrémité inférieure du cubitus, se réunissent toutes pour former le gros tendon qui glisse dans l'arcade carpienne, s'étend sous le précédent, et offre la même disposition que celui du tibio-phalangien.

ORIGINE. Des empreintes musculaires que

l'on observe à la face postérieure du cubitus ; il s'attache aussi à l'épicondyle par un gros tendon, et par une petite portion à l'olécrane.

INSERTION. Au dernier phalangien de chaque doigt, par son tendon, qui, ainsi que celui du tibio-phalangien, s'implante au rebord circulaire qui est à la face inférieure de l'os du sabot.

USAGES. Il est le principal fléchisseur des doigts.

VARIÉTÉS. Elles sont les mêmes que pour le muscle tibio-phalangien.

SECTION IV.

Muscles qui occupent le pied.

Parmi les muscles de cette section, l'on comprend les tendons des muscles qui entourent le cubitus, se prolongent jusqu'aux doigts, et offrent la même disposition que dans le pied postérieur. Mais, outre les tendons de ces muscles cubitaux, on ne compte qu'un seul muscle qui est situé à la face plantaire sous les tendons fléchisseurs ; tandis que, dans le membre postérieur, il se trouve deux muscles, dont un pour la face antérieure, et l'autre pour la face postérieure ou plantaire.

Le Carpo-phalangien.

D'autant plus tendineux , plus résistant que le pied est moins divisé et que ses diverses régions ont plus de longueur , ce muscle répond au tarso-phalangien , n'en diffère ni par sa disposition , ni par ses attaches , ni par ses usages , il est seulement un peu plus large ; et, dans les *monodactyles* , il offre dans sa substance quelques fibres charnues.

TABLE SYNOPTIQUE
DES OS,
AVEC LEURS ANCIENNES DÉNOMINATIONS (1).

PREMIÈRE DIVISION.

OS DU TRONC.

1°. *De la Partie centrale du Squelette.*

Noms méthodiques.   *Noms anciens* (2).

Os du rachis.
{ les vertèbres du cou *. . { les vertèbres cervi- cales.
{ — du dos *. . . . . — dorsales.
{ — des lombes *. . . — lombaires.

Du thorax.
{ le sernum *.
{ les côtes sternales. . . . les vraies côtes.
{ — asternales. . . . les fausses côtes.

2°. *De la Tête.*

Du crâne.
{ le frontal *.
{ le pariétal *. . . . . . les pariétaux.
{ l'occipital *.
{ le sphénoïde *.
{ l'ethmoïde *.
{ le temporal.

---

(1) **Les** os impairs sont marqués d'un astérisque.

(2) **Quand** les dénominations anciennes sont les mêmes que celles que nous employons, elles ne sont point répétées à la colonne des noms anciens.

	Noms méthodiques.	*Noms anciens.*

Os de la mâchoire supérieure.
{
le grand sus-maxillaire. le grand maxillaire.
le petit sus-maxillaire. . le petit maxillaire.
le nasal. . . . . l'os du nez.
le lacrymal. . . . . . . l'angulaire.
le zygomatique.
le palatin. . . . . l'os du palais.
le ptérygoïdien.
les cornets.
le vomer *.
}

Nota. Dans le cochon, l'on trouve de plus l'os du boutoir.

De la mâchoire inférieure.
{ le maxillaire *. . . . . { l'os de la **mâchoire** postérieure. }

Os relatif à des fonctions particulières et qui ne concourent pas essentiellement à la conformation de la tête.

Les dents.
{
les incisives.
les angulaires (quand elles existent). . } les crochets.
les molaires.
}

L'hyoïde. { le corps *.
les branches.

Os de l'ouïe.
{
le marteau.
l'enclume.
le lenticulaire.
l'étrier.
}

3°. *Du Bassin.*

Du bassin.
{
le coxal. . . . . . . { l'ilion.
l'ischion.
le pubis.
le sacrum *.
le coccyx *. . . . . . . les os de la queue.
}

DEUXIÈME DIVISION.

OS DES MEMBRES.

1°. *De chaque Membre postérieur.*

Noms méthodiques.   *Noms anciens.*

Os de la cuisse. . . { le fémur.
les sésamoïdes. (Ils ne se trouvent que dans les tétradactyles). . . } n'étoient pas connus.

De la jambe. . . { le tibia.
le peroné.
la rotule.

Du pied postérieur. { les tarsiens. . . . . . . les os du jarret.
les métatarsiens. . . . . — du canon.
pour chaque doigt.. { le premier pha-langien. . . } l'os du paturon.
le second pha-langien. . . } — de la couronne.
le troisième phalangien. } — du pied.
le grand sésa-moïde. . . } les sésamoïdes.
le petit sésa-moïde, . . } l'os naviculaire.

2°. *De chaque Membre antérieur.*

De l'épaule. . { le scapulum. . . . . . l'omoplate.
le claviculaire. (Il n'existe que dans les tétradactyles.) . . . } cet os n'étoit pas connu dans le chien.

Du bras. . . l'humerus.

De l'a-vant-bras. } le cubitus.

Noms

	Noms méthodiques.	*Noms anciens.*
Os du pied antérieur. *pour chaque doigt.*	les carpiens.	les os du genou.
	les métacarpiens. . . .	— du canon.
	le premier phalangien. . . }	l'os du paturon.
	le second phalangien. . . }	— de la couronne.
	le troisième phalangien. }	— du pied.
	les grands sésamoïdes. . . }	les sésamoïdes.
	le petit sésamoïde. . . }	l'os naviculaire.

C c

TABLE SYNOPTIQUE
DES MUSCLES,

Avec les anciennes dénominations qui se trouvent dans BOURGELAT (1).

PREMIÈRE DIVISION.

MUSCLES DU TRONC.

Muscles sous-cutanés du tronc.	le sous-cutané du thorax et de l'abdomen.	le panicule charnu.
	— — du cou . . .	le peaucier.
	— — de la face . .	le cutané.
De l'oreille.	le fronto-oriculaire. . .	le premier de l'oreille externe.
	le temporo-oriculaire. .	portion du premier.
	le parotido-oriculaire.	le cinquième.
	le cervico-oriculaire externe.	le troisième.
	— — mitoyen.	le quatrième.
	— — interne.	portion du précédent.
	le pariéto-oriculaire. .	le second.
	le scuto - oriculaire externe.	portion du premier.
	— — interne. .	le sixième.
	le mastoïdo - oriculaire.	o.

---

(1) Les muscles impairs sont, comme les os, marqués d'un astérisque *; les dénominations qui sont les mêmes que les anciennes restent, comme dans la table des os, en blanc, à la colonne des noms anciens; les muscles dont *Bourgelat* n'a pas fait mention sont indiqués par un zéro.

	Noms méthodiques.	*Noms anciens.*
Muscles des paupières et de l'œil. . .	le lacrymo-palpébral. .	l'orbiculaire.
	le fronto-surcilier. . . .	{ portion du précédent.
	. . . .	{ le releveur de la paupière supérieure.
	l'orbito-palpébral. . . .	
	le droit supérieur. . . .	le releveur de l'œil.
	— inférieur. . . .	l'abaisseur.
	— externe.	l'abducteur.
	— interne. . . .	l'adducteur.
	le grand oblique.	
	le petit oblique.	
	le droit postérieur. . . .	{ l'orbiculaire ou le suspenseur.
Des lèvres et des ailes du nez. . . .	le zygomato-labial. . .	o
	le lacrymo-labial. . . .	o
	l'alvéolo-labial. . . .	le molaire { externe. / interne.
	le grand sus - maxillo-labial.	} le maxillaire.
	le petit sus - maxillo-labial.	} le releveur de la lèvre antérieure.
	le grand sus - maxillo-nasal.	} le pyramidal.
	le petit sus - maxillo-nasal.	} portion du transversal.
	le maxillo-labial. . . .	{ le releveur de la lèvre postérieure.
	le mento-labial *. . . .	portion du suivant.
	le labial *.	{ l'orbiculaire et les mitoyens.
	le nasal *.	le transversal.
Autour de l'articulation maxillo-temporale. . . .	le temporo-maxillaire.	le crotaphite.
	le zygomato-maxillaire.	le masséter.
	le sphéno-maxillaire.	
	le stylo-maxillaire. . .	{ le digastrique. / le stylo-maxillaire.

	Noms méthodiques.	*Noms anciens.*
Muscles de la langue.	le kérato-glosse.	l'hyo-glosse.
	l'hyo-glosse.	le basio-glosse.
	le génio-glosse.	
	le lingual *.	o.
De l'hyoïde.	le mylo-hyoïdien.	
	le génio-hyoïdien. . . .	le géni-hyoïdien.
	le grand kérato-hyoïdien.	le kérato-hyoïdien.
	le petit kérato-hyoïdien.	o.
	le stylo-hyoïdien.	
Du pharynx.	le ptérygo-pharyngien.	
	le kérato-pharyngien.	
	l'hyo-pharyngien.	
	le thyro-pharyngien.	
	le crico-pharyngien.	
	l'arythéno-pharyngien.	
Du larynx.	l'hyo-thyroïdien.	
	le crico-thyroïdien.	
	le crico-arythénoïdien postérieur.	
	le crico-arythénoïdien latéral.	
	le thyro-arythénoïdien.	
	l'arythénoïdien *.	
	l'hyo-épiglottique *.	
Du voile du palais.	le stylo-staphylin. le péristaphylin { externe. / interne.	
	le palato-staphylin. o.	
	le staphylin *. . . . . le vélo-palatin.	
De la face cervicale du cou. :	le cervico-acromien. . .	portion du trapèze.
	le cervico-sous-scapu-laire.	le releveur propre de l'épaule.
	le cervico-trachélien. .	le splénius.
	le trachélo-sous-scapu-laire.	portion du grand dentelé de l'é-paule.
	le dorso-mastoïdien. . .	le long transversal.
	le dorso-occipital. . . .	le grand complexus.
	le long axoïdo-occiptal.	le petit complexus.

	Noms méthodiques.	*Noms anciens.*
Suite des muscles de la face cervicale du cou.	le court axoïdo-occipital.	le grand droit.
	l'atloïdo-occipital . . .	le petit droit.
	l'axoïdo atloïdien. . .	le grand oblique de la tête.
	l'atloïdo-sous-mastoï-dien.	le petit oblique.
	les inter-cervicaux. . .	les inter - verté-braux.
De la face trachélienne du cou. . .	le sous-dorso-trachélien.	le commun au bras, à l'encolure et à la tête.
	le sterno-maxillaire.	
	le scapulo-hyoïdien. . .	l'hyoïdien.
	le sterno-hyoïdien.	
	le sterno-thyroïdien.	
	le trachélo - sous - occi-pital.	le long fléchisseur de la tête.
	l'atloïdo-sous-occipital.	le court fléchisseur.
	l'atloïdo-styloïdien. . .	le petit fléchisseur.
	le costo-trachélien. . .	le scalène.
	le sous-dorso-trachélien.	le long fléchisseur de l'encolure.
De la face dorsale et lombaire.	le dorso-acromien. . . .	portion posté-rieure du trapèse.
	le dorso-sous-scapulaire.	le rhomboïde.
	le dorso-huméral. . . .	le grand dorsal.
	le dorso-costal.	portion antérieure du dentelé.
	le lombo-costal.	portion postérieure du dentelé.
	l'ilio-spinal.	1°. le long dorsal; 2°. le long épi-neux; 3°. le court épineux ; 4°. le court transversal.
	les transverso-épineux.	les épineux-trans-versaires.
	les inter-épineux *.	

	Noms méthodiques.	Noms anciens.
Muscles apposés sur le thorax, et dont le plus grand nombre s'insère aux os....	le sterno-aponévrotique.	portion du suivant.
	le sterno-huméral....	le commun au bras et à l'avant-bras.
	le costo-trochinien...	le grand pectoral.
	le costo-scapulaire. . .	le petit pectoral.
	le costo-sous-scapulaire.	le grand dentelé de l'épaule.
	le costo-sternal.....	le transversal de la respiration.
	le trachélo-costal....	l'intercostal commun.
Qui forment les parois du thorax....	le diaphragme *.....	
	les inter-costaux externes..........	
	les inter-costaux internes..........	
	les sterno-costaux. . .	les muscles du sternum.
Qui constituent les parois inférieures de l'abdomen.....	le costo-abdominal...	le grand oblique.
	l'ilio-abdominal. . . .	le petit oblique.
	le sterno-pubien. . . .	le droit.
	le lombo-abdominal. .	le transverse.
Qui concourrent à former les parois supérieures de l'abdomen.	le sous-lombo-trokantinien..........	le psoas de la cuisse.
	l'iliaco-trokantinien. .	l'iliaque.
	le sous-lombo-pubien..	le psoas des lombes.
	l'ilio-costal.......	le quarré des lombes.
De la queue ou du prolongement coccygien.	le sacro-coccygien supérieur.........	
	— — inférieur.	
	— — latéral...	
	l'iskio-coccygien. . . .	le sacro-coccygien oblique.

	Noms méthodiques.	Noms anciens.
Muscles de l'anus et des organes génitaux, 1°. du mâle.	le coccygio-anal *.....	le sphincter de l'anus.
	le sacro-anal......	le releveur de l'anus.
	l'iskio-périnéal.....	portion du suivant.
	l'iskio-uréthral *....	le triangulaire.
	le périnéo-uréthral *..	l'accélérateur.
	l'iskio-sous-pénien...	l'érecteur.
2°. De la femelle.	le coccygio-anal....	le sphincter de l'anus.
	l'iskio-périnéal.....	le premier du clitoris.
	l'iskio-clitorien *....	le second.
	le périnéo-clitorien...	portion du premier.

DEUXIÈME DIVISION.

MUSCLES DES MEMBRES.

1°. Des Membres postérieurs.

	Noms méthodiques.	Noms anciens.
Muscles attachés sur la hanche, et qui s'insèrent au fémur...	le grand ilio-trokantérien.........	le grand fessier.
	le moyen ilio-trokantérien.........	le moyen fessier.
	le petit ilio-trokantérien.........	le petit fessier.
De la face antérieure, ou rotulienne du fémur.	l'ilio-aponévrotique..	la fascia-lata.
	l'ilio-rotulien.....	le droit antérieur.
	le fémoro-rotulien externe.........	le vaste externe.
	— — interne...	— interne.
	— — antérieur..	le crural.
	l'ilio-fémoral grêle...{	le petit droit de la cuisse.

	Noms méthodiques.	*Noms anciens.*
Muscles de la face postérieure du fémur. . . .	l'iskio-tibial externe. .	le long vaste.
	— — mitoyen. .	le biceps de la jambe.
	— — interne. . .	le demi-membraneux.
	l'iskio-fémoral.	le grêle interne.
De la face interne du fémur.	le pubio-tibial.	le court adducteur de la jambe.
	le sous-lombo-tibial. .	le long adducteur de la jambe.
	le sus-pubio-fémoral. .	le pectineus.
	le pubio-fémoral. . . .	le biceps de la cuisse.
	le sous-pubio-trokantérien externe.	les obturateurs externes.
	— — — interne. .	les obturateurs internes.
	le sacro-trokantérien. .	le pyriforme.
De la face antérieure, ou pré-tibiale de la jambe.	le tibio-pré-métatarsien.	le fléchisseur du canon.
	le tibio-tarsien.	o
	le fémoro-pré-phalangien.	l'extenseur antérieur du pied.
	le péronéo-pré-phalangien.	l'extenseur latéral.
De la face postérieure, ou poplitée de la jambe. .	le bi-fémoro-calcanien.	le premier extenseur du canon.
	le péronéo-calcanien. .	l'extenseur latéral.
	le fémoro-phalangien. .	le sublime ou perforé.
	le tibio-phalangien. . .	le profond, ou perforant.
	le péronéo-phalangien.	le fléchisseur oblique.
	le fémoro-tibial oblique.	l'abducteur de la jambe.

	Noms méthodiques.	*Noms anciens.*
Muscles de la face pré-phalangienne du pied. . .	le tarso-pré-phalangien.	le petit extenseur.
De la face plantaire du pied. . . .	le tarso-phalangien. . .	le tendon suspenseur du boulet.

2°. *Des Membres antérieurs.*

	Noms méthodiques.	*Noms anciens.*
De la face externe, ou sus - scapulaire de l'épaule. . . .	le grand scapulo-trochitérien.	le long abducteur.
	le sus-acromio-trochitérien.	l'antépineux.
	le sous-acromio-trochitérien.	le postépineux.
	le petit scapulo-trochitérien.	le court abducteur.
De la face interne, ou sous - scapulaire de l'épaule. . . .	le sous-scapulo-trochinien.	le sous-scapulaire.
	le scapulo-huméral. . .	l'adducteur du bras.
	le coraco-huméral. . .	l'omo-brachial.
De la face postérieure, ou olécranienne du bras. . . .	le long scapulo-olécranien.	le long extenseur de l'avant-bras.
	le grand scapulo-olécranien.	le gros extenseur de l'avant-bras.
	l'huméro-olécranien externe.	le court extenseur.
	l'huméro-olécranien interne.	le moyen extenseur.
	le petit huméro-olécranien.	le petit extenseur.
De la face antérieure du bras.	le coraco-cubital. . . .	le long fléchisseur de l'avant-bras.
	l'huméro-cubital. . . .	le court fléchisseur. . . . . .

	Noms méthodiques.	*Noms anciens.*
Muscles de la face antérieure, ou pré-cubitale de l'avantbras.	l'épitroklo-pré-méta-carpien.	l'extenseur droit antérieur du canon.
	le cubito-métacarpien oblique.	l'extenseur oblique.
	l'épitroklo-pré-phalan-langien.	l'extenseur antérieur du pied.
	le cubito-pré-phalan-langien.	l'extenseur oblique.
De la face postérieure de l'avantbras.	l'épitroklo-suscarpien.	le fléchisseur externe du canon.
	l'épicondylo-suscar-pien.	le fléchisseur oblique.
	l'épicondylo-métacar-pien.	le fléchisseur interne.
	l'épicondylo-phalan-gien.	le sublime ou perforé du pied.
	le cubito-phalangien. .	le profond ou perforant.
De la face postérieure du pied. . .	le carpo-phalangien. . .	le tendon suspenseur du boulet.

Fin de la Table Synoptique.

TABLE DES MATIÈRES

CONTENUES

DANS CE VOLUME.

INTRODUCTION.　　　　　　Page 1

*De l'étendue de l'Anatomie vétérinaire
　et de son objet.*　　　　　　4
*Précis historique des progrès de l'Ana-
　tomie vétérinaire.*　　　　　　13
Exposition de la Méthode anatomique.　43

ANATOMIE VÉTÉRINAIRE.
PREMIÈRE PARTIE.

PROLÉGOMÈNES.　　　　　　59
ART. Ier. *Considérations générales sur les
　　　Animaux domestiques.*　　60
ART. II. *Examen des substances compo-
　　　santes du corps des animaux.*　64

PREMIÈRE SECTION.

Élémens chimiques.　　　　　　67

SECTION II.

Élémens organiques.　　　　　　72
DES FLUIDES.　　　　　　74
§. I. *Fluides gazeux.*　　　　　　75
§. II. *Fluides vaporeux.*　　　　　　76

§. III. *Fluides liquides.* Page 77
Liqueurs circulatoires. 78
1°. *Du Sang.* 79
2°. *De la Lymphe.* 81
Liqueurs sécrétoires. 82
DES SOLIDES. ibid.
§. I. *Tissu cellulaire.* 83
§. II. *Vaisseaux.* 84
§. III. *Nerfs.* 87
§. IV. *Membranes.* ibid.
§. V. *Muscles.* 89
§. VI. *Os.* ibid.
§. VII. *Cartilages.* 90
§. VIII. *Ligamens.* 91
§. IX. *Glandes.* ibid.
§. X. *Aponévrose.* 92
§. XI. *Tendons.* ibid.
§. XII. *Follicules.* ibid.
§. XIII. *Organes.* 93
§. XIV. *Viscères.* ibid.
§. XV. *Tégumens.* 94

DEUXIÈME PARTIE.

SQUELÉTOLOGIE.

ART. Ier. *Généralités.* 95
Des Os. 100
§. I. *Conformation extérieure des os.* 102
§. II. *Organisation des os.* 109
§. III. *Ossification* ou *ostéogénie.* 114
Exposition des articulations. 115
De la Symphyse. 119
ART. II. *Exposition particulière des os qui composent le squelette.* 121

(413)

PREMIÈRE DIVISION.

Du Tronc.   Page 121

PREMIÈRE SECTION.

De la partie centrale du tronc.   122
ART. Iᵉʳ. *Le Rachis.*   ibid.
Des Vertèbres en général.   126
DIFFÉRENCES DES VERTÈBRES ENTR'ELLES.
§. I.   *Vertèbres du cou.*   130
§. II.   *Vertèbres du dos.*   132
§. III.   *Vertèbres des lombes.*   134
ART. II. *Le Thorax.*   135
§. I.   *Le Sternum.*   136
§. II.   *Les Côtes.*   138

SECTION II.

De la Tête.   142
ART. Iᵉʳ. *Le Crâne.*   143
§. I.   *Du Frontal.*   144
§. II.   *Du Pariétal.*   147
§. III.   *De l'Occipital.*   149
§. IV.   *Du Sphénoïde.*   152
§. V.   *De l'Ethmoïde.*   155
§. VI.   *Du Temporal.*   156
ART. II. *La Face.*   161
De la Mâchoire supérieure.   ibid.
§. I.   *Du grand Sus-maxillaire.*   ibid.
§. II.   *Du petit Sus-maxillaire.*   165
§. III.   *Du Nasal.*   166
§. IV.   *Du Lacrymal.*   168
§. V.   *Du Zygomatique.*   170
§. VI.   *Du Palatin.*   171
§. VII.   *Du Ptérygoïdien.*   173
§. VIII.   *Des Cornets.*   174

§. IX. *Du Vomer.*   Page 176
De la Mâchoire inférieure.   177
Du Maxillaire.   ibid.
Des Dents.   181
Éruption des dents des Monodactyles.   191
Éruption des dents des Didactyles.   193
De l'Hyoïde.   199

Section III.

*Du Bassin ou Extrémité pelvienne du
tronc.*   201
§. I.   *Du Coxal.*   202
§. II. *Du Sacrum.*   206
§. III. *Du Coccyx.*   209

DEUXIÈME DIVISION.

Des Membres.   ibid.
Première section.
Des Membres postérieurs ou abdominaux.   210
Art. Ier. *De la Hanche.*   ibid.
Art. II. *De la Cuisse.*   ibid.
Du Fémur.   211
Art. III. *De la Jambe.*   214
§. I.   *Du Tibia.*   ibid.
§. II. *De la Rotule.*   216
§. III. *Du Péroné.*   217
Art. IV. *Du Pied.*   218
Du Jarret.   219
Os tarsiens.   ibid.
Du Canon.   221
Os métatarsiens.   222
Doigts.   224
1°. *Des Phalangiens.*   ibid.
2°. *Des Sésamoïdes.*   226

Section II.   Page

Des Membres antérieurs ou thoraciques.   228
Art. Ier. De l'Épaule.   ibid.
Du Scapulum.   ibid.
Art. II. Du Bras.   231
De l'Humérus.   232
Art. III. De l'Avant-Bras.   234
Du Cubitus.   ibid.
Art. IV. Du Pied.   237
Du Genou.   238
Os carpiens.   ibid.
Du Canon.   240
Doigts.   ibid.

TROISIÈME PARTIE.
SARCOLOGIE.   241
MYOLOGIE.

Art. Ier. Généralités.   242
Nombre des Muscles.   252
Distribution des Muscles.   255
Formes des Muscles.   257
Dénomination des Muscles.   258
Classification des Muscles.   260
Art. II. Exposition particulière des
          Muscles.   262

PREMIÈRE DIVISION.

Muscles du tronc.   ibid.
Première section.
Muscles sous-cutanés du tronc.   263
§. I. Le Sous-cutané du thorax et de
          l'abdomen.   ibid.
§. II. Le Sous-cutané du cou.   265
§. III. Le Sous-cutané de la face.   266

Section II.

Muscles de la tête. Page 267

Art. Ier. *Muscles de l'oreille.* ibid.

§. I. *Le Fronto-oriculaire.* 268

§. II. *Le Temporo-oriculaire.* ibid.

§. III. *Le Parotido-oriculaire.* 269

§. IV. *Le Cervico-oriculaire externe.* 270

§. V. — — *mitoyen.* ibid.

§. VI. — — *interne.* ibid.

§. VII. *Le Pariéto-oriculaire.* ibid.

§. VIII. *Le Scuto-oriculaire externe.* 271

§. IX. *Le Scuto-oriculaire interne.* ibid.

§. X. *Le Mastoïdo-oriculaire.* 272

Art. II. *Muscles des paupières et de l'œil.* ibid.

§. I. *Le Lacrymo-palpébral.* 273

§. II. *Le Fronto-surcilier.* ibid.

§. III. *L'Orbito-palpébral.* 274

§. IV. *Le Droit supérieur.* ibid.

§. V. *Le — inférieur.* ibid.

§. VI. *Le — externe.* ibid.

§. VII. *Le — interne.* ibid.

§. VIII. *Le grand Oblique.* 275

§. IX. *Le petit Oblique.* 276

§. X. *Le Droit postérieur.* ibid.

Art. III. *Muscles des lèvres et des ailes du nez.* 277

§. I. *Le Zygomato-labial.* ibid.

§. II. *Le Lacrymo-labial.* 278

§. III. *L'Alvéolo-labial.* ibid.

§. IV. *Le grand Sus-maxillo-labial.* 279

§. V. *Le petit Sus-maxillo-labial.* 280

§. VI. *Le grand Sus-maxillo-nasal.* 281

§. VII. *Le petit Sus-maxillo-nasal.* ibid.

§. VIII. *Le Maxillo-labial.* ibid.

§. IX.

(417)

§. IX. *Le Mento-labial.* Page 282
§. X. *Le Labial.* ibid.
§. XI. *Le Nasal.* 283
Art. IV. *Muscles autour de l'articula-
tion maxillo-temporale.* 284
§. I. *Le Temporo-maxillaire.* ibid.
§. II. *Le Zygomato-maxillaire.* 285
§. III. *Le Sphéno-maxillaire.* 286
§. IV. *Le Stylo-maxillaire.* ibid.
Art. V. *Muscles de la langue.* 287
§. I. *Le Kérato-glosse.* 288
§. II. *L'Hyo-glosse.* ibid.
§. III. *Le Génio-glosse.* 289
§. IV. *Le Lingual.* ibid.
Art. VI. *Muscles de l'hyoïde.* ibid.
§. I. *Le Mylo-hyoïdien.* 290
§. II. *Le Génio-hyoïdien.* ibid.
§. III. *Le grand Kérato-hyoïdien.* 291
§. IV. *Le petit Kérato-hyoïdien.* ibid.
§. V. *Le Stylo-hyoïdien.* 292
Art. VII. *Muscles du pharynx.* ibid.
§. I. *Le Ptérygo-pharyngien.* ibid.
§. II. *Le Kérato-pharyngien.* ibid.
§. III. *L'Hyo-pharyngien.* 293
§. IV. *Le Thyro-pharyngien.* ibid.
§. V. *Le Crico-pharyngien.* ibid.
§. VI. *L'Arythéno-pharyngien.* ibid.
Art. VIII. *Muscles du larynx.* ibid.
§. I. *L'Hyo-thyroïdien.* 294
§. II. *Le Crico-thyroïdien.* ibid.
§. III. *Le Crico - arythénoïdien posté-
rieur.* ibid.
§. IV. *Le Crico-arythénoïdien latéral.* 295
§. V. *Le Thyro-arythénoïdien.* ibid.

D d

(418)

§. VI. *L'Arythénoïdien.* Page 295
§. VII. *L'Hyo-épiglottique.* ibid.
Art. IX. *Muscles du voile du palais.* 296
§. I.   *Le Stylo-staphylin.* ibid.
§. II.   *Le Palato-staphylin.* 297
§. III. *Le Staphylin.* ibid.

Section III.

Muscles du cou. 298
Art. Ier. *Muscles de la face cervicale.* ibid.
§. I.   *Le Cervico-acromien.* 300
§. II.   *Le Cervico-sous-scapulaire.* 301
§. III. *Le Cervico-trachélien.* ibid.
§. IV. *Le Trachélo-sous-scapulaire.* 302
§. V.   *Le Dorso-mastoïdien.* 303
§. VI. *Le Dorso-occipital.* 304
§. VII. *Le long Axoïdo-occipital.* 305
§. VIII. *Le court Axoïdo-occipital.* ibid.
§. IX. *L'Atloïdo-occipital.* ibid.
§. X.   *L'Axoïdo-atloïdien.* 306
§. XI. *L'Atloïdo-sous-mastoïdien.* ibid.
§. XII. *Les Inter-cervicaux.* 307
Art. II. *Muscles de la face traché-*
     lienne. ibid.
§. I. *Le Mastoïdo-huméral.* 308
§. II. *Le Sterno-maxillaire.* 309
§. III. *Le Scapulo-hyoïdien.* 310
§. IV. *Le Sterno-hyoïdien.* 311
§. V. *Le Sterno-thyroïdien.* ibid.
§. VI. *Le Trachélo-sous-occipital.* 312
§. VII. *L'Atloïdo-sous-occipital.* ibid.
§. VIII. *L'Atloïdo-styloïdien.* 313
§. IX. *Le Costo-trachélien.* ibid.
§. X. *Le Sous-dorso-atloïdien.* 314

Section IV.
Muscles situés à la face dorsale et lombaire.   Page 315
Art. Ier. *Muscles qui, de l'épine dorsale et lombaire, vont s'insérer au scapulum, à l'humérus ou aux côtes.*   316
§. I.   *Le Dorso-acromien.*   ibid.
§. II.   *Le Dorso-sous-scapulaire.*   317
§. III.   *Le Dorso-huméral.*   ibid.
§. IV.   *Le Dorso-costal.*   318
§. V.   *Le Lombo-costal.*   ibid.
Art. II. *Muscles qui s'étendent sur la face lombo-costale, et dont quelques-uns se propagent sur la face cervicale du cou.*   319
§. I.   *L'Ilio-spinal.*   ibid.
§. II.   *Les Transverso-épineux.*   322
§. III.   *Les Inter-épineux.*   323
Section V.
Muscles du thorax.   ibid.
Art. Ier. *Muscles apposés sur le thorax, et dont le plus grand nombre s'insère au membre antérieur.* ibid.
§. I.   *Le Sterno-aponévrotique.*   324
§. II.   *Le Sterno-huméral.*   ibid.
§. III.   *Le Costo-trochinien.*   325
§. IV.   *Le Costo-scapulaire.*   326
§. V.   *Le Costo-sous-scapulaire.*   ibid.
§. VI.   *Le Costo-sternal.*   327
§. VII.   *Le Trachélo-costal.*   328
Art. II. *Muscles qui forment les parois du thorax.*   329
§. I.   *Le Diaphragme.*   ibid.

(420)

§. II.   *Les Inter-costaux externes.* Page 331
§. III. *Les Inter-costaux internes.*   ibid.
§. IV.   *Les Sterno-costaux.*   332
SECTION VI.
Muscles des parois de l'abdomen.   ibid.
ART. Ier. *Muscles qui constituent les pa-*
         rois inférieures de l'abdomen. ibid.
§. I.   *Le Costo-abdominal.*   333
§. II.   *L'Ilio-abdominal.*   335
§. III. *Le Sterno-pubien.*   336
§. IV.   *Le Lombo-abdominal.*   337
ART. II. *Muscles qui concourent à former*
         les parois supérieures de l'ab-
         domen.   338
§. I.   *Le Sous-lombo-trokantinien.*   ibid.
§. II.   *L'Iliaco-trokantinien.*   ibid.
§. III. *Le Sous-lombo-pubien.*   339
§. IV.   *L'Ilio-costal.*   ibid.
SECTION VII.
Muscles situés à la partie postérieure
         du bassin.   340
ART. Ier. *Muscles de la queue ou du pro-*
         longement coccygien.   ibid.
§. I.   *Le Sacro-coccygien supérieur.*   ibid.
§. II.   *Le Sacro-coccygien inférieur.*   ibid.
§. III. *Le Sacro-coccygien latéral.*   341
§. IV.   *L'Iskio-coccygien.*   342
ART. II. *Muscles de l'anus et des organes*
         génitaux.   ibid.
§. I.   *Le Coccygio-anal.*   ibid.
§. II.   *Le Sacro-anal.*   343
§. III. *L'Iskio-périnéal.*   ibid.
§. IV.   *L'Iskio-uréthral.*   ibid.
§. V.   *Le Périnéo-uréthral.*   ibid.

(421)

§. VI. *L'Iskio-sous-pénien*. Page 344
§. I. *Le Coccygio-anal*. ibid.
§. II. *L'Iskio-périnéal*. 345
§. III. *L'Iskio-clitorien*. ibid.
§. IV. *Le Périnéo-clitorien*. ibid.

DEUXIÈME DIVISION.

Muscles des Membres. ibid.
1º. *Muscles des membres abdominaux ou postérieurs*. 346

PREMIÈRE SECTION.

Muscles attachés sur la hanche et qui s'insèrent au fémur. 347
§. I. *Le grand Ilio-trokantérien*. ibid.
§. II. *Le moyen Ilio-trokantérien*. 349
§. III. *Le petit Ilio-trokantérien*. 350

SECTION II.

Muscles apposés autour du fémur. 351
ART. Ier. *Muscles situés sur la face antérieure ou rotulienne du fémur*. ibid.
§. I. *L'Ilio-aponévrotique*. ibid.
§. II. *L'Ilio-rotulien*. 352
§. III. *Le Fémoro-rotulien externe*. 353
§. IV.   —   — *interne*. ibid.
§. V. *Le Fémoro-rotulien antérieur*. 354
§. VI. *L'Ilio-fémoral grêle*. ibid.
ART. II. *Muscles situés à la face postérieure du fémur*. 355
§. I. *L'Iskio-tibial externe*. ibid.
§. II. *L'Iskio-tibial mitoyen*. 356
§. III. *L'Iskio-tibial interne*. 357
§. IV. *L'Iskio-fémoral*. 358
ART. III. *Muscles qui occupent la face interne du fémur*. ibid.
§. I. *Le Pubio-tibial*. ibid.

(422)

§. II.   Le Sous-lombo-tibial.   Page 359
§. III. Le Sus-pubio-fémoral.   ibid.
§. IV.   Le Pubio-fémoral.   360
§. V.   Le Sous-pubio-trokantérien externe. 361
§. VI.   Le Sous-pubio-trokantérien interne. ibid.
§. VII. Le Sacro-trokantérien.   362

Section III.

Muscles qui entourent le tibia.   ibid.
Art. Ier. Muscles apposés sur la face an-
         térieure ou pré-tibiale de la
         jambe.   363
§. I.   Le Tibio-pré-métatarsien.   ibid.
§. II.   Le Tibio-tarsien.   365
§. III. Le Fémoro-pré-phalangien.   366
§. IV.   Le Péronéo-pré-phalangien.   367
Art. II. Muscles situés à la face poste-
         rieure ou poplitée de la jambe.   368
§. I.   Le Bi-fémoro calcanien.   ibid.
§. II.   Le Péronéo-calcanien.   369
§. III. Le Fémoro-phalangien.   ibid.
§. IV.   Le Tibio-phalangien.   372
§. V.   Le Péronéo-phalangien.   373
§. VI.   Le Fémoro-tibial oblique.   374

Section IV.

Muscles situés au pied postérieur.   375
Art. Ier. Muscles situés sur la face pré-
         phalangienne du pied.   ibid.
Le Tarso-pré-phalangien.   ibid.
Art. II. Muscles qui se trouvent à la
         face plantaire.   376
Le Tarso-phalangien.   ibid.
2°. Muscles des membres thoraciques ou
    antérieurs.   377

Première section.   Page
Muscles attachés au pourtour du scapulum. 378
Art. Ier. *Muscles situés sur la face ex-
            terne ou sus-scapulaire de l'é-
            paule.*   ibid.
§. I.   *Le grand Scapulo-trochitérien.*   ibid.
§. II. *Le Sus-acromio-trochitérien.*   379
§. III. *Le Sous-acromio-trochitérien.*   380
§. IV. *Le petit Scapulo-trochitérien.*   ibid.
Art. II. *Muscles qui occupent la face
     interne ou sous-scapulaire de l'épaule.* 381
§. I.   *Le Sous-scapulo-trochinien.*   ibid.
§. II. *Le Scapulo-huméral.*   382
§. III. *Le Coraco-huméral.*   ibid.
Section II.
Muscles qui entourent l'humérus.   383
Art. Ier. *Muscles de la face postérieure
            ou olécranienne du bras.*   ibid.
§. I.   *Le long Scapulo-olécranien.*   ibid.
§. II. *Le grand Scapulo-olécranien.*   384
§. III. *L'Huméro-olécranien externe.*   385
§. IV. *L'Huméro-olécranien interne.*   ibid.
§. V.   *Le petit Huméro-olécranien.*   386
Art. II. *Muscles situés à la face anté-
     rieure ou pré-humérale du bras.*   ibid.
§. I.   *Le Coraco-cubital.*   ibid.
§. II. *L'Huméro-cubital.*   388
Section III.
Muscles situés autour du cubitus.   ibid.
Art. Ier. *Muscles apposés sur la face an-
            térieure ou pré - cubitale de
            l'avant-bras.*   389
§. I.   *L'Epitroklo-pré-métacarpien.*   ibid.
§. II. *Le Cubito-métacarpien oblique.*   390

§. III. *L'Epitroklo-pré-phalangien.* Page 391
§. IV. *Le Cubito-pré-phalangien.* 392
Art. II. *Muscles apposés à la face postérieure de l'avant-bras.* ibid.
§. I.   *L'Epitroklo-suscarpien.* 393
§. II. *L'Epicondylo-suscarpien.* ibid.
§. III. *L'Épicondylo-métacarpien.* 394
§. IV. *L'Épicondylo-phalangien.* ibid.
§. V. *Le Cubito-phalangien.* 395
Section IV.
Muscles qui occupent le pied. 396
Le Carpo-phalangien. 397
Table Synoptique des os, avec leurs anciennes dénominations. 398
Table Synoptique des muscles, avec les anciennes dénominations qui se trouvent dans Bourgelat. 402
Table des Matières contenues dans ce volume. 411

Fin de la Table des Matières et du Tome I.

ERRATA.

Page 103, *ligne* 6, symmétrique, *lisez :* symétrique.

Page 189, *ligne* 17, la Substance charnue, *lisez :* la substance éburnée.

Page 192, *ligne* 18, un collet qui revèt la gencive, *lisez :* un collet que revèt la gencive.

Page 199, *ligne* 11, trois molaires rampantes, *lisez :* trois molaires remplaçantes.

Page 201, *ligne* 16, un peu au dessous l'attache, *lisez :* un peu au dessous de l'attache.

Page 315, *ligne* 10, en dehors le corps, sur des vertèbres, *lisez :* en dehors du corps des vertèbres.

EXPOSITION
DES ESTOMACS DES RUMINANS

Et des Phénomènes qui dérivent de leur action.

La rumination est un mode de fonction propre aux mammifères pourvus de quatre estomacs, par laquelle ces animaux ont la faculté de rappeler dans la bouche une partie des alimens solides qu'ils ont déglutis, afin de les remâcher, les triturer, les imbiber de salive, pour ensuite les redéglutir, et même les ruminer de nouveau, s'ils ne sont pas assez atténués.

Les ruminans domestiques sont tous les didactyles qui, outre deux doigts qu'ils portent à chaque pied, ont encore, pour caractères distinctifs, huit dents incisives à la mâchoire inférieure ; un bourrelet cartilagineux qui remplace les mêmes dents à la mâchoire supérieure ; la bouche parsemée de mamelons gros, élevés et courbés en arrière ; l'hyoïde divisé en sept pièces ; quatre estomacs avec un intestin étroit, etc.

Les estomacs dont sont pourvus les ruminans domestiques sont au nombre de quatre, constituent des réservoirs musculo-membraneux, distincts par leur forme, leur grandeur, leur position et leurs usages. Le premier de ces estomacs est le *rumen*, le second s'appelle le *réseau*, le troisième le *feuillet*, et le quatrième porte le nom de *caillette*. Ils sont continus et placés l'un à la suite de l'autre contre la face postérieure du diaphragme. Le premier se prolonge en arrière, occupe la plus grande partie de l'abdomen, repose sur les parois inférieures de cette cavité, et s'enfonce dans le bassin ; les trois autres, oblongs, bien moins considérables, recourbés sur eux-mêmes et dans un sens opposé, sont continus et accolés l'un à la suite de l'autre par leur petite courbure, s'étendent de gauche à droite, de devant en arrière, contre le diaphragme, et sont attachés au rumen par des prolongemens épiploïques.

Chaque estomac est formé de trois membranes superposées, dont une *péritonéale* soutient les vaisseaux, les nerfs, et entretient la perspiration extérieure du viscère ; la seconde *charnue*, plus ou moins épaisse, opère le resserrement, la diminution de sa cavité ; la troisième *villeuse composée* fournit une humeur plus ou moins abondante, qui paroît différer dans tous les estomacs. Les vaisseaux et les nerfs de ces parties ont la même origine, le même mode de terminaison que chez les monogastriques.

Ainsi la composition des estomacs des ruminans est généralement la même et semblable à celle de l'estomac des monogastriques; mais ces viscères offrent, dans leur disposition respective et dans leur structure, des différences remarquables que nous aurons lieu de faire observer, en considérant chacun d'eux en particulier.

§. I. *Du Rumen* (*communément la Panse*).

CARACTÈRE. Très-vaste réservoir, de forme oblongue, situé obliquement dans la cavité de l'abdomen dont il occupe environ les trois quarts, un peu aplati de dessus en dessous, bilobé à ses deux extrémités, et séparé, selon sa longueur, en deux masses ou sacs inégaux, dont le gauche se continue, par son extrémité antérieure, en haut avec l'œsophage, et en bas avec le réseau.

Divisée en divers compartimens, la cavité de ce premier estomac reçoit et contient les alimens qui sont poussés par l'œsophage, et qui, pour la plus grande partie, ont besoin d'être ruminés, ramenés dans la bouche pour y subir une mastication plus parfaite.

Division. Deux faces, l'une supérieure et l'autre inférieure ; deux bords latéraux distingués en droit et en gauche ; deux extrémités, dont une antérieure ou diaphragmatique, et l'autre postérieure ou pelvienne ; enfin, deux sacs, l'un droit et l'autre gauche.

Faces. La supérieure, déprimée selon sa longueur, est fixée à la région sous-lombaire par les vaisseaux, les nerfs et une portion de l'épiploon. Du côté droit, elle est couverte par une partie du canal intestinal ; tandis que le côté gauche, plus élevé, est appliqué immédiatement aux parois du flanc de ce même côté. La face inférieure pose sur les parois inférieures de l'abdomen, et présente deux légères scissures longitudinales, dont une se dirige de derrière en devant, et l'autre de devant en arrière.

Bords. Séparés par les extrémités, ils sont convexes, arrondis, libres et perspirables, comme les deux faces que nous venons de considérer. Le gauche, qui est le plus élevé, s'étend contre le diaphragme, sous le flanc gauche, jusque dans la cavité pelvienne, et tient antérieurement à la rate. Le droit repose sur les parois inférieures de l'abdomen, et est recouvert antérieurement par la caillette.

Extrémités. L'antérieure est fixée au diaphragme par l'œsophage et le ligament *diaphragmatique* qui entoure l'extrémité de ce canal, pour se porter sur le rumen. L'extrémité postérieure, qui est libre, est ordinairement logée dans la cavité pelvienne, d'où elle est expulsée durant la gestation, ainsi que dans quelques cas d'irritation très - grande, soit du rumen, soit des autres viscères abdominaux. Chacune de ces deux extrémités offre deux prolongemens ou lobes, de longueur inégale, courbés l'un contre l'autre, qui, à l'extrémité postérieure du rumen, constituent deux culs-de-sac terminés par une pointe arrondie; tandis qu'à l'extrémité antérieure de ce viscère, le prolongement gauche, plus gros et plus avancé que le droit se continue d'une part avec l'œsophage, et de l'autre avec le réseau.

La scissure profonde, qui sépare les lobes tant antérieurs que postérieurs, s'étend sur les faces du viscère, fournit les scissures longitudinales qui constituent la division des deux sacs du rumen, et forme les scissures transversales qui coupent, pour ainsi dire, les lobes par leur base, et les séparent du corps du viscère.

Sacs. Ils sont alongés, arrondis à leurs extrémités, qui constituent les prolongemens ou lobes dont nous avons parlé précédemment. Le sac gauche est ovoïde, supérieur et toujours le plus long ; le droit qui est inférieur, plus évasé, d'une figure triangulaire, se trouve contenu, à l'exception de ses deux extrémités, dans l'épiploon qui vient de la caillette et s'attache dans les scissures du rumen.

Chez tous les ruminans, ces deux sacs ont généralement la même forme. Néanmoins, on observe que, dans le bœuf, le sac gauche dépasse par ses deux extrémités le sac droit ; tandis que, dans le rumen du mouton, l'extrémité postérieure de ce dernier sac est plus longue que celle de l'autre.

Cavité intérieure. Elle est partagée, ainsi que l'indique la conformation extérieure du viscère, en deux grands réservoirs ou sacs, par deux cloisons fort épaisses qui, en se prolongeant, forment des bandes. Sa surface, tuberculeuse, est parsemée de mamelons durs, de forme et de grosseur différentes ; et les alimens qui se trouvent dans cette cavité sont toujours fibreux, généralement peu altérés.

Les cloisons qui séparent les deux sacs constituent deux forts piliers charnus, plus ou moins perpendiculaires aux surfaces du viscère, qui répondent aux scissures profondes placées entre les lobes, et se distinguent, comme elles, en pilier antérieur et en pilier postérieur. Le premier très-large, un peu incliné de droite à gauche et de haut en bas, offre un bord arrondi et arqué : son extrémité inférieure se prolonge par une bande qui s'étend obliquement dans les parois du sac gauche, et sépare le compartiment antérieur de ce sac. L'extrémité supérieure de ce même pilier se bifurque et fournit deux bandes transversales, dont une se dirige dans le sac droit, et l'autre dans le sac gauche.

Le pilier postérieur moins large, mais beaucoup plus épais que l'antérieur, est perpendiculaire, présente deux bords, constitue deux arcs adossés qui, par leurs extrémités, s'étendent en travers dans les parois de chaque sac, et fournissent ainsi les bandes transversales qui séparent les compartimens postérieurs des deux sacs. Du milieu de chacune des extrémités de ce dernier pilier part une

a 4

bande longitudinale qui se dirige obliquement en devant, et offre un bord plus ou moins élevé.

De cette disposition des piliers, ainsi que des bandes qu'ils fournissent, il résulte que, non seulement la cavité du rumen se trouve séparée en deux, mais que chaque sac est lui-même divisé en deux compartimens, l'un antérieur et l'autre postérieur. Les deux compartimens du sac droit, ainsi que le postérieur du sac gauche, forment des cavités prolongées en cul-de-sac ; mais le compartiment antérieur du dernier sac présente deux ouvertures placées l'une au-dessus de l'autre : la plus grande de ces ouvertures, qui est inférieure, aboutit dans la cavité du réseau ; tandis que la supérieure étroite et placée à l'extrémité d'une longue gouttière, est la terminaison de l'œsophage. Au passage du rumen au réseau, l'on remarque inférieurement une cloison arquée, disposée obliquement de devant en arrière, et qui sépare les cavités de ces deux viscères.

L'orifice œsophagien qui, dans sa dilatation, est infundibuliforme, offre une disposition très-remarquable et fort importante à connoître. En se terminant dans le rumen, l'œsophage se continue par une gouttière qui se contourne du côté droit, règne dans l'épaisseur des petites courbures du réseau, du feuillet, et va se terminer dans la cavité de la caillette. Cette gouttière que nous nommons *œsophagienne*, parce qu'elle établit une continuité directe de l'œsophage jusque dans la caillette, présente deux portions essentiellement distinctes, savoir, son trajet dans le réseau et celui qu'elle fait dans le feuillet. 1°. La portion qui passe dans le réseau, et qui est supérieure à la cavité de ce second estomac, augmente insensiblement de grandeur jusqu'au feuillet et est pourvue de deux grosses lèvres longitudinales qui, en s'appliquant l'une contre l'autre, ferment l'ouverture de la gouttière et empêchent, soit en partie, soit entièrement, que les substances ne tombent dans le réseau ou dans le rumen. Ces lèvres vont en grossissant depuis l'orifice de l'œsophage, jusqu'à celui du réseau dans le feuillet ; là, elles se réunissent à angle obtus, forment une ouverture ronde et fort étroite, par laquelle les substances passent du second estomac dans le troisième. 2°. La partie de la gouttière œsophagienne qui se prolonge dans le feuillet se trouve inférieure à la cavité de ce viscère, constitue un canal divisé, du côte du réseau, en plusieurs sillons par des lames à bords denticulés ; mais à mesure qu'elle s'approche de la caillette, elle devient successivement plus unie, plus libre, plus grande, et offre, à sa terminaison dans la cavité du dernier estomac, une grande ouverture ronde.

De cet exposé, il résulte que l'œsophage, au lieu de se terminer dans le rumen par une ouverture isolée, aboutit à l'extrémité d'une gouttière qui forme une continuité du canal et offre une route, au moyen de laquelle certaines substances dégluties franchissent les trois premiers estomacs, et parviennent directement dans la caillette.

Ainsi que nous l'avons déjà fait remarquer, la surface interne du rumen est parsemée de mamelons de forme, de couleur et de grosseur différentes. Généralement aplatis sur deux sens, presque tous noirs et durs, ces mamelons sont ou conoïdes, ou myrtiformes, ou fusiformes, et se trouvent plus nombreux, plus rapprochés, plus gros et plus longs, sur la surface inférieure et les côtés du viscère que dans le reste de son étendue. L'on observe qu'aux parois inférieures de ce grand réservoir, ils sont très-rapprochés et ont une disposition telle, qu'ils composent une espèce de velours épais, dur, susceptible de résister à l'usure, et de garantir le rumen de l'irritation des substances amoncelées dans sa cavité. Tous ces grands mamelons sont inclinés en sens différens; et quelques auteurs ont démontré que leur direction étoit analogue au trajet constant que parcourent les alimens entassés dans ce premier estomac. Susceptibles d'une contractilité très-grande, ces corps se redressent, se hérissent dans l'état de santé, et paroissent fournir une humeur dont la nature, la quantité et les propriétés n'ont pas été appréciées.

Structure particulière. La membrane péritonéale est une production des feuillets de l'épiploon, qui vient de la caillette et s'insère dans toutes les scissures, tant supérieures qu'inférieures du rumen.

La membrane charnue, généralement très-forte, n'offre pas la même épaisseur par-tout, et est formée de faisceaux fibreux diversement arrangés et unis par un tissu lamineux dense; elle constitue toutes les bandes et les cloisons intérieures qui affermissent les parois du viscère, lui donnent plus de résistance, plus de force, et divisent sa cavité en quatre compartimens, dont deux pour chaque sac.

La membrane interne ou folliculeuse forme les mamelons dont est parsemée la surface interne du réservoir, et est pourvue d'une lame épidermoïde fort épaisse; c'est elle qui fournit, par sa face perspirable, la liqueur qui se mêle avec les substances alimentaires et les altère plus ou moins.

Le rumen reçoit peu de sang, eu égard au volume qu'il présente. Les artères lui viennent de la splénique, les veines se rendent dans la veine-porte, et les nerfs, qui émanent du plexus cœliaque, suivant la direction des artères.

Dans le *fœtus*, le rumen est un peu plus grand que les autres estomacs; durant l'allaitement, il devient le plus petit, parce que les autres prennent de l'accroissement, tandis qu'il reste dans son même état; mais lorsque le sujet commence à prendre des alimens fibreux qui tombent dans sa cavité, ce viscère acquiert du volume, et par suite il devient si considérable, qu'il surpasse de beaucoup tous les autres estomacs pris ensemble.

Usages. Ce premier estomac est l'agent essentiel de la rumination; il sert de réservoir dans lequel s'accumulent les substances dégluties et poussées avec force ; il retient celles qui ont besoin d'être ruminées, tandis que les fluides coulent successivement dans le réseau.

§. II. *Du Réseau (ordinairement le Bonnet).*

CARACTÈRE. Ce second estomac, le plus petit, arrondi, un peu courbé sur lui-même de bas en haut, parsemé intérieurement de cellules rétiformes, est situé contre le diaphragme en avant de l'extrémité du sac gauche du rumen, se trouve placé sous l'insertion de l'œsophage et repose sur le prolongement abdominal du sternum. Il est continu, par sa petite courbure, du côté gauche au rumen, du côté droit à la petite courbure du feuillet, et contient des matières liquides, mais dont une partie a besoin d'une nouvelle atténuation ; ces substances proviennent, ou de l'œsophage durant la déglutition, ou du rumen pendant la rumination et la respiration.

DIVISION. Deux faces, dont une antérieure et l'autre postérieure ; deux bords ou courbures, dont une est grande et l'autre petite.

Faces. Elles sont perspiratoires et arrondies ; l'antérieure pose contre le diaphragme, et la postérieure est attachée au sac gauche du rumen.

Courbures. Elles sont séparées l'une de l'autre par les orifices du réseau. La grande courbure convexe, arrondie, est inférieure et porte sur le prolongement abdominal du sternum. La petite courbure qui est un peu concave, se trouve placée et accolée sous celle du feuillet.

Cavité intérieure. En rapport avec la conformation extérieure, elle est garnie de cellules de diverses grandeurs et de différentes figures, polygones et disposées à-peu-près comme les cellules des mouches à miel. Ces cavités sont arrangées de manière qu'une grande cellule en renferme plusieurs autres de diverses grandeurs. Les lames qui les forment, et qui sont d'autant plus élevées que ces cellules sont plus grandes, offrent une surface chagrinée, hérissée de mamelons plus longs et plus nombreux dans le fond des cellules. Dans l'épaisseur de la petite courbure, se trouve la portion de la gouttière œsophagienne, dont nous avons parlé précédemment.

Structure particulière. La membrane charnue conserve à-peu-près la même épaisseur par-tout, et forme les lèvres qui bordent la gouttière œsophagienne. La membrane folliculeuse constitue les lames des cellules.

Les vaisseaux de cet estomac sont peu nombreux ; les artères sont des divisions de la splénique.

Usages. Nous avons déjà vu que le réseau sert de réservoir à des substances fluidifiées, mais dont une partie a besoin d'être reprise et élaborée de nouveau par le feuillet. Ces substances qui viennent, partie du rumen, et l'autre partie de l'œsophage, s'accumulent dans le réseau, d'où elles passent lentement dans le feuillet qui, par ce moyen, a la facilité de retenir les fibreuses, de les saisir et les attirer entre ses lames.

§. III. *Du Feuillet.*

Caractère. Peu différent par sa forme, sa grandeur, mais moins arrondi et plus long que le réseau, ce troisième estomac est un réservoir oblong, courbé sur lui-même de haut en bas, appliqué par sa petite courbure, à gauche sur le réseau, et à droite sur la base de la caillette. Continu avec ces deux derniers viscères auxquels il est supérieur, le feuillet est situé obliquement du côté droit de l'abdomen, entre le foie et le sac droit du rumen, est pourvu intérieurement de lames de diverses grandeurs, qui retiennent les matières fibreuses, les atténuent et en altèrent plus ou moins la nature.

Division. On peut distinguer au feuillet une face antérieure, qui pose contre le foie et le diaphragme; une face postérieure, qui porte sur le sac droit du rumen; une grande courbure, qui est convexe, arrondie, et qui est attachée à la caillette et au rumen par un prolongement épiploïque; une petite courbure, continue et supérieure à celle du réseau, et qui se termine à la base de la caillette.

Cavité intérieure. Elle est remplie de lames posées les unes contre les autres; présente, le long de la petite courbure, la continuité de la gouttière œsophagienne, et les deux orifices de ce réservoir, dont un vient du réseau, et l'autre aboutit dans la caillette.

1°. Les lames du feuillet fort nombreuses, de grandeurs différentes, rangées en tas ou groupes, sont fixées tout le long de la grande courbure, et ont leur bord inférieur libre, regardant

regardant la gouttière œsophagienne. Toute
leur surface est parsemée de mamelons co-
niques, terminés en pointe, d'autant plus
gros et plus élevés qu'ils sont plus près de
l'orifice du réseau dans le feuillet; du côté de
cette dernière ouverture, ils sont courbés en
crochets de bas en haut et du réseau vers la
caillette. Ces mamelons qui paroissent porter
des bouches exhalantes, retiennent les substances fibreuses et les attirent le long de la
grande courbure.

Chaque groupe, composé d'un nombre plus
ou moins considérable de lames, porte dans
le milieu un feuillet central impair, qui surpasse tous les autres en grandeur. Toutes les
lames latérales de grandeurs très-variées sont
disposées dans un ordre régulier de chaque
côté de la lame centrale, vont en décroissant
à mesure qu'elles s'éloignent d'elle, et offrent
dans le fond de leurs intervalles des lamines
denticulées. Tous ces groupes différens entre
eux par le nombre et la grandeur de leurs
feuillets se prolongent du côté de l'orifice du
réseau au feuillet, par des bords garnis de
crochets (1), et s'avancent d'autant plus qu'ils

____

(1) Dans le bœuf, plusieurs de ces crochets sont
noirs et cornés.

sont plus considérables. De manière que l'ouverture du réseau au feuillet, qui, du côté du réseau, est fermée par deux grosses lèvres qui ne laissent qu'une petite ouverture ronde, offre, du côté du feuillet, une multitude de gouttières à bords élevés, entre lesquelles s'engagent et sont retenues les substances fibreuses.

2º. La gouttière qui est inférieure est très-étroite du côté du réseau, et devient successivement libre, à mesure qu'elle s'approche de la caillette.

3º. L'orifice du feuillet dans la caillette est rond, et laisse un passage libre aux matières qui sont poussées dans le dernier estomac.

Structure particulière. Les lames sont essentiellement formées par la membrane folliculeuse, mais les bords par lesquels elles s'avancent vers le réseau sont charnus dans leur épaisseur.

Le feuillet reçoit beaucoup plus de vaisseaux que les deux estomacs précédens, ce qui indique une sécrétion plus abondante.

Usages. Le feuillet qui, toute proportion égale d'ailleurs, est plus grand dans le bœuf que dans le mouton, est l'organe où les alimens fibreux éprouvent les derniers changemens dont ils ont besoin pour être digérés. Il retient les matières fibreuses qui n'ont pas été suffisamment mâchées, ou qui ont échappé à l'action des mâchoires ; il les atténue, les pénètre de liqueurs qui en changent la nature, et les rendent propres à la chymification.

§. IV. *De la Caillette.*

CARACTÈRE. Ce dernier estomac est alongé, conoïde, plié en arc de bas en haut, situé obliquement à droite et en arrière du feuillet, entre le diaphragme et le sac droit du rumen sur lequel il est attaché par des portions épiploïques. Ce viscère, pourvu intérieurement de lames molles, plus ou moins grandes, plus ou moins écartées les unes des autres, qui, vers la base de la caillette, sont disposées en long, mais sans ordre régulier, est la source du véritable suc gastrique, et par conséquent l'agent de la chymification.

DIVISION. On reconnoît, 1°. deux faces libres, perspirables, dont une pose contre le diaphragme, et l'autre est maintenue par l'épiploon sur le sac droit du rumen ; 2°. deux courbures, dont une inférieure convexe, appelée grande courbure, donne attache, le long de son bord interne, à la portion de l'épiploon qui va gagner les scissures inférieures du rumen ; la courbure supérieure concave, dite petite courbure, reçoit l'épiploon qui vient du réseau et qui va aux scissures supérieures du rumen ; 3°. deux extrémités, dont l'antérieure, beaucoup plus grosse, est inférieure, continue à la petite courbure du feuillet, et constitue la base ou la grosse extrémité de la caillette ; l'extrémité postérieure et supérieure, étroite, alongée, contournée en haut et en arrière sur la face supérieure du sac droit du rumen, est appelée la petite extrémité ou l'extrémité pylorique.

Cavité intérieure. Elle est analogue à la conformation extérieure de la partie, offre une multitude de lames molles, irrégulièrement couchées, plus grandes et plus multipliées à la base de la caillette : l'une de ces lames très - large paroît boucher l'orifice du feuillet et faire fonction de valvule ; tandis qu'une autre se prolonge jusqu'à l'ouverture pylorique. Vers le milieu, mais plus près du pylore, s'observent aussi des rides irrégulières, plus ou moins élevées et nombreuses, dont les unes sont transversales, d'autres longitudinales et quelques autres obliques. Toute la surface interne de cette cavité est douce, veloutée, papillaire, enduite d'un mucus épais, abondant, et affecte une couleur jaunâtre tirant souvent sur le vert.

L'intérieur de la caillette présente deux ouvertures placées à ses extrémités. Celle qui se trouve à sa base et qui est l'orifice du feuillet dans la caillette est ronde, la plus grande, et bouchée par la base d'une ou de deux lames; l'ouverture pylorique beaucoup plus étroite, est pourvue d'un bourrelet circulaire, et communique dans l'intestin.

STRUCTURE PARTICULIÈRE. La membrane interne très-composée, papillaire, fournit le mucus qui enduit la surface interne de ce réservoir, et sécrette le suc gastrique qui opère la dissolution des alimens ; elle forme les lames intérieures, et acquiert par-là beaucoup d'étendue.

USAGES. La caillette est le réservoir où les alimens, après avoir été préparés par la mastication, par l'action du rumen, du réseau et du feuillet, subissent le dernier degré d'altération et sont convertis en substance chymeuse. La caillette, beaucoup plus sensible que les trois premiers estomacs, a des propriétés toutes différentes ; non seulement elle est l'agent essentiel de la digestion, le seul capable de produire la chymification, mais elle peut être considérée comme l'organe le plus propre à transmettre l'effet des substances médicamenteuses. Les trois premiers estomacs n'ont qu'un degré peu élevé de sensibilité, ne jouissent pas d'un mouvement d'oscillation aussi manifeste que celui dont est douée la caillette. Le rumen, dont les parois intérieures sont presque calleuses, ne peut qu'être difficilement irrité par la présence des substances ingérées ; le réseau est préservé des irritans par les lames qui constituent les cellules ; on trouve souvent ces lames traversées par des épingles, des clous ou autres corps pénétrans, sans que l'animal en paroisse incommodé ; enfin le feuillet ne semble pas jouir d'une sensibilité plus grande que le réseau ; et tout concourt à prouver que la caillette est l'estomac le plus irritable, celui qui, par son organisation, joue le principal rôle et est l'agent essentiel de la digestion,

PHÉNOMÈNES

DIGESTIFS DES RUMINANS.

LA digestion chez ces animaux est une opération lente, pénible, qui exige le concours de plusieurs agens, qui se compose de plusieurs phénomènes essentiellement différens et particuliers aux ruminans seuls. Quoiqu'elle paroisse beaucoup plus composée que dans les monogastriques herbivores, cependant en considérant l'ensemble des phénomènes qui ont lieu depuis l'instant de la déglutition des alimens, jusqu'à l'expulsion des matières fécales, on voit que cette fonction, si différente en apparence, n'est guère plus compliquée dans les ruminans que dans les monodactyles. Le bœuf pourvu de quatre estomacs élabore d'une manière particulière et pendant long-temps ses alimens, avant qu'ils parviennent dans le dernier réservoir où se fait la chymification. Le cheval n'a qu'un petit estomac, mais il offre, dans la longueur de

son intestin, de vastes réservoirs où les substances converties en chyme continuent à être
élaborées. De manière que, chez le premier,
la digestion est toujours précédée d'un grand
travail, d'une élaboration compliquée et pénible; tandis que, dans les monodactyles, la
chymification est plus facile; mais elle exige
une suite d'opérations qui sont plus ou moins
difficiles et prolongées.

Pour développer avec ordre et exposer
d'une manière précise ce qu'offre d'important
et de particulier la digestion chez les ruminans, nous considérerons d'abord la manière
dont s'opère la déglutition dans ces animaux;
nous examinerons ensuite comment se fait le
retour des alimens dans la bouche; nous exposerons les effets qui dérivent de la rumination; et enfin, nous parlerons de l'action
et des propriétés de chaque estomac en particulier.

Les ruminans étant à même de prendre des
alimens ne font pour ainsi dire que fourrager,
leur donnent quelques coups de dent, suivant
qu'ils sont plus ou moins fibreux ou plus ou
moins durs, et les avalent de suite. Les substances n'ayant donc éprouvé d'atténuation,
qu'autant qu'il en faut pour que l'animal puisse

les déglutir, arrivent dans le rumen où elles s'accumulent successivement.

La déglutition des solides, généralement plus facile que celle des fluides, offre ici une différence remarquable qui a bien été appréciée par tous ceux qui ont écrit sur la rumination, mais qui n'a pas été exposée d'une manière satisfaisante et fondée sur les lois de l'organisation. Les solides poussés avec force par l'action contractile de l'œsophage, écartent les lèvres de la gouttière à l'extrémité de laquelle se termine ce canal, et arrivent dans la cavité du rumen. Les fluides diffusibles, difficiles à saisir par l'œsophage sont déglutis avec bien moins de force. Ce canal, plus ou moins tiré en devant, concourt à redresser la gouttière par laquelle il se termine, et à en rapprocher les deux lèvres. Cet état des parties supposé, les fluides foiblement comprimés descendent presque successivement ; arrivés à l'extrémité de l'œsophage, ils trouvent fermé le passage dans le rumen ; mais la gouttière étant libre, ouverte, et formant continuité avec le canal œsophagien, leur offre une route facile qui les conduit directement dans la caillette.

Telle est la manière dont se fait généralement l'abord des solides et des fluides dans les estomacs. Mais ces deux espèces de déglutition offrent des variétés qu'il est important d'indiquer. Le bol alimentaire, composé entièrement ou en partie de substances dures ou très-fibreuses, paroît aller constamment dans le rumen ; lorsqu'il est formé presqu'entièrement de substances peu consistantes, plus ou moins fluidifiées, la plus grande partie tombe dans le réseau, l'autre dans le rumen, en même temps qu'il passe un peu de fluides par la gouttière œsophagienne. Il en est de même des fluides, lorsque l'animal les prend à grandes gorgées et qu'il les avale précipitamment; ils arrivent partie dans la caillette, partie dans le rumen, et l'autre partie dans le réseau. Chez le jeune ruminant qui tète, le lait va en totalité dans la caillette, et la déglutition de ce fluide se fait presque toujours régulièrement, parce que l'œsophage a encore peu de force, et que le jeune sujet ne prend ce liquide qu'à petites gorgées. Mais dans l'animal formé, où les choses se passent autrement, il est rare que les fluides parviennent directement dans la caillette, sans qu'il en tombe une partie dans le réseau et même dans le rumen.

L'animal ayant pris une suffisante quantité de nourriture, le rumen se trouve distendu, rempli d'alimens très-imparfaitement mâchés, peu humectés, et d'autant plus secs qu'ils sont plus supérieurs, qu'ils se trouvent dans l'extrémité du sac gauche; il n'y a généralement de délayés que ceux qui occupent les parois inférieures ou qui sont proche de l'ouverture du rumen dans le second estomac. Les matières contenues dans le réseau, plus divisées, beaucoup plus atténuées et plus altérées, nagent dans les liqueurs, sont quelquefois très-fluidifiées, mais n'y paroissent pas accumulées en plus grande quantité qu'avant le repas que vient de prendre l'animal. Les substances distribuées entre les lames du feuillet sont plus ou moins sèches, quelquefois dures, ont une couleur verdâtre tirant sur le noir, et donnent une odeur plus forte que dans les deux premiers estomacs. Enfin, dans la caillette, le contenu est peu abondant en substances fibreuses, tout est liquide, d'une couleur très-altérée et d'une odeur pénétrante; si l'animal a bu beaucoup, les liqueurs se trouvent en plus grande partie dans ce dernier réservoir. Voilà ce que l'on observe généralement dans les quatre estomacs d'un animal que l'on sacrifie immédiatement après son repas.

Voyons maintenant ce qui se passe pendant la digestion des alimens entassés dans le rumen, les changemens et les diverses altérations successives qu'ils subissent. Presque toutes les substances amoncelées dans le premier réservoir reviennent dans la bouche pour y subir une nouvelle mastication plus parfaite, dont elles ont besoin pour passer à l'état de chyme. La digestion des ruminans, qui, pour être mise en activité et soutenue en exercice, exige la concentration d'une grande partie des forces vitales, un état de repos presqu'absolu, commence par la rumination qui se prolonge plus ou moins longtemps, jusqu'à ce que le rumen soit débarrassé d'une partie de sa provision, et qu'il soit parvenu à un certain degré de resserrement : car, après la digestion même la plus parfaite, il reste encore une grande quantité d'alimens dans ce réservoir. Ainsi la rumination devient le signal de la digestion, c'est une opération qui la développe et qui l'entretient.

Chaque fois que l'animal veut ruminer, c'est-à-dire faire revenir ses alimens du rumen

dans la bouche , il éprouve une sorte d'assoupissement, et bientôt après il fait une forte
inspiration qu'il soutient quelques secondes ;
survient ensuite une expiration qui est subite,
très-courte et comme entrecoupée par l'inspiration qui reprend. Aussitôt après, l'animal
alonge le cou , et dans ce moment l'on voit
remonter par l'œsophage un bol alimentaire,
qui va dans la bouche où il est distribué sous
les dents molaires. La mastication , qui commence aussitôt que la pelote alimentaire est
arrivée dans la bouche , se prolonge plus ou
moins de temps suivant que l'aliment est plus
difficile à atténuer. Quelques auteurs ont
cherché à déterminer le nombre de coups de
dent qu'éprouve chaque pelote ruminée ; les
uns en ont porté le terme moyen à quarante ,
d'autres l'ont fixé à trente , mais tous ont observé , comme cela doit être , une variation
constante entre chaque bouchée. La mâchoire
inférieure , qui est le principal agent de cette
opération , exécute ses mouvemens latéraux
de droite à gauche ; souvent les mouvemens
qui terminent la mastication se font dans un
ordre inverse , et cela s'observe plus particulièrement dans le mouton. Cette mastication
offre les mêmes phénomènes à considérer que

ceux qui se passent chez les monodactyles ;
elle opère l'atténuation des alimens qui,
suffisamment mâchés et pénétrés par la salive, sont redéglutis.

Cette première déglutition achevée est
suivie d'une seconde rumination qui a lieu
comme la première, et ainsi de suite, jusqu'à ce que l'animal cesse tout-à-fait de ruminer, ou qu'il suspende cette action pour
quelque temps.

Pour rendre raison des causes qui déterminent l'ascension des alimens, et les chercher,
non dans des explications hypothétiques, mais
bien dans les lois de l'organisation, il est nécessaire de se représenter ce qui se passe dans
l'exécution de la rumination. Stupeur de l'a-
nimal, inspiration élevée et soutenue, expiration prompte et entrecoupée, rappel du
premier état d'inspiration, ascension de la
pelote alimentaire, tel est l'ordre que l'on
observe dans la succession des phénomènes
qui constituent la rumination.

L'espèce d'assoupissement que ressent l'a-
nimal, et qui est un état presque semblable
à celui que nous éprouvons, lorsque nous
voulons rendre par le haut, des gaz qui nous
causent de la douleur dans l'estomac, indique

une concentration de forces vitales, nécessaire pour opérer la rumination. L'inspiration que fait l'animal détermine la contraction du diaphragme qui se porte en arrière et pousse les viscères abdominaux ; elle est accompagnée de la contraction des muscles inférieurs de l'abdomen, qui soulèvent en avant le rumen. Ces agens compriment fortement ce dernier viscère qui est le plus vaste ; le diaphragme, en se portant en arrière, forme une surface fixe, résistante, et rapproche de la cavité du rumen l'ouverture œsophagienne, ainsi que l'extrémité de la gouttière ; les parois inférieures de l'abdomen pressent, soulèvent et poussent en avant toute la surface inférieure et latérale de ce grand réservoir ; pendant ce temps, les parois charnues de cet estomac se contractent, se resserrent sur les piliers : leur contraction est à la vérité lente, mais elle est facilitée par l'inspiration qui se soutient, qui se prolonge, jusqu'à ce que les alimens, assez pressés, soient poussés entre les lèvres qui entourent l'insertion de l'œsophage et qui se trouvent plus ou moins écartées. Une partie des alimens étant engagée, et saisie par ces lèvres, arrive l'expiration courte qui permet le relâchement du diaphragme et le passage de la pelote dans l'œsophage à travers ce dernier muscle ; en même temps l'animal alongeant le cou et tirant l'œsophage en devant, les lèvres de la gouttière œsophagienne se contractent, se rapprochent ; le diaphragme qui rentre en contraction soutient l'extrémité de l'œsophage ; ces circonstances réunies facilitent l'ascension prompte du bol dans la bouche.

Parmi toutes ces puissances qui concourent à la rumination, la contraction des parois du rumen est la première, la principale, celle sans laquelle la rumination ne peut pas avoir lieu ; les muscles abdominaux, tant antérieurs qu'inférieurs, ne font que la déterminer, que l'aider. Cette contraction qui s'exécute dans un ordre régulier, qui resserre en plusieurs sens le rumen, mais qui le comprime en devant, est aussi naturelle que celle qui, dans les monodactyles, pousse les substances du cul-de-sac gauche vers le pylore. En effet, le rumen doit être considéré, non comme un réservoir cylindroïde continu, replié en arrière, mais bien comme une grande dilatation très-prolongée, ayant un point de départ vers lequel elle se resserre continuellement, à moins qu'une cause étrangère en dérange

l'ordre

l'ordre. Ainsi la rumination dépend essentiellement du viscère qui contient les alimens qui doivent être remâchés; elle est produite par un mouvement naturel de derrière en devant, qui se développe dans ce viscère, et qui se propage sur les autres.

Il est dans l'organisation des ruminans, de faire revenir leurs alimens dans la bouche pour les mâcher à leur aise, et les disposer à des élaborations ultérieures. Une fonction si nécessaire, aussi importante pour ces animaux, ne dépend ni de causes mécaniques, ni de lois contre nature, comme on l'a avancé; elle est toute vitale, subordonnée à l'action nerveuse, à la contraction des parois du rumen, et favorisée par la respiration, par les muscles abdominaux.

Jusqu'ici nous n'avons considéré que le premier estomac, parce que ce viscère est l'agent essentiel de la rumination. Mais les trois réservoirs suivans éprouvent, comme le premier et dans le même temps, un resserrement plus ou moins considérable, qui a lieu de la même manière et qui produit la sortie d'une certaine partie de leur contenu. Le réseau qui paroît recevoir la plus grande partie des alimens ruminés avec les liquides ou matières fluidifiées qui lui viennent directement du rumen, chasse une partie de ces substances dans le feuillet où elles sont tamisées, de manière que les plus fluidifiées suivent la gouttière œsophagienne et vont dans la caillette ; tandis que les substances fibreuses sont retenues et attirées entre les lames que porte ce troisième estomac. Les matières pressées, comprimées entre ces lames, altérées par les liqueurs que sécrette l'organe, sont plus ou moins changées et arrivent successivement dans la caillette. Les substances contenues dans ce quatrième estomac où elles sont converties en chyme, sont expulsées dans l'intestin.

Ainsi, pendant la rumination, il se fait une expression plus ou moins grande de matières, d'un estomac à un autre, successivement depuis le rumen jusqu'à la caillette. Cette transmission des alimens se soutient après la rumination, mais elle est beaucoup plus lente ; elle est entretenue par la respiration qui produit sur les réservoirs un mouvement, un balancement alternatif de devant en arrière et de haut en bas. Cependant les substances accumulées dans le rumen et qui ont nécessairement besoin d'être remâchées, ne sortent de ce réservoir, comme nous l'avons déjà dit, que par l'acte de la rumination, ou lorsqu'après un long séjour elles sont altérées, divisées et fluidifiées ; opération très - lente, qui ne peut s'exercer que sur une partie de la masse alimentaire, et qui peut être arrêtée par une cause légère. Ce premier estomac ne fournit donc au second, pendant la respiration, qu'une petite quantité de matière plus ou moins fluidifiée.

D'après toutes ces considérations, il résulte que le rumen sert de réservoir où l'animal entasse ses alimens, qu'il est le principal agent de la rumination ; que dans le réseau s'accumulent des substances plus ou moins divisées ou plus ou moins fluidifiées, mais dont une partie exige de nouveaux changemens avant d'arriver dans la caillette ; que le feuillet retravaille les matières qui ont échappé à la mastication, ou qui ne sont pas assez atténuées pour être digérées ; qu'enfin la caillette est le réservoir où se fait la sécrétion du suc gastrique, seul agent capable d'opérer la dissolution parfaite des alimens et leur conversion en chyme. Il se fait bien une sécrétion dans les autres estomacs, mais elle est moins abondante, et la liqueur n'a pas le même degré d'activité, ni les mêmes propriétés. Ainsi la bouche et les trois premiers estomacs sont les instrumens qui préparent, disposent les alimens aux changemens ultérieurs qu'ils subissent dans la caillette. Ils les divisent, opèrent la désunion de leurs molécules, leur fournissent différentes liqueurs qui en changent la nature, les ramollissent, et leur impriment des caractères d'animalisation. Ces quatre organes préparatoires agissent deux à deux; l'un reçoit les alimens, et l'autre les atténue. Le rumen contient en réserve les substances qui reviennent dans la bouche pour être soumises à l'action des mâchoires; le réseau est au feuillet ce que le rumen est à la bouche, il contient les substances qui, attirées entre les lames du feuillet, sont divisées et altérées suffisamment pour pouvoir éprouver la chymification qui a lieu dans la caillette.

Les animaux ruminent après le repas, lorsqu'ils ont mangé à satiété, lorsque le rumen a acquis un certain degré d'amplitude, lorsqu'ils sont tranquilles, en santé, ou qu'ils ne font qu'un exercice léger, qu'un travail lent et peu pénible; ils ruminent debout ou couchés. L'animal bien portant, qui est libre, abandonné à lui-même, se couche ordinairement pour ruminer ; s'il n'est interrompu par quelque besoin ou d'autres causes , il reste dans cette position et continue à ruminer jusqu'à ce qu'il ait remâché assez d'alimens ; souvent il termine sa rumination par quelques instans de sommeil , sur-tout si c'est la nuit, ou si l'animal est à l'abri de toute cause capable d'exciter ses sensations , et de produire une impression un peu forte. Le bœuf attaché dans une étable où il se trouve à son aise, bien tranquille et où il a une bonne litière, rumine de la même manière. Plusieurs animaux ont l'habitude de ruminer debout ; d'autres ne se couchent pas , parce qu'ils souffrent. Ceux qui travaillent habituellement, ruminent en labourant, en traînant des tombereaux et autres instrumens d'agriculture , mais il faut que leur marche ne soit pas précipitée , et qu'ils ne fassent pas de grands efforts.

La rumination peut être interrompue par la vue d'un objet qui produit une impression vive , par une surprise quelconque , par le besoin de boire, par le dérangement forcé de la place où est l'animal ; lorsque les animaux ruminent dehors, ils peuvent être surpris par un orage qui les empêche de continuer ; si l'on change leur marche et qu'on la précipite, ils cessent de ruminer. Il en est de même des travaux pendant lesquels ils ruminent ; rend - on ces travaux plus forcés, ou l'animal est-il obligé d'employer de grands efforts pour franchir une montagne ou une descente ? la rumination reste suspendue. Elle l'est plus ou moins long - temps, suivant que la cause qui l'a interrompue a agi d'une manière plus ou moins efficace. Ainsi des ruminans surpris par un animal, ennemi déclaré de leur existence, et qui les aura fortement tourmentés, ne recommenceront à ruminer que très - long - temps après, lorsque la frayeur sera entièrement dissipée, et qu'ils n'auront plus de crainte ; tandis que l'animal qui ne cesse de ruminer que parce qu'il est distrait par la vue d'un objet qu'il connoît, ou qui lui est indifférent, recommence bientôt et continue à ruminer comme auparavant.

Les animaux qui éprouvent des douleurs un peu fortes, ne ruminent pas du tout ; il en est de même de ceux qui ont trop mangé, que l'on soumet à des exercices forcés ou à des travaux auxquels ils ne sont point habitués. Les jeunes bœufs ou taureaux, vaches ou génisses que l'on attelle les premières fois pour les dompter, se tourmentent, s'agitent et ne ruminent pas. Les moutons, dans un long voyage, ne ruminent qu'autant que leur marche bien calculée leur laisse le repos nécessaire pour cette opération.

Les animaux qui éprouvent un mal-aise ne ruminent que par intervalles ; lorsqu'ils n'ont point assez mangé, ils font de même.

Les signes qui précèdent, accompagnent et suivent une bonne rumination, sont à-peu-près les mêmes que ceux que nous avons relatés en traitant des phénomènes de la digestion dans les monogastriques. L'animal chez lequel la rumination n'a pu s'effectuer est triste, porte la tête et les oreilles basses ; ses yeux sont plus ou moins ternes ; la respiration est profonde ; le mouvement de son flanc est plus ou moins irrégulier ; il a souvent le bout des oreilles et du nez froid ; sa marche est lente et pénible. Si c'est un bœuf, sa peau a perdu plus ou moins de sa souplesse, de sa moiteur, et les poils, ou hérissés ou très-luisans, sont plus ou moins secs.

Nous terminerous ces considérations sur la digestion des ruminans, par quelques développemens relatifs au vomissement considéré, non seulement chez ces animaux, mais encore chez les monodactyles, afin de faire sentir, contre l'opinion de personnes d'ailleurs très - recommandables, que ce dernier diffère essentiellement de la rumination, et s'opère par des moyens entièrement opposés.

Le vomissement suppose toujours un mouvement convulsif, un trouble plus ou moins grand, et est accompagné de phénomènes qui indiquent une action augmentée, et contraire au rythme habituel. La sortie des alimens de la cavité du rumen, pour parvenir dans la bouche, s'opère au contraire par la contraction naturelle, mais très-énergique du rumen, secondée par l'action successive et simultanée du diaphragme et des muscles abdominaux. L'animal qui vomit, éprouve constamment des douleurs gastriques, des convulsions plus ou moins fortes; tandis que le bœuf qui rumine ressent une sorte de plaisir, fait remonter ses alimens tranquillement, et avec la même facilité qu'il les déglutit.

Les ruminans ne sont pas les seuls quadrupèdes domestiques qui, d'après leur organisation, se trouvent dans l'impuissance presqu'absolue de vomir. Quoique par des causes
très-différentes, les monodactyles sont dans
le même cas; chez ces derniers, les substances
contenues dans l'estomac ne peuvent revenir
dans la bouche, ni par une action naturelle,
comme celle qui constitue la rumination, ni
par un mouvement antipéristaltique, qui est
toujours l'effet d'une sorte d'irritation, et
produit le vomissement dans tous les tétradactyles, où il s'effectue avec plus ou moins
de facilité.

Si le vomissement se manifeste quelquefois
chez les monodactyles, il est toujours l'effet
d'une altération, d'une cause morbide. Quoi
qu'il en soit de ces cas extrêmement rares, il
ne s'en suit pas moins que, par la structure
de leur estomac, ces quadrupèdes doivent
être considérés comme inaptes à éprouver le
vomissement. Dans la description de l'œsophage et de l'estomac, nous avons fait connoître la disposition organique qui leur ôte la
faculté de vomir (1). Nous avons fait remar-

---

(1) Tome II, page 32.

quer que trois circonstances essentielles se réunissent pour empêcher les substances introduites dans leur estomac de s'échapper par l'ouverture œsophagienne ; nous avons démontré que ces circonstances dépendent, 1º. de l'extrémité gastrique de l'œsophage dont la membrane charnue, en s'approchant du ventricule, acquiert de l'épaisseur, devient successivement blanche, ferme, compacte, et se termine dans la cavité de l'estomac, en formant une avance ou saillie ; 2º. du point d'insertion de ce canal, qui perce le ventricule dans sa petite courbure ; 3º. enfin, du trajet oblique qu'il fait à travers les parois du viscère, trajet qui, quoique moins marqué que celui des urethères dans l'épaisseur de la vessie, n'en a pas moins la propriété de s'opposer au reflux des substances. La première de ces trois causes est sans contredit la plus puissante, la plus efficace ; tant que la membrane charnue de l'extrémité gastrique de l'œsophage conserve sa force, elle tient l'ouverture œsophagienne dans une constriction parfaite, et présente une résistance invincible aux substances pressées et comprimées vers cette ouverture. A ces obstacles au vomissement, nous pourrions ajouter que l'épaisseur plus grande de la membrane charnue de l'estomac au pourtour de l'orifice œsophagien peut contribuer à resserrer l'ouverture dont il s'agit. Nous ferons aussi remarquer que les monodactyles ont l'estomac très - petit, placé profondément dans l'abdomen au dessus de la masse intestinale, et par conséquent très - éloigné des muscles abdominaux, qui ne peuvent agir sur lui d'une manière immédiate. Une dernière observation qui ne doit pas échapper, est relative au mode de contraction de l'estomac, au lieu de s'étendre, de s'alonger, ce viscère diminue dans tous les sens; sa petite courbure se resserre, ses deux ouvertures se rapprochent, et par-là sa membrane charnue tend continuellement à presser, à comprimer l'orifice œsophagien.

Ce resserrement du canal qui vient de la bouche, persiste même après la mort, et dure tant que les fibres charnues n'ont pas perdu tout leur ressort, et qu'elles conservent encore un certain degré de force. Mais une fois qu'elles sont devenues molles, flasques, l'ouverture œsophagienne cesse d'opposer de la résistance aux substances contenues dans l'estomac.

On pourroit attribuer à un pareil état d'a-

tonie, produit par suite de certaines affections maladives, le vomissement qui a lieu
quelquefois chez les monodactyles, et qui,
presque toujours, est l'avant-coureur de
la mort.

MÉMOIRE

Sans rechercher comment peut être formé le germe dont le développement fournit un nouvel être semblable aux deux individus qui ont concouru à sa formation ; sans rapporter ici les diverses explications sur cet objet ; nous dirons seulement que la fécondation exige constamment trois conditions ; savoir, 1°. la projection du sperme dans la cavité de l'utérus ; 2°. la présence et l'intégrité de l'ovaire ; 3°. enfin , l'orgasme périodique qui survient à certaines époques aux organes génitaux.

En traitant de ces derniers , nous avons suffisamment fait connoître l'utilité du sperme et des ovaires. Nous observerons , quant à l'orgasme qui se manifeste périodiquement aux organes génitaux , qu'il est, ainsi que les deux premières , une condition indispensable pour la génération ; l'on sait en effet qu'une femelle , couverte à des temps éloignés du *rut*, ne supporte qu'avec peine le coït et n'est jamais fécondée.

Chez toutes les femelles en chaleur ou en rut, il se fait un changement remarquable qui se manifeste essentiellement aux organes génitaux : l'utérus prend successivement plus d'épaisseur et d'étendue ; les ovaires se colorent et deviennent plus volumineux ; la vulve s'agrandit, ses lèvres se gonflent et sont fort grosses. Il y a sécrétion d'une humeur plus ou moins abondante et diversement colorée, qui s'échappe par la vulve, répand une odeur halitueuse, forte et pénétrante, qui attire le mâle et le porte à s'accoupler avec la femelle. A mesure que l'orgasme génital augmente, la bête se tourmente de plus en plus, éprouve une sorte de chatouillement général, cherche le mâle, bondit autour de lui, monte dessus, urine fréquemment, rend de temps en temps une certaine quantité de l'humeur visqueuse qui est fournie par les organes génitaux, et qui sort comme par jet, par expression.

Le temps des chaleurs dure plus ou moins, suivant les femelles, les travaux et exercices divers auxquels on les soumet ; il se renouvelle à des époques d'autant plus rapprochées que les animaux sont plus irritables ; ainsi , dans la chatte, il a lieu ordinairement deux fois par an, vers les mois de Janvier et de Septembre ; tandis que, chez les femelles di-dactyles , il ne survient qu'une fois par an ; et chez les monodactyles , il est quelquefois plusieurs années sans se manifester. Toutes les circonstances qui tendent à augmenter la sensibilité générale , sans amener un état d'obésité, concourent à rappeler l'orgasme génital ; par la même raison, celles qui la di-minuent , contribuent à éloigner cet état. Aussi les femelles herbivores , qui font conti-nuellement des travaux fatigans et n'ont qu'une nourriture sèche , entrent rarement en cha-leur ; tandis que celles qui restent dans les pâturages sans travailler , deviennent bientôt aptes à recevoir le mâle.

Après la fécondation , il survient de nou-veaux changemens ; une action particulière se développe et se concentre dans l'utérus , qui recèle les produits de la conception ; la vulve et autres parties circonvoisines rentrent dans leur état primitif ; la femelle répand un autre arôme qui, loin d'attirer le mâle, con-tribue à l'éloigner , et souvent même à lui faire dédaigner l'objet que , quelque temps auparavant, il recherchoit avec tant d'ardeur.

La fécondation ayant lieu, comme on vient de l'exposer, durant l'orgasme génital, déterminé le resserrement de l'utérus, lui imprime une nouvelle vie, y excite et entretient une caloricité plus grande. C'est ici que commence le cours de la gestation, qui comprend deux ordres de phénomènes, dont les uns sont relatifs au fœtus, et les autres embrassent les changemens divers qu'éprouvent les organes de la mère.

De quelque manière que soit formée la molécule organisée, selon l'ordre le plus constant et le plus naturel, elle vient se développer et prendre son accroissement dans la cavité de l'utérus (1). Chez les unipares, le fœtus occupe essentiellement le corps de l'utérus et ne fait que s'étendre dans une des cornes; chez les multipares, les petits sont renfermés les uns à la suite des autres, dans les cornes; un seul d'entr'eux remplit le corps de l'utérus qui a peu d'étendue.

---

(1) Le germe s'attache et se développe quelquefois hors de l'utérus, soit dans l'ovaire, la trompe utérine, ou dans la cavité de l'abdomen. Ce mode de gestation est désigné sous le nom générique de *gestation extra-utérine.*

Dans le principe, les produits de la fécondation se présentent sous forme de gelée muqueuse, transparente, blanchâtre, parsemée de filamens. Au bout de quelques jours, cette gelée muqueuse se couvre d'une enveloppe opaque, coënneuse; elle prend ensuite la forme d'une vésicule ovoïde dont les parois offrent deux ou trois lames membraneuses superposées, qui contiennent une liqueur claire, dans laquelle l'on ne voit encore aucune apparence du petit être qui doit s'y développer. A une époque un peu plus avancée, les rudimens de ce dernier paroissent au milieu de la vésicule, constituent un point terne, un noyau central; on aperçoit en même temps des traces confuses du placenta, du chorion et de l'amnios. L'embryon développé est plongé et croît au milieu des liqueurs; son placenta, ainsi que les membranes qui lui sont propres, prenant peu-à-peu de la consistance, de la force, commencent à exercer la fonction qui leur est départie. Alors le nouvel être a une vitalité qui lui est propre, et, dans cet état, il est plus particulièrement désigné sous le nom de fœtus. Son accroissement devient plus prompt, plus marqué, et suit le degré de force qu'acquièrent le placenta, le chorion et l'amnios.

Tel est, en peu de mots, l'ordre général de développement et d'accroissement du fœtus suivant lequel il acquiert la viabilité nécessaire pour pouvoir se passer de sa mère. Mais cette marche de la Nature est plus prompte chez quelques femelles que chez d'autres. On ignore les causes qui rendent la durée de la gestation, plus longue ou plus courte. Le temps de cette fonction chez les monodactyles est de onze à douze mois, très-rarement de treize; la vache porte huit à neuf mois; la brebis et la chèvre mettent bas vers quatre et demi à cinq mois; la truie fait ses petits à trois et demi ou quatre mois; la chienne accouche entre le soixante-quatrième à soixante-sixième jour de la fécondation, et la chatte vers le cinquante-quatrième à cinquante-sixième jour.

Le fœtus bien formé se trouve renfermé dans un sac plein d'une liqueur douce, albumineuse et propre à favoriser son accroissement; il tient à l'utérus au moyen d'un réseau vasculaire diversement arrangé suivant les différentes classes de femelles, et que l'on nomme le *placenta*; il porte un paquet de vaisseaux qui vont former ce placenta, constituent le *cordon ombilical,* et sont les moyens de communication du fœtus avec la mère; enfin, il offre deux enveloppes ou membranes propres, savoir, le *chorion* et l'*amnios* qui, avec le placenta, composent l'*arrière-faix* ou le *délivre.*

Du Placenta.

Caractère. Expansion vasculaire, rouge, plus ou moins étendue et épaisse, répandue et soutenue sur la première membrane du fœtus, enracinée dans les cellules utérines par des mamelons plus ou moins élevés, qui, par sa texture et ses propriétés, est l'agent essentiel de la nutrition du fœtus, élabore les sucs qui lui sont propres, et lui apporte ceux que lui fournit sa mère.

Division. L'on distingue au placenta deux faces, l'une externe et l'autre interne. La première est rouge, parsemée de mamelons conoïdes, plus grands dans quelques femelles, comme dans la vache, que dans d'autres, lesquels sont reçus dans des ouvertures correspondantes de l'utérus, et tiennent ces deux parties accolées jusqu'au temps du part. La face interne porte un tissu lamineux, cotonneux, abondant et lâche, qui unit le placenta avec le chorion, et prend d'autant plus de force que la gestation est plus avancée.

STRUCTURE. Le placenta est essentiellement formé d'un tissu lamineux abondant, qui en constitue la trame, le parenchyme, et soutient les ramifications des vaisseaux ombilicaux. Dans leurs divisions et sous-divisions successives, ces vaisseaux composent un réseau anastomotique dans lequel circule et est élaboré le sang, qui vient du fœtus par le moyen des artères ombilicales, et qui est rapporté à ce dernier par la veine du même nom. Ce réseau, qui tient à l'utérus par une infinité de mamelons, pompe aussi les sucs fournis par la mère, les élabore et les fait parvenir au fœtus, avec le sang qui, des artères ombilicales, passe dans les ramifications de la veine. Ainsi, le placenta n'est qu'une expansion vasculaire, qu'un lacis de vaisseaux ramifiés sur le chorion et unis par un tissu lamineux abondant, et que l'on peut dépouiller de sa matière colorante par la lotion (1).

VARIÉTÉS. Dans les premiers temps, le

---

(1) D'après les observations de M. *Chaussier*, le placenta reçoit des filamens nerveux qui se détachent du plexus hépatique, et accompagnent la veine ombilicale, sur laquelle ils sont accolés.

placenta est mou, peu consistant ; successivement il prend de la force, de la fermeté ; aux approches du terme de la gestation, il devient rigide, dur et comme cartilagineux dans quelques points ; ses vaisseaux paroissent plus petits et son parenchyme offre beaucoup de densité. Cet état est d'autant plus remarquable qu'il est une des causes qui déterminent le part.

Chez les *monodactyles*, le placenta constitue une expansion mince, très-étendue et uniforme, qui tapisse toute la cavité de l'utérus, et enveloppe par conséquent tout le chorion.

Dans les *didactyles*, il forme autant de portions qu'il se trouve de cotylédons, de manière que chacun de ces corps a un placenta isolé et qui lui est propre. En traitant de l'utérus, nous avons fait remarquer la disposition de ces cotylédons dont la texture est vasculaire, qui prennent du volume pendant la gestation, et qui, considérés aux approches du part, constituent des corps sphériques, de grosseur différente, ne tenant à l'utérus que par un pédoncule. L'on observe que les vaisseaux ombilicaux fournissent à chacun de ces cotylédons, des rameaux qui, dans leurs divisions, forment un placenta dont les mamelons plus gros que dans la jument, sont reçus dans des ouvertures proportionnées.

Chez les *multipares*, chaque fœtus a son placenta et jouit d'une vitalité particulière; mais cet organe n'a pas la même disposition dans toutes les femelles qui, d'après l'ordre de la nature, produisent plusieurs petits. Pour bien saisir les différences qu'il présente, il est essentiel de savoir que chaque fœtus contenu dans ses membranes forme une masse alongée, cylindrique, dont les extrémités prolongées en appendice se terminent par une pointe arrondie. Dans la *truie*, le placenta offre une expansion mince, peu différente de celle de la jument, qui enveloppe la plus grande partie du chorion, mais qui, vers les extrémités du sac formé par cette membrane, s'amincit et se termine insensiblement, sans se prolonger, jusqu'aux deux bouts de ce sac. Dans la *chienne*, il forme une zone qui ceint circulairement le milieu du sac du chorion, et constitue une espèce de ceinture épaisse et noirâtre.

Nous ferons aussi observer que, chez les femelles unipares où il y a superfétation, chaque fœtus porte, comme chez les multipares, son placenta et ses membranes

Usages. Ainsi que nous l'avons fait remarquer précédemment, le placenta doit être
considéré comme essentiellement destiné à
élaborer les sucs qui sont apportés au fœtus,
pour servir à sa nutrition. Il reçoit le sang
qui vient du fœtus par les artères ombilicales,
ralentit le cours de cette liqueur, et lui imprime des changemens remarquables. En passant dans les ramifications de la veine ombilicale, ce sang se mêle, se combine avec les
sucs fournis par l'utérus, et forme ainsi une
liqueur qui a des propriétés nouvelles. Tous
ces changemens supposent une grande action
dans le placenta qui, en opérant ces diverses
élaborations, développe et entretient un grand
degré de chaleur qui se propage au fœtus.
C'est donc avec raison que quelques anatomistes ont trouvé, dans la fonction de cet
organe, une très-grande analogie avec celle
qu'exercent les poumons de l'animal hors du
sein de sa mère. Ainsi que ces derniers viscères, il puise du corps avec lequel il est en
contact un suc nécessaire, indispensable à
l'entretien et à l'accroissement du fœtus ; il
élabore le sang qui est distribué dans son
tissu et le fait passer à l'état artériel ; il opère
le mélange, la combinaison des deux liqueurs

xij

hétérogènes qu'il reçoit ; enfin il est le principal foyer de caloricité du fœtus.

Du Cordon ombilical.

On comprend sous ce titre un enlacement de longs et gros vaisseaux unis ensemble, contournés sur eux-mêmes en spirale et formant un cordon qui, de l'ombilic du fœtus, se prolonge jusqu'au placenta. Ce cordon, dont la longueur varie suivant les différentes espèces d'animaux, et qui est le moyen de communication du placenta avec le fœtus, est essentiellement formé par les vaisseaux ombilicaux, savoir, deux artères et une veine ; et il porte, jusque derrière l'amnios, un canal nommé *uraque* (1), qui vient de la vessie et conduit l'urine dans le sac du chorion ou de l'allantoïde.

Artères ombilicales. Au nombre de deux, et ayant un égal diamètre, elles partent le plus ordinairement des artères bulbeuses, se dirigent en devant sur les côtés de la vessie, sortent de l'abdomen par l'ouverture ombilicale, concourent ensuite à former le cor-

----

(1) Uraque, communément, mais improprement *ouraque ;* car on dit urèthre, et non *ourèthre ;* urine, et non *ourine ;* urethère, et non *ourethère.*

don dont il s'agit, et distribuent dans le placenta le sang qu'elles apportent du fœtus.

Veine ombilicale. Beaucoup plus grosse que les artères, elle provient du placenta d'où elle s'élève par deux, quelquefois par trois branches qui, près de l'amnios, se réunissent et ne forment plus qu'un seul vaisseau. Le long du cordon, elle fournit quelques ramifications qui se portent dans les membranes du fœtus ; parvenue dans l'abdomen, elle se dirige en devant jusque sur le prolongement du sternum d'où elle se courbe contre le diaphragme, monte en s'écartant de ce muscle, et gagne la cavité que lui offre le lobe moyen du foie. En se plongeant dans ce viscère, elle fournit trois divisions remarquables ; savoir, 1º. des ramifications déliées qui se dispersent dans la substance du foie, et s'anastomosent avec des radicules des veines sus-hépatiques ; 2º. des rameaux assez gros qui se dégorgent dans la veine-cave à son passage dans la grande scissure du foie; 3º. enfin, des branches qui vont directement dans le sinus de la veine-porte. D'où il suit que la veine ombilicale, qui apporte du placenta un sang artériel, riche en matériaux nutritifs, donne une petite partie de ce fluide aux membranes du fœtus, en fournit ce qui est nécessaire à la nutrition du foie, en transmet une certaine quantité dans la veine-porte, et dépose la plus grande partie dans la veine-cave postérieure. D'après la disposition qui existe dans le cœur du fœtus et que nous avons exposée (1), la veine-cave postérieure transmet presque tout le sang qu'elle contient dans l'oreillette gauche, d'où il parvient directement dans l'aorte, qui le distribue dans les diverses parties du corps.

Outre les artères et la veine ombilicale, l'on trouve dans l'abdomen deux petits vaisseaux filiformes, d'autant plus ténus que le fœtus est plus développé, qui, de l'ombilic, se portent derrière l'estomac, et se terminent, l'un dans la grande mésentérique, et l'autre dans le tronc de la veine - porte. Désignés sous le nom d'*ombilico - mésentériques*, ces vaisseaux ne paroissent avoir aucun usage connu dans le fœtus ; ils semblent se perdre dans le cordon ombilical, sans que l'on puisse les suivre très-loin. Dans l'embryon, ils sont plus gros et contiennent une liqueur rouge, dont on aperçoit quelques traces, même dans le fœtus avancé. L'on

______

(1) Voyez tome II, page 192.

peut présumer que ces vaisseaux entretiennent, dans le principe du développement du nouvel être, une circulation particulière qui est anéantie et détruite, lorsque le placenta et les vaisseaux ombilicaux opèrent les fonctions auxquelles ils sont destinés.

Uraque (1). Canal membraneux, qui provient du fond de la vessie d'où il se continue hors de l'abdomen, se contourne sur les vaisseaux ombilicaux avec lesquels il compose le cordon du même nom, traverse le sac de l'amnios ; après quoi il se termine dans un réservoir particulier formé par le chorion ou l'allantoïde, et y dépose l'urine qu'il apporte de la cavité de la vessie. Pour fournir ce conduit de l'urine, la vessie s'alonge en devant, se porte entre les deux artères ombilicales et diminue insensiblement de grosseur, jusqu'à ce qu'elle ait formé l'uraque qui paroît conserver le même diamètre dans toute son étendue.

Des Membranes du fœtus.

Ces membranes, dont le nombre varie de deux à trois dans les femelles de différentes

―――――――――――――――

(1) Voyez la note précédente, page xij.

classes , sont le *chorion* , l'*amnios* et l'*allan-toïde*. Les deux premières sont constantes dans toutes les femelles, mais l'allantoïde ne s'observe que chez les didactyles. Ces enveloppes composent deux grands réservoirs ou sacs exactement séparés l'un de l'autre , et contenant chacun une liqueur essentiellement différente. Le premier de ces sacs , celui qui est le plus extérieur et qui est formé par le chorion ou par l'allantoïde , renferme l'urine du fœtus ; le sac interne formé par l'amnios contient une liqueur douce , albumineuse , dans laquelle le fœtus est plongé , où il jouit d'une température douce , toujours égale , et où il se trouve à l'abri des chocs et des impressions des corps extérieurs.

Chorion. Cette première membrane, la plus extérieure, qui est lamineuse , blanche , soutient le placenta accolé à l'utérus , offre une certaine force dans le fœtus à terme , et présente des différences qu'il importe de bien saisir.

Chez les femelles dont le placenta ne s'étend pas sur toute la surface externe du chorion , les points de cette membrane , qui se trouvent dépourvus de placenta , sont recouverts d'un tissu spongieux , tomenteux , qui disparoît à une époque avancée de la gestation ; tissu que *Hunter* avoit considéré comme formant une membrane , nommée par lui *membrana caduca,* et que le professeur *Chaussier* a désigné sous le nom d'épichorion (1).

Chez les *monodactyles* et les *tétradactyles ,* le chorion a une grande étendue, forme le sac extérieur qui renferme l'urine, et contient en masse le sac de l'amnios. Cette membrane se continue de l'extrémité de l'uraque , s'adosse et se répand sur toute la face externe de l'amnios, se prolonge sur la portion du cordon ombilical qui traverse ce premier sac ; et , parvenue sous le placenta , elle se réfléchit et compose les parois externes du sac dont il s'agit. De manière que , dans toutes ces femelles , la face interne du chorion constitue une grande cavité perspirable , semblable à celle du péritoine , répandue autour du sac de l'amnios, et qui est le réservoir, le dépôt où vient s'accumuler l'urine du fœtus.

Dans les *didactyles ,* la disposition du cho-

---

(1) Du grec *epi* et *chorion* — qui est au-dessus du chorion.

rion est plus simple et plus facile à saisir.
Cette membrane, plus ferme que dans les
autres femelles, constitue une enveloppe su-
perposée, unie à l'amnios, qui se propage
dans toute la cavité de l'utérus et soutient
les ramifications des vaisseaux ombilicaux,
qui forment les placenta divers accolés aux
cotylédons. Entr'elle et l'amnios, se trouve
soutenu le sac urinaire formé par l'allantoïde,
et qui est essentiellement différent de celui
des monodactyles et tétradactyles.

Cette troisième membrane particulière aux
ruminans, et que l'on ne rencontre dans la
brebis que lorsque la gestation est déjà avancée, est une continuité de l'uraque qui a la
même disposition que dans les femelles précédentes, mais qui, au sortir de l'abdomen,
prend beaucoup de grosseur. En partant de
l'extrémité de ce conduit, l'allantoïde forme
deux longues branches cylindriques, qui se
glissent entre l'adossement des deux premières membranes, autour du sac de l'amnios,
se terminent en cul-de-sac par une extrémité
arrondie, et s'étendent, l'une dans la corne
droite, et l'autre dans la corne gauche de l'u-
térus. Ces branches, dont la cavité constitue le
réservoir urinaire, sont toujours d'une lon-

gueur inégale, parce que celle qui se prolonge dans l'une des cornes utérines avec les membres postérieurs du fœtus, est beaucoup plus longue que l'autre. En terminant la description de l'allantoïde, il est essentiel de faire remarquer que le sac qu'elle forme, se trouve quelquefois dans les eaux de l'amnios. J'ai cherché à connoître la cause de cette différence dans la situation de ce réservoir, et quelquefois je me suis assuré qu'elle étoit due au déchirement de l'amnios ; ce qui peut faire présumer que l'allantoïde ne se trouve jamais qu'accidentellement dans le sac de l'amnios, et que, dans l'ordre de l'organisation naturelle, elle doit être contenue entre cette dernière membrane et le chorion.

Tout concourt à prouver que c'est l'urine qui vient s'accumuler dans ce premier sac que nous venons d'indiquer, nonobstant quelques différences observées par les chimistes, entre la liqueur qu'il contient et l'urine prise dans la vessie du fœtus ; différences que l'on pourroit peut-être attribuer aux altérations qu'elle éprouve par son mélange et son contact prolongé avec l'humeur perspiratoire du chorion. Quoi qu'il en soit, cette liqueur est ordinairement douceâtre, trouble, d'un goût urineux peu pénétrant, et contient quelquefois, en suspension, des flocons ou filamens sans consistance. Chez les *monodactyles*, elle offre presque toujours des corps détachés, oblongs, aplatis, de grandeur différente, et nommés *hippomanes*. Ces corps molasses, cérumineux, de couleur olivâtre, et composés de couches superposées, ne paroissent être que des concrétions urineuses, qui quelquefois se trouvent adhérentes aux parois du sac, mais qui, le plus souvent, sont libres et détachées. Le nombre des hippomanes est très - variable; il est ordinairement de un à quatre; il paroît qu'ils ne se réunissent pas et qu'ils restent toujours isolés. *Bourgelat*, qui a avancé qu'il n'étoit pas rare d'en compter dix, douze et même plus, assure qu'il s'en trouve quelquefois dans la vache où je n'en ai jamais rencontré.

Amnios. Membrane fine, transparente, perspirable, plus mince que le chorion, qui offre la même disposition et les mêmes usages dans toutes les femelles, forme un sac bien fermé de toute part, dont la cavité contient le fœtus plongeant au milieu d'une liqueur particulière.

Adossée

Adossée au chorion avec lequel elle forme les parois du sac interne, désigné ordinairement sous le nom de *sac de l'amnios*, cette dernière membrane fournit au cordon ombilical une gaîne qui l'enveloppe, l'accompagne jusqu'à l'ombilic où elle se termine. Elle présente deux faces, dont une externe adhère au chorion par un tissu lamineux; l'autre interne, douce et perspirable, offre, chez quelques femelles, de petits grains blanchâtres, dispersés çà et là, et dont on ignore la structure, ainsi que les usages.

Le tissu de l'amnios est pénétré par quelques ramifications vasculaires qui viennent de la veine ombilicale, et fournissent, dans leurs divisions, les exhalans qui s'ouvrent à la face interne de cette membrane.

Quant à la liqueur contenue dans le sac de l'amnios, nous avons déjà relaté ses propriétés les plus remarquables, nous n'y reviendrons pas; nous ferons seulement observer que sa quantité varie, non seulement dans les individus de la même classe, mais encore suivant les diverses époques de la gestation. Dans les premiers temps, elle est beaucoup plus abondante et la quantité en diminue successivement jusqu'au terme du part. Elle est également transparente, mais par la suite elle prend une couleur jaunâtre, et vers la fin de la gestation elle devient trouble, se charge de flocons : à cette dernière époque, elle contient quelquefois des débris d'excrémens sortis par l'anus; c'est çe que l'on remarque souvent dans la vache, quelquefois dans la jument, et rarement ou plutôt jamais dans les autres femelles.

Particularités remarquables du fœtus.

Durant son séjour dans l'utérus, le fœtus conserve essentiellement la même situation; on le trouve presque constamment dans un état moyen de flexion dans toutes ses parties, ayant le dos un peu courbé selon sa longueur, et tourné ordinairement vers les parois inférieures de l'abdomen de sa mère; la tête fléchie entre les deux membres antérieurs et tournée vers l'ouverture vaginale de l'utérus; les membres postérieurs prolongés en arrière et se trouvant logés, chez les unipares, dans l'une des cornes utérines; les membres antérieurs portés en devant sur les côtés de la tête, ou bien sous le nez.

Quant aux différences remarquables que présente l'organisation du fœtus, elles sont très-nombreuses : nous avons déjà exposé celles que présentent le cœur, la vessie, le thymus et les vaisseaux ombilicaux; nous ne relaterons ici que celles dont nous n'avons pas encore parlé, et parmi ces dernières nous ne ferons mention que de celles qui méritent d'être connues. Ainsi chez le fœtus, les fluides sont généralement plus muqueux; le sang plus coagulable; les solides plus gélatineux, plus mous; la corne molle, blanche, se déchirant facilement; les os flexibles, peu durs et en partie cartilagineux; la tête beaucoup plus volumineuse; les sinus frontaux ne faisant que commencer; les poumons affaissés, rougeâtres, se précipitant au fond de l'eau; la substance encéphalique plus molle et d'une couleur terne; le foie rouge et très-considérable; tous les autres organes sanguins participant au caractère de ce dernier viscère; les testicules renfermés dans l'abdomen; l'estomac contenant une liqueur douceâtre, analogue à celle de l'amnios, et dans laquelle nagent des flocons blancs semblables à du lait caillé. Enfin, l'on trouve dans le canal intestinal le *méconium*, matière essentiellement différente de celle qui y est contenue par la suite.

Après avoir indiqué les différences essentielles que présente le fœtus comparé à l'état
adulte, examinons quels sont les changemens
successifs qui s'opèrent dans l'utérus.

A mesure que le fœtus croît, l'utérus prend
plus d'amplitude, s'étend, se porte en devant
dans la cavité de l'abdomen, déplace l'intestin
et finit même par se prolonger jusque contre
le diaphragme : les ligamens qui le soutiennent, s'alongent et acquièrent une force proportionnée au volume du viscère. Ce déplacement de l'utérus se fait aux dépens de l'intestin et du rumen chez les didactyles, et il
offre, dans les femelles de différente classe,
quelques différences assez importantes. Ainsi,
dans les *monodactyles*, il pousse le colon hors
de la cavité pelvienne, presse, dérange cet
intestin, se glisse successivement par-dessous
et sur les parois inférieures de l'abdomen, et
parvient ainsi jusque contre le foie. Chez les
didactyles, il chasse le rumen et le cœcum
de la cavité du bassin ; en se portant en devant, il rampe sur les parois inférieures de
l'abdomen, occupe essentiellement le côté
droit, en même temps il presse et dévie un
peu à gauche le rumen avec l'intestin. Chez
les *tétradactyles*, l'utérus, durant sa pléni-

tude, occupe la surface inférieure de la cavité abdominale, et pousse en devant la masse intestinale ; mais, dans la *truie*, il s'étend plus du côté droit que du côté gauche.

Lorsque le temps auquel le fœtus doit être expulsé approche, il survient un autre ordre de phénomènes qui préparent peu-à-peu le terme de la gestation. Sans examiner quelle peut être la cause du part ou de l'expulsion du fœtus hors de la cavité de l'utérus, à une époque à-peu-près fixe, dont la longueur varie selon les différentes espèces d'animaux, nous nous contenterons de dire, en ce moment, que cette expulsion est opérée par l'action contractile de l'utérus, aidée de celle du diaphragme et des muscles abdominaux. On reconnoît l'approche du part au gonflement et à la sensibilité des mamelles, à la tuméfaction des lèvres de la vulve qui s'agrandit et donne issue à une liqueur muqueuse ; à l'affaissement de l'abdomen dont les flancs deviennent concaves ; à la forme que prennent les lombes et le dos, qui se plient, se courbent en bas, et paroissent céder au poids qui entraîne les parois inférieures de l'abdomen ; enfin, à la marche de l'animal, qui devient lente et pénible. Ces signes précurseurs se marquent de plus en plus jusqu'au moment du part, qui est annoncé par la rénitence considérable de la mamelle, et sur-tout par la grande quantité de lait qui s'y accumule presque subitement.

Quoique le part soit une action naturelle, il est toujours accompagné d'un mal-aise général, de douleurs plus ou moins aiguës et d'autant plus grandes qu'il s'exécute avec plus de difficulté. Dans le principe, la bête s'agite, va et vient, cherche à se coucher, mais sans garder long-temps la même place; quelques instans avant de mettre bas, elle reste couchée, s'étend tout de son long, et pousse des soupirs plus ou moins plaintifs. Des contractions énergiques de l'utérus, du diaphragme et des muscles de l'abdomen, s'établissent. On voit paroître au-dehors une portion de l'arrière-faix, formant une poche qui bientôt se crève et laisse écouler une liqueur qui lubréfie les parties, les relâche, en favorise la dilatation, et rend ainsi plus facile le passage du fœtus. Cependant, le travail se soutenant, et devenant de plus en plus efficace, la tête et les deux membres antérieurs se présentent hors de la cavité utérine; tout le corps du fœtus franchit bientôt la vulve, et ce dernier ne tient plus à sa mère que par le cordon ombilical. Enfin, le délivre ne tarde pas à être détaché de la face interne de l'utérus, soit par l'effet des contractions de cet organe, soit parce qu'on opère ce détachement au moyen de la main introduite dans sa cavité.

Chez la femme, l'accouchement est beaucoup moins facile que dans les femelles domestiques, par rapport à la conformation de son bassin, et peut-être aussi par l'effet de certaines habitudes sociales.

Quelques quadrupèdes mettent bas presque sans efforts et sans de grandes douleurs. Parmi les unipares, il en est qui accouchent debout et ne se ressentent presque pas des effets du part qui, chez les multipares, est laborieux et quelquefois même impossible, ce qui tient essentiellement à ce que la femelle a été couverte par un mâle beaucoup plus grand, et qu'il est résulté des fœtus trop volumineux.

Quant aux causes de l'expulsion du fœtus, elles paroissent dépendre essentiellement de l'état de densité qu'acquiert le placenta, et dont nous avons parlé précédemment. Agent essentiel de la vitalité du fœtus, ce corps de-

vient le principe de son interruption. Sa
fonction n'est que temporaire ; tant qu'elle
persiste, il tient le fœtus attaché à l'utérus et
lie son existence à celle de sa mère ; mais
aux approches du terme de cette fonction, il
se fait dans le tissu de cet organe un changement qui en diminue l'action, fait naître,
dans les deux individus qu'il réunissoit, le
besoin, la nécessité de se séparer, et devient ainsi cause essentielle de l'accouchement.

MÉMOIRE

SUR LE PIED.

Les altérations nombreuses et toutes plus ou moins graves, auxquelles est exposé le pied des quadrupèdes domestiques, nous ont porté à présenter, dans un tableau concis, ce qu'il importe essentiellement de connoître sur la structure de cette partie. Nous avons jugé qu'un pareil rapprochement étoit utile, pour faciliter, non seulement la connoissance des maladies, mais encore celle des opérations que l'on pratique fréquemment aux pieds, sur-tout des monodactyles et du bœuf. En traitant des os, des muscles et des vaisseaux des membres, et en considérant la corne, nous avons exposé les différences essentielles, l'organisation générale du pied considéré dans tous les quadrupèdes domestiques. Nous ne rappellerons ici que ce qui est important pour le but que nous nous proposons, savoir, la connoissance précise de la partie avec laquelle les animaux prennent leur appui.

Dans une acception générale et applicable

ij

à tous les animaux, le pied est la partie qui
termine chaque membre, porte à son extrémité une enveloppe cornée, se divise en trois
régions principales et sert à faire l'appui; dans
les membres antérieurs, elle s'étend depuis
l'extrémité inférieure de l'avant-bras et comprend le *genou*, le *canon* et les *doigts*; dans
les membres postérieurs, le pied commence à
l'extrémité inférieure de la jambe et se divise
en *jarret*, *canon* et *doigts* (1). Mais, dans
les quadrupèdes domestiques, on ne désigne
ordinairement sous le nom de *pied*, que la
partie qui pose à terre, et avec laquelle ils
font leur appui. D'après cela, le pied des
animaux à sabots, savoir, les monodactyles,
les didactyles et le cochon, ne s'étend pas
au-delà de la partie encroûtée de corne et se
borne au sabot; tandis que, dans ceux qui,
au lieu de sabot, portent des crochets, comme
le chien et le chat, le pied a plus d'étendue
et embrasse toute la région dactylienne. Dans
le cours de ce mémoire, nous emploierons la
dénomination de *pied* sous l'acception reçue
dans la vétérinaire, afin d'être entendus par
tous les praticiens.

---

(1) Tome I, page 218 et suiv.

Chez les animaux à sabots, le pied offre, pour chaque doigt, la même structure essentielle, et comprend trois ordres de parties distinctes par leur texture et leurs propriétés ; savoir, 1º. le dernier phalangien qui s'articule avec l'os de la couronne et le petit sésamoïde, et peut être considéré comme formant la base du pied ; 2º. le tissu réticulaire, que l'on nomme vulgairement la *chair cannelée*, qui est le foyer de nturition de la corne et le centre de la sensibilité particulière du pied ; 3º. enfin, la corne qui revêt la partie précédente, constitue le sabot, la partie insensible, solide du pied, celle sur laquelle l'animal prend son appui.

§. I. L'*os du pied*, dont la conformation est parfaitement analogue à celle de la boîte cornée où il est renfermé, est maintenu articulé par des ligamens latéraux courts, mais épais et d'autant plus forts que les percussions sont plus violentes. Cette articulation est aussi affermie par les tendons qui viennent s'insérer à ce dernier os du membre, et dont les antérieurs proviennent des muscles extenseurs du pied, et les postérieurs émanent des fléchisseurs de cette partie. Les premiers prolongemens tendineux constituent une exiv

pansion peu épaisse, qui est maintenue fixée sur la face antérieure des trois phalangiens et va, en s'élargissant, jusqu'au dernier de ces os, au bord antérieur duquel elle s'insère et se termine. Les tendons de la face plantaire du pied, au nombre de deux, gros, épais et engaînés l'un dans l'autre, se distinguent en perforé et en perforant. Le premier, qui porte la gaîne dans laquelle passe le perforant, se termine par deux branches à la partie postérieure et supérieure de l'os de la couronne ; mais en se divisant il fournit une large aponévrose, qui descend sur l'autre tendon, se perd dans son tissu, et forme la partie inférieure et externe de la gaîne tendineuse. Le tendon perforant, beaucoup plus fort, se prolonge jusqu'au dernier phalangien, et se termine au rebord qui est à la face inférieure de cet os. Dans toute l'étendue du doigt, ce dernier tendon coule dans une grande gaîne, qui s'étend depuis les grands sésamoïdes jusqu'au petit ; en quittant le perforé, il s'élargit et glisse sur une coulisse que forme le petit sésamoïde. De manière que la face plantaire du pied porte trois cavités synoviales, parfaitement séparées l'une de l'autre ; savoir, 1°. la gaîne tendineuse ;

2°. la coulisse du petit sésamoïde ; 3°. enfin, la partie postérieure de l'articulation de l'os du pied.

Après avoir indiqué les connexions de l'os dont il s'agit, il est important de faire observer que cet os présente un caractère particulier, très-remarquable, qui lui est commun avec l'os des cornes des didactyles, et le distingue de tous les autres qui ne sont pas revêtus d'une substance cornée. L'os du pied est éminemment poreux, est criblé de trous de diverses grandeurs, et porte, à sa face antérieure, des scissures plus ou moins profondes. Cette disposition indique la quantité de vaisseaux et de nerfs qui traversent, entourent cet os, le rendent centre de la sensibilité du pied, et le font participer à la plupart des altérations qu'éprouvent la corne et le tissu réticulaire qu'il soutient.

§. II. Le *tissu réticulaire* (chair du pied) constitue une expansion vasculo-nerveuse, rouge, d'une texture complexe, très-sensible, qui est placée immédiatement sous la corne, est répandue sur la surface externe de l'os précédent dans lequel elle se trouve enracinée (1).

____

(1) Tome II, page 534 et suiv.

Cette substance réticulaire qui, comme nous l'avons déjà fait remarquer, est le foyer de nutrition de la corne et le centre de la sensibilité dont est douée la partie, présente, dans quelques points de son étendue, des petits feuillets longitudinaux, parallèles, qui s'engagent et s'engrainent avec de pareilles lames appartenant au sabot. Les vaisseaux et les nerfs dont il s'agit, s'enlacent, s'anastomosent, s'unissent et s'associent, composent ainsi une substance vasculo-nerveuse, soutenue par du tissu lamineux et enracinée dans l'épaisseur même de l'os du pied. Tous ces vaisseaux et ces nerfs peuvent se distinguer en deux ordres, dont le premier comprend les artères et les nerfs qui passent à travers l'os et fournissent les ramuscules qui s'élèvent de son intérieur par les petits trous dont est pourvue sa surface externe ; le second ordre embrasse les artères et les nerfs qui abordent au tissu réticulaire par les côtés de l'os, rampent dans les scissures de sa face antérieure, s'unissent et s'associent avec ceux du premier ordre. Parmi les veines, les unes accompagnent les artères qui sont très-profondes, mais le plus grand nombre s'élève par les côtés de l'os ; ces dernières se réunissent aux premières et forment autour de la couronne des anses, des arcades et de fréquentes anastomoses.

§. III. Le *sabot* détaché présente une sorte de boîte cornée, dont l'ouverture offre une coupe oblique, dont la conformation, l'épaisseur et la consistance varient dans les monodactyles et les polydactyles, dans laquelle l'on distingue deux portions différentes, savoir, la *paroi* et la *sole*.

La paroi, que l'on nomme aussi la muraille, constitue la partie antérieure et supérieure du sabot, porte, à sa face interne, des feuillets qui correspondent et s'engrainent avec ceux du tissu réticulaire. D'une texture filamenteuse, plus consistante et généralement plus épaisse que la sole, cette partie du sabot couvre toute la face antérieure du dernier phalangien et est convexe d'un côté à l'autre. Chez les monodactyles, la paroi est arrondie et constitue un ovale tronqué postérieurement ; dans les polydactyles, elle forme, du côté externe, un ovale qui est la moitié de celui des monodactyles, et du côté interne elle présente une surface plane qui répond au doigt opposé. De manière qu'en supposant la paroi des monodactyles partagée de devant en arrière en deux parties égales, l'on aura les deux ovales des deux doigts des didactyles : en comparant ensuite ces deux parties l'une avec l'autre, dans les monodactyles comme dans les didactyles et même le cochon, l'on voit que, quoique semblables en apparence, elles offrent cependant des différences entr'elles. Ainsi l'ovale ou le quartier externe est plus convexe, a plus de hauteur et d'épaisseur que le quartier interne ; et ces différences remarquables doivent être prises en grande considération pour la pratique raisonnée de la ferrure. L'on a coutume de distinguer, à chaque ovale soit interne ou externe, une partie antérieure appelée la *pince*, plus en arrière la *mamelle*, ensuite le *quartier* et le *talon* qui termine postérieurement l'ovale. Le bord supérieur de la paroi se prolonge, en s'amincissant, sur la peau, s'accole et se réunit avec elle par le moyen des filamens qui se prolongent dans son épaisseur. Son bord inférieur dépasse plus ou moins la sole, et porte le fer que l'on applique aux pieds de la plus grande partie des animaux à sabots. Lorsque l'on ne coupe pas l'ongle, elle s'alonge par la pince et se dévie en sens différens.

La

La sole, ou partie plantaire du sabot, inégalement épaisse et plane, et plus ou moins
cachée par le bord inférieur de la paroi,
offre, à sa face interne, des porosités nombreuses dans lesquelles pénètrent les filamens
villiformes du tissu réticulaire qui répond à
cette partie.

Quant aux différences que présente le pied
considéré dans tous les animaux domestiques,
les plus frappantes résident dans la division
de la région dactylienne, sur laquelle est
basée la classification des quadrupèdes, et
que nous avons exposée dans la Squelétologie (1).

Chez les *monodactyles*, le pied est orga-
nisé, de manière que toutes ses parties cons-
tituantes concourent à modérer l'effet de la
percussion, et à rendre l'appui plus assuré.
La paroi, beaucoup plus épaisse et d'une
texture plus dense que chez les autres animaux, porte, dans toute l'étendue de sa face
interne, des feuillets qui se prolongent depuis le bord supérieur jusqu'à la réunion de
la sole ; le côté interne de son bord supérieur
offre une dépression, une sorte de gouttière

----

(1) Tome **I**, pages 62-63 et 224.

f

que l'on nomme le *biseau*, et qui reçoit le bourrelet formé par la peau. Le dessous, ou la partie plantaire du sabot, présente deux parties très-distinctes, dont une semi-lunaire suit le bord de la paroi et constitue la *sole* ; l'autre, exubérante et bifurquée, est appelée la *fourchette*. La corne de la sole, assez dure, paroît desséchée à l'extérieur, s'enlève par écailles ou en poussière ; tandis que celle de la fourchette est flexible, fibreuse, provient de celle des talons qui est un peu plus compacte. Les deux branches de la fourchette se réunissent en devant et se terminent en une pointe qui regarde la pince et est située dans le milieu de la sole. Le contour que décrit chaque talon pour fournir les branches qui, dans leur disposition respective, représentent un V et laissent entr'elles un enfoncement de forme triangulaire, est désigné par les maréchaux sous le nom d'*arc-boutant*. Les éminences et les enfoncemens divers qui paroissent à la face plantaire du sabot, forment dans l'intérieur de l'ongle des cavités et des éminences analogues, et qui se correspondent, de manière qu'une éminence externe présente, du côté interne, une cavité ; de même que chaque enfoncement externe est marqué par une éminence interne.

Ainsi, le sabot des monodactyles est disposé, de manière que l'appui se fait principalement sur le bord inférieur de la paroi, et que, par-là, le centre du pied se trouve à l'abri des percussions qui ont lieu à la circonférence. Par sa mollesse et sa flexibilité, la fourchette paroîtroit plutôt destinée à servir au toucher, qu'à faire un point assuré d'appui. Ce qui augmente la flexibilité de cette dernière partie, la rend moins résistante, et garantit d'autant plus la surface inférieure du pied, de l'effet des violentes percussions, est un corps molasse, placé sous la fourchette, et que nous appelons *coussinet plantaire* (corps pyramidal). Essentiellement formé d'un tissu lamineux dense, qui contient une petite quantité de graisse et offre quelques fibres ou filamens blancs, ce coussinet constitue une partie blanchâtre, molle, pyramiforme, fixée sous la fourchette qu'elle sépare des tendons fléchisseurs, et implantée à la face interne de la partie postérieure des cartilages latéraux qu'elle tient écartés l'un de l'autre.

L'os du sabot ou du pied des monodactyles

xij

est pourvu de deux cartilages permanens qu'il porte à ses parties latérales, et qui concourent à détruire les effets des fortes percussions et à rendre la marche libre et franche (1). Ces cartilages entourés de veines, dont quelques-unes les traversent, couvrent les côtés de l'articulation des deux derniers phalangiens, se continuent antérieurement avec les ligamens latéraux antérieurs, et sont attachés postérieurement à la base du coussinet plantaire : de manière qu'ils composent avec ce dernier corps un tout continu qui, par sa disposition, modère les percussions, les diverge sur les côtés du pied, et en annulle ainsi l'effet.

Les ligamens de l'os du pied des mêmes quadrupèdes offrent aussi quelques différences importantes à connoître, et que nous allons indiquer succinctement. L'étendue du ligament capsulaire est en raison de la quantité de synovie qui lubréfie cette articulation dont les mouvemens sont très-fréquens, libres, mais peu étendus. Les ligamens latéraux dont la force est proportionnée à la violence des percussions, sont au nombre

____

(1) Tome I, page 227.

de trois de chaque côté, savoir, un antérieur et deux postérieurs. Le premier gros, court, très - fort, se trouve à la partie antérieure du cartilage latéral avec lequel il est réuni, s'implante d'une part à l'os de la couronne, d'où il descend obliquement, et se termine au bord antérieur de l'os du pied, à côté de l'expansion tendineuse dont nous avons parlé. Les deux ligamens postérieurs, situés profondément sous le cartilage latéral et du côté de la face plantaire, sont placés l'un au-dessus de l'autre, et composent un appareil ligamenteux, qui réunit les trois os qui forment l'articulation du pied.

Nous terminerons l'examen des différences du pied des monodactyles, par quelques considérations sur les vaisseaux de cette partie. Nous avons déjà fait observer que les artères qui aboutissent au tissu réticulaire et qui sont la terminaison des artères latérales, parviennent de deux manières à ce tissu. Les unes pénètrent par deux branches dans l'épaisseur de l'os du pied, s'y divisent et fournissent les ramuscules qui sortent par les trous nombreux de sa face antérieure, toujours en se dirigeant de haut en bas et de derrière en devant; les autres gagnent la face antérieure du même os, sans le traverser, suivent la même direction que les premières avec lesquelles elles s'anastomosent. Les veines qui proviennent de ce tissu réticulaire, vont former, au-dessus de la paroi, un réseau anastomotique qui ceint, entoure toute la partie antérieure de l'os de la couronne, et constitue une arcade très-remarquable. Ainsi disposées, ces veines forment une sorte de sinus susceptible d'ampliation ; comme cela arrive, à la suite des longues marches, sur-tout quand les animaux vont sur un terrein dur et caillouteux, toutes les fois enfin qu'il y a afflux considérable de sang dans le tissu réticulaire.

Telles sont les différences essentielles que présente le pied des monodactyles, d'après lesquelles l'on peut se diriger dans la pratique des opérations chirurgicales et de la ferrure. Ainsi que les autres branches de la vétérinaire, la ferrure a ses principes fondés sur l'organisation : le fer que l'on attache au pied, tient à une partie qui est à la vérité insensible, mais qui, par sa face interne, est réunie, attachée à une substance vasculo-nerveuse douée de la plus grande sensibilité, susceptible d'engorgemens, d'irritations, d'où dérive une foule d'altérations diverses. La théorie de la ferrure ne peut donc pas être hypothétique et abandonnée au hasard, à une manipulation routinière ; elle doit être calculée de manière à ménager la sensibilité du pied, à prévenir toute irritation : elle doit avoir constamment, pour but, une dispersion raisonnée de l'appui sur le bord inférieur de la paroi, et d'annuller les percussions par le moyen d'un appui léger sur la fourchette. Il doit nous suffire ici d'indiquer ces principes de ferrure que nécessite la structure du pied ; de plus longs détails sur ce point ne peuvent trouver place que dans un traité particulier.

Chez les *didactyles*, les deux doigts représentent, dans leur ensemble, l'ovale complet que forme le pied des monodactyles, et offrent la même disposition essentielle. Le bord inférieur de la paroi de chaque doigt ne dépasse la sole que dans le quartier externe, et cette dernière partie paroît rentrer du côté interne. Le pied de ces didactyles, qui, par la mobilité et la disposition de ses deux doigts se trouve préservé, dans son centre, de l'effet des violentes percussions, n'offre ni fourchette, ni coussinet plantaire, ni cartilages latéraux que nous avons remarqués dans les monodactyles. La surface interne de la paroi ne porte de feuillets que du côté de sa réunion avec la sole, et se termine supérieurement par un bord très-mince.

Dans le *bœuf*, les deux doigts sont maintenus rapprochés par un gros ligament transverse, cylindrique, qui est placé immédiatement sous la peau, à l'extrémité postérieure de l'intervalle qui les sépare. Ce ligament est d'autant plus remarquable, qu'il devient souvent le siége d'un ulcère que l'on nomme vulgairement le *limaçon*, la *limace*, etc.

Dans le *mouton*, l'on trouve, au-dessus de l'extrémité antérieure de l'intervalle qui est entre les doigts, l'ouverture d'un canal biflexe, formé par un repli de la peau, qui s'enfonce entre les doigts, contient des poils longs, et soutient un grand nombre de gros follicules sébacés, qui sécrètent une humeur jaunâtre et odorante. Vulgairement nommé *canal du fourchet*, ce réservoir folliculaire est quelquefois le siége d'une affection appelée le *piétain*, et peut être extirpé sans inconvénient.

Dans le *cochon*, chaque pied porte quatre

doigts, dont les deux du milieu, plus gros et plus longs, servent à faire l'appui et présentent la même disposition que dans les didactyles. Les deux latéraux, l'un externe et l'autre interne, constituent deux appendices propres à donner plus d'assurance au cochon, qui naturellement aime à se vautrer dans les terreins boueux, peu consistans; elles l'empêchent d'enfoncer avec autant de facilité que les autres animaux, et lui servent à se débarrasser, lorsqu'il se trouve engagé.

Chez les *tétradactyles*, la corne forme, à l'extrémité de chaque doigt, un crochet plus ou moins aigu et recourbé en bas, qui est un instrument de défense, et dont le chat se sert avantageusement pour grimper, saisir sa proie et se défendre de ses ennemis. La surface plantaire du pied de ces animaux porte cinq coussinets principaux, placés les uns à côté des autres, et qui servent à faire l'appui. Quatre de ces corps sont situés en cercle tout près des ongles, tandis que le cinquième le plus gros se trouve postérieur et dans le milieu. Chaque petit pouce de devant, ainsi que les appendices dactyloïdes des pieds de derrière, ont aussi un coussinet qui est en arrière et proche de l'ongle, mais qui ne concourt pas à faire l'appui. Chaque pied de devant offre, en outre, un autre coussinet qui est attaché à la face postérieure, latérale, externe de la région carpienne, et constitue une appendice isolée, qui répond aux ergots des didactyles. Les uns et les autres de ces corps ont pour base un tissu lamineux, de la même nature que celui du coussinet plantaire des monodactyles; ils présentent une enveloppe dense, chagrinée et pourvue d'un épiderme épais et dur; enfin, ils forment des parties molasses, susceptibles de résister à l'usure et de préserver le pied de l'effet des percussions.